发電企業安全評价典型問題与對策

周崇波　编著

中国电力出版社
CHINA ELECTRIC POWER PRESS

内 容 提 要

安全评价是运用安全系统工程的方法，对生产全过程进行安全性度量和预测，通过对系统存在的危险性进行定量和定性分析，确认系统发生危险的可能性及其严重程度，进而提出必要的、有针对性的整改措施，实施安全生产源头控制，规范安全管理，从而持续提升企业本质安全水平。

本书在论述安全评价基本理论的基础上，选取并总结提炼了26家发电企业安全评价的典型问题，涉及煤机、燃机（含重型燃机和分布式能源站）、水电、风电、光伏（含山地集中式、屋顶分布式光伏能源站）等不同发电类型，包括“一带一路”沿线的3个海外电厂，覆盖30～1000MW不同发电容量，涵盖安全管理、劳动安全与作业环境、生产设备设施等不同内容，囊括“人、机、环、管”四要素，坚持问题导向，直面存在的问题，指出其与现行法律法规标准规范不符合项，并提出有针对性的建议措施，为新时代新形势下促进发电企业安全生产发展提供参考。

本书可作为发电企业安全生产管理、设备设施检修及运行维护参考用书，也可作为发电企业安全教育培训教材及高等院校相关专业辅助教材。

图书在版编目（CIP）数据

发电企业安全评价典型问题与对策 / 周崇波编著. —北京：中国电力出版社，2020.5（2021.11重印）
ISBN 978-7-5198-4561-2

Ⅰ. ①发… Ⅱ. ①周… Ⅲ. ①发电厂–安全评价 Ⅳ. ①TM621

中国版本图书馆CIP数据核字（2020）第062218号

出版发行：中国电力出版社
地　　址：北京市东城区北京站西街19号（邮政编码100005）
网　　址：http://www.cepp.sgcc.com.cn
责任编辑：刘汝青（010-63412382）
责任校对：黄　蓓　郝军燕
装帧设计：赵姗姗
责任印制：吴　迪

印　　刷：三河市万龙印装有限公司
版　　次：2020年5月第一版
印　　次：2021年11月北京第三次印刷
开　　本：787毫米×1092毫米　16开本
印　　张：14.25
字　　数：314千字
印　　数：3501—4500册
定　　价：59.00元

序

在我国科学技术快速发展的新形势、新目标下，电力行业作为能源产业的支柱，正处于能源配置结构化调整阶段。发电企业是电力行业的重要组成部分，可以说发电企业的安全生产是电力行业发展的前提和基础。随着供给侧结构性改革的不断深入，清洁能源占比的不断提升，智慧电力建设的不断发展，为了有力保障多能源互补协同发电和电网稳定运行，对电力系统安全特别是发电企业安全生产的要求越来越高。因此，采用科学的安全管理方法和先进的安全技术措施应对日趋复杂的新要求、新问题、新挑战，不断提高发电企业安全生产水平，对保证电力从业人员的生命健康和电力系统的安全稳定运行具有重要意义。

电力安全生产制度建设与执行是一种行之有效的、科学的安全管理方法，而制度的关键因素是人，无论是从设计制定的角度还是组织实施的角度，都需要深入研究分析人因失误的关键点。对此，应经常性地对典型的事故案例进行客观总结和科学剖析，发现人因失效共性和突出问题，从而有针对性地提出安全风险管理策略，继而转化为制度，并通过制度执行转化为安全管理效能，达成安全生产目标。本书作者通过多年从事电力安全管理的生产研究，全面总结了发生在发电企业生产一线的安全评价典型案例，涵盖了安全管理、劳动安全与作业环境、生产设备设施等不同内容，囊括了“人、机、环、管”四要素。全书坚持问题导向，直面安全生产过程中的潜在危害和应汲取的教训，提出了有针对性的建议措施，能使电力安全管理从业人员充分了解新形势下电力安全生产的重要性和科学理念。

纵观新时代国外电力安全管理经验和方法，电力企业在着重完善安全管理制度、落实安全文化的同时，还应建立健全电力安全风险管控体系，运用科学风险管控技术和可靠性评价方法，使其在未来电力系统的建设过程中发挥重要作用，防患于未然，避免发生电力安全事故，推动电力安全技术发展再上新台阶。希望本书可以作为从事电力安全工作的管理者、专业人士以及高等院校相关专业师生的参考用书，在电力安全生产管理、设备设施检修及运行维护过程中发挥作用。

吴江

2020年2月于上海电力大学

上海电力安全技术研究中心

前言

习近平总书记关于安全生产的重要论述为新时代安全生产发展指明了方向，依法监管，“法”治安全是新时代安全发展的主旋律，从而推进安全生产治理体系和治理能力现代化。新时代下，随着能源结构调整、供给侧和电力体制改革的不断深入，发电企业安全生产面临新的挑战。一方面，技术不断更新进步，安全防护保障等级越来越高；另一方面，传统电力产能过剩，风光等新能源和分布式能源的快速发展，以及经济新常态发展，增加了安全风险管控难度，促使发电企业必须转型升级，进一步夯实安全生产基础，不断适应新时代发展需求。

安全评价是运用安全系统工程的方法，对生产全过程进行安全性度量和预测，通过对系统存在的危险性进行定量和定性分析，确认系统发生危险的可能性及其严重程度，进而提出必要的、有针对性的整改措施，实施安全生产源头控制，规范安全管理，从而持续提升企业本质安全水平。本书在论述安全评价基本理论的基础上，选取并总结提炼了26家发电企业（A～Z厂）安全评价的典型问题，涉及煤机、燃机（含重型燃机和分布式能源站）、水电、风电、光伏（含山地集中式、屋顶分布式光伏能源站）等不同发电类型，包括“一带一路”沿线的3个海外电厂，覆盖30～1000MW不同发电容量，涵盖了安全管理、劳动安全与作业环境、生产设备设施等不同内容，囊括了“人、机、环、管”四要素，坚持问题导向，直面存在的问题，指出其与现行法律法规标准规范不符合项，并提出有针对性的建议措施，为新时代新形势下促进发电企业安全生产发展提供参考。

本书得到了中国华电集团有限公司、华电电力科学研究院有限公司以及电力工业产品质量标准研究所有限公司的大力支持，特别感谢具体承担安全评价工作的董英民、毛一民、何洪滨、何晓红、苏波、彭占玉、鞠北扬、王存元、华荣林、邵明孝、谢笑云、刘建英、王开社、王诗中、周晓宇、陈兆平、王忠、王虹瑾、谢同彰、杨秀霞、陈艳蓉、王红卫、张裕全、闫钟灵、何刚、苏汉章、王照福、徐世元、陈齐灯、曾善花、杜彩霞、高建岭、綦晔等各位专家。

本书由电力工业产品质量标准研究所有限公司马汝坡教授级高级工程师主审。代勇工程师对本书进行了初审和详细的校正，提出了许多有价值的修改意见。秦鹏高级工程师（注册安全工程师）、张广水工程师对锅炉、燃料专业提出了宝贵的修改建议。楼锋锋高级经济师（一级安全评价师）、陈艳超工程师、蔡佳然工程师对安全管理、劳动安全与作业环境专业提出了非常有意义的修改建议。吕文博工程师对化学专业提出了许多有见地的修改建议。徐雪茹工程师对本书引用的标准规范逐一进行了校对，并精心绘制了本书所用流程图。门幸工程师（注册安全工程师）、张晓乐工程师对电气专业引用标准进行了校正更新。在此一并致谢。

《中国电力报》发电周刊编辑部主编、明代著名散曲家冯惟敏后裔冯义军老师提携后进，欣然为本书题写书名；上海“千人计划”、核能安全领域国际知名专家、上海电力大学、上海电力安全技术研究中心吴洁教授百忙之中为本书作序，更为本书出版增色万分，在此表示由衷感谢。

本书可作为发电企业安全生产管理、设备设施检修及运行维护参考用书，或可作为电力安全生产教育培训教材，也可作为高等院校相关专业的辅助教材，还可作为相关专业注册安全工程师和安全评价师的学习参考工具。

限于作者水平，书中难免存在疏漏与不足之处，敬请批评指正。

编著者

2020 年 3 月

第一章 概 述

安全评价在我国工业领域已走过了三十余年的发展历程，在发电企业的应用与发展主要集中在近十几年，并得到了长足的进步。当前，行业内普遍认知和实施的安全评价，根据生产经营单位评价阶段、目的和依据的不同，可分为安全预评价、安全现状评价与安全验收评价。本章首先概况性地论述了安全评价的概念、发展及现状，安全评价的工作程序，并介绍了常见的几种安全评价方法；然后对发电企业的安全评价根据国家最新相关规定，给出其资质要求；最后在分析发电企业安全现状的基础上，总结性地分析了安全评价在三百余家发电企业中的实践应用。

第一节 安全评价概念、发展及现状

安全评价，也称风险评价，是安全系统工程的一个重要组成部分，是预防事故发生的重要技术手段。安全评价旨在掌握建设项目或生产系统内可能的危险种类、危险程度和危险后果，并对其进行定量、定性的分析，从而提出有效的危险控制措施。按照评价阶段、评价目的和依据的不同，安全评价分为安全预评价、安全现状评价、安全验收评价，分别发生在建设项目可行性研究阶段、系统生命周期内的生产运行期、建设项目竣工后，其明确定义来源于《安全评价通则》（AQ 8001—2007）、《安全预评价导则》（AQ 8002—2007）和《安全验收评价导则》（AQ 8003—2007）等标准规范。

自20世纪80年代开始，安全评价作为安全生产管理的重要组成部分，作为安全生产工作的重要手段，经过三十余年的健康发展，取得了长足的进步，已然成为安全生产基础工作不可或缺的一部分，并随着科学技术的进步，越来越发挥出其精准高效、源头治理、科学预防的作用。

1986 年，劳动部首次对建设项目提出了职业安全卫生预评价。1987 年，我国机械电子部率先提出了在全国机械行业开展安全评价，开启了我国安全评价的发展先河，同年出现了我国第一个部颁安全评价标准《机械工厂安全性评级标准（试行）》（国家机械工业委员会机委质〔1987〕178 号）。1998 年，劳动部颁布了《建设项目（工程）劳动安全卫生预评价导则》（LD/T 106—1998）。1999 年，国家经贸委发布《关于对建设项目（工程）劳动安全卫生预评价单位进行资格认定的通知》（国经贸安全〔1999〕500 号），开始了依法监管安全评价机构资质的发展史。2002 年，颁布了《中华人民共和国安全生产法》，规定生产储存危险物品建设项目和矿山建设项目应进行安全评价。2007 年，国家安全生产监督管理总局发布安全评价三个行业标准，极大地促进了安全评价在各行业各领域充分发挥作用。2009 年，国家安全生产监督管理总局颁布《安全评价机构管理规定》（国家安全生产监督管理总局令　第 22 号），进一步加强安全评价机构的管理，规范安全评价行为。2014 年，新修订的《中华人民共和国安全生产法》颁布，要求矿山、金属冶炼建设项目和用于生产、储存、装卸危险物品的建设项目，应当按照国家有关规定进行安全评价。2019 年，国家人力资源和社会保障部发布国家职业资格目录，安全评价师列入技能人员水平评价类，注册安全工程师列入专业技术人员准入类；同年，国家应急管理部发布《安全评价检测检验机构管理办法》（中华人民共和国应急管理部令　第 1 号），通过合并安全评价资质等级、压缩审批层级、精简许可范围、取消从业地域限制，为安全评价机构执业、行业发展和监督检查提供了更为便捷高效的制度设计。

对于发电企业而言，通过安全评价，实施全过程的安全管控，健全系统的安全管理模式，为实现安全工作标准化和科学化创造条件，从而不断深化发电企业本质安全建设，提升发电企业内在的预防和抵御事故风险的能力，最终实现“人员无违章、设备无缺陷、环境无隐患、管理无漏洞”的“人、机、环、管”和谐统一的本质安全状态。

第二节 安全评价程序与常见方法

一般地，安全评价按照前期准备、危险有害因素辨识与分析、划分评价单元、选择评价方法、定性定量评价、提出安全对策措施建议、做出安全评价结论及编制安全评价报告等程序进行，如图 1－1 所示。

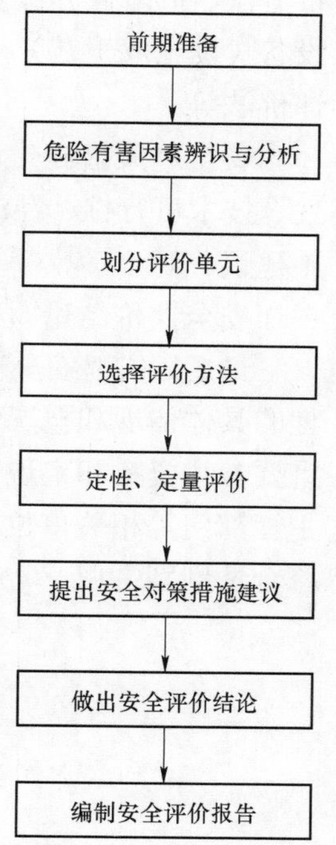

图 1－1 安全评价程序

前期准备是明确被评价对象，备齐有关安全评价所需的设备、工具，收集国内外相关法律法规、技术标准及工程、系统资料。

危险有害因素辨识与分析主要基于《生产过程危险和有害因素分类与代码》（GB/T 13861—2009）和《企业职工伤亡事故分类》（GB 6441—1986）两个标准规范，根据被评价对象的具体情况，从人的因素、物的因素、环境因素和管理因素的角度，或从物体打击、车辆伤害、机械伤害、起重伤害、触电、淹溺、灼烫、火灾、高处坠落、坍塌、冒顶片帮、透水、放炮、火药爆炸、瓦斯爆炸、锅炉爆炸、容器爆炸、其他爆炸、中毒和窒息、其他伤害等 20 类事故类别的角度，辨识与分析危险、有害因素，确定危险、有害因素存在的部位、存在的方式、事故发生的途径及其变化的规律。一般地，通过风险度来表示危险有害因素的程度大小。在安全生产管理中，风险度可用生产系统中事故发生的可能性与严重性来计算，即

$$R = f(F, C)$$

式中 R——风险度；

F——发生事故的可能性；

C——发生事故的严重性。

划分评价单元是在危险有害因素辨识与分析的基础上进行的，划分原则应遵循科学、合理、便于实施评价、相对独立且具有明显的特征界限。

根据评价单元的特征，选择合理的评价方法，对被评价对象发生事故的可能性及其严重程度进行定性、定量评价。安全评价方法分为直观经验分析方法、系统安全分析方法。直观经验分析方法适用于有可供参考先例、有以往经验可以借鉴的系统，不能应用在没有可供参考先例的新开发系统，如对照经验法与类比方法，对照经验法即对照有关法律法规、标准规范或依靠分析人员的观察分析能力，借助于经验和判断能力对被评价对象的危险有害因素进行分析，类比方法即利用相同或相似工程系统或作业条件的经验和劳动安全卫生的统计资料来类推、分析被评价对象的危险有害因素；系统安全分析方法则是应用系统安全工程评价方法如事件树、事故树等进行危险有害因素辨识，主要用

于复杂且没有先例的新开发系统。

常用的安全评价方法有安全检查表法、专家现场询问观察法、因素图分析法、事故引发和发展分析、作业条件危险性评价法（格雷厄姆—金尼法或LEC法）、故障类型和影响分析、危险可操作性研究、概率风险评价法、伤害（或破坏）范围评价法、危险指数评价法等。这些方法中，按评价结果的量化程度可分为定性安全评价方法（如安全检查表法）和定量安全评价（如概率风险评价法）；按安全评价的逻辑推理过程可分为归纳推理评价法和演绎推理评价法；按安全评价要达到的目的可分为事故致因因素安全评价方法、危险性分级安全评价方法、事故后果安全评价方法；按评价对象的不同可分为设备（设施或工艺）故障率评价法、人员失误率评价法、物质系数评价法及系统危险性评价法等。

安全对策措施建议是依据危险、有害因素辨识结果与定性定量评价结果，遵循针对性、技术可行性、经济合理性的原则，提出消除或减弱危险、有害因素的技术和管理措施建议。

安全评价结论即根据客观、公正、真实的原则，严谨、明确地做出评价结论。

最后，依据安全评价的结果编制相应的安全评价报告。安全评价报告是安全评价过程的具体体现和概况性总结，是被评价对象完善自身安全管理、应用安全技术等方面的重要参考资料和实现安全运行的技术性指导文件，同时可作为政府应急管理部门和行业主管部门等相关单位对被评价对象的安全行为进行法律法规、标准、行政规章、规范的符合性判别之用。

第三节　安全评价资质要求

安全评价坚持实事求是、科学合理、严谨公正、注重实效的原则，按照策划、实施、检查、改进（PDCA）动态循环模式，持续改进，实现安全生产超前预控。安全评价的目的是贯彻“安全第一，预防为主，综合治理”方针，以国家和地方法律、法规以及国家和行业相关标准、规程、规范及有关政策文件为依据，采用科学可靠、先进、适用的方法和程序开展安全评价工作，确保评价质量，突出重点，满足安全生产要求。

根据《中华人民共和国安全生产法》规定，矿山、金属冶炼建设项目和用于生产、储存、装卸危险物品的建设项目，应当按照国家有关规定进行安全评价；生产经营单位使用的危险物品的容器、运输工具，以及涉及人身安全、危险性较大的海洋石油开采特种设备和矿山井下特种设备，必须按照国家有关规定，由专业生产单位生产，并经具有专业资质的检测、检验机构检测、检验合格，取得安全使用证或者安全标志，方可投入使用；检测、检验机构对检测、检验结果负责。由此规定可知，对相关高危行业领域和范围（矿山、金属冶炼建设项目和用于生产、储存、装卸危险物品的建设项目，矿山井下特种设备等）实施资质认可，对法律法规依据不充分的其他行业领域不再实行资质认可管理。针对发电企业而言，属于对法律法规依据不充分的其他行业领域，不再实行资质认可管理，但对发电企业中涉及危险化学品等专项领域需要涉及资质的，承担具体工作的安全评价机构应具备《安全评价检测检验机构管理办法》（中华人民共和国应急管理部令　第1号）规定的相应资质条件，安全评价机构建立健全内部管理制度和安全评价过程控制体系，对其做出的安全评价结果负责。

安全评价机构需由一定数量的安全评价师和注册安全工程师构成，举例来讲，按国家规定，承担单一业务范围的安全评价机构，其专职安全评价师不少于25人；每增加一个行业（领域），按照专业配备标准至少增加5名专职安全评价师；专职安全评价师中，一级安全评价师比例不低于20%，一级和二级安全评价师的总数比例不低于50%，且中级及以上注册安全工程师比例不低于30%。

安全评价师是安全评价行业安全生产专业技术服务工作的中坚力量，在我国安全生产事业中发挥着越来越大的作用。2019年，国家人力资源和社会保障部发布国家职业资格目录，安全评价师列入技能人员水平评价类，共分为三个等级，即三级安全评价师、二级安全评价师、一级安全评价师，其中一级安全评价师最高。安全评价师资格考试由国家人力资源和社会保障部委托中国安全生产协会统一组织实施，由国家人力资源和社会保障部颁发职业资格证书，表1－1列出了安全评价机构业务范围与专职安全评价师专业能力配备标准。

表1－1　安全评价机构业务范围与专职安全评价师专业能力配备标准

序号	业务范围	专职安全评价师专业能力配备标准
1	煤炭开采业	安全、机械、电气、采矿、通风、矿建、地质各1名及以上
2	金属、非金属矿及其他矿采选业	安全、机械、电气、采矿、通风、地质、水工结构各1名及以上
3	陆地石油和天然气开采业	安全、机械、电气、采油、储运各1名及以上
4	陆上油气管道运输业	油气储运2名及以上，设备、仪表、电气、防腐、安全各1名及以上
5	石油加工业，化学原料、化学品及医药制造业	化工工艺、化工机械、电气、安全各2名及以上，自动化1名及以上
6	烟花爆竹制造业	火炸药（爆炸技术）、机械、电气、安全各1名及以上
7	金属冶炼	安全、机械、电气、冶金、有色金属各1名及以上

注册安全工程师是指通过职业资格考试取得国家注册安全工程师职业资格证书，经注册后从事安全生产管理、安全工程技术工作或提供安全生产专业服务的专业技术人员，列入国家职业资格目录专业技术准入类，目前共设置三个等级，即高级注册安全工程师、中级注册安全工程师、初级注册安全工程师；分为七个专业类别，分别是煤矿安全、金属非金属矿山安全、化工安全、金属冶炼安全、建筑施工安全、道路运输安全、其他安全（不包括消防安全），其中在发电企业领域中执业的注册安全工程师专业属于其他专业，表1－2列出了各专业类别注册安全工程师允许执业的行业范围。

表 1-2　各专业类别注册安全工程师允许执业的行业范围

序号	专业类别	执业行业范围
1	煤矿安全	煤炭行业
2	金属非金属矿山安全	金属非金属矿山行业
3	化工安全	化工、医药等行业（包括危险化学品生产、储存，石油天然气储存）
4	金属冶炼安全	冶金、有色冶炼行业
5	建筑施工安全	建设工程各行业
6	道路运输安全	道路旅客运输、道路危险货物运输、道路普通货物运输、机动车维修和机动车驾驶培训行业
7	其他安全（不包括消防安全）	除上述行业以外的烟花爆竹、民用爆炸物品、石油天然气开采、燃气、电力等其他行业

第四节　发电企业安全现状

发电关系国计民生，是社会与经济发展的基础，根据国家能源局发布的 2019 年全国电力工业统计数据表明，全国全社会用电量 72 255 亿 kW·h，比上年增长 4.5%。安全是基础的基础，只有保障发电企业的人身财产与设备设施安全，才能促进发电企业更好地服务于社会，服务于新时代发展。

新时代下发电企业的安全生产认真贯彻落实习近平总书记关于安全生产的重要论述和指示批示精神，强化责任，健全机制，重点整治，夯实基础，整体稳中向好，重特大事故得到有效遏制，积极扭转了生产安全事故上升的势头。2018 年 7 月，国家能源局印发了《电力安全生产行动计划（2018—2020 年）》，提出到 2020 年，电力安全生产法律法规、规章制度、标准体系进一步优化完善，电力安全责任体系更加科学严密，电力安全监管体制机制进一步健全。电力安全技术水平和创新能力取得明显进步，电力安全保障能力进一步提高。安全文化建设进一步加强。坚决遏制重大以上电力人身伤亡责任事故、坚决遏制重大以上电力安全事故、坚决遏制重大以上电力设备事故、坚决遏制水电站大坝垮坝漫坝事故，防止对社会造成重大影响事故，实现电力安全生产事故起数和伤亡人数进一步下降，确保电力系统安全稳定运行和电力可靠供应。近年来，发电行业始终坚持“安全第一，预防为主，综合治理”的方针和“管行业必须管安全、管业务必须管安全、管生产经营必须管安全”的原则，严格落实各级安全生产责任，不断建立健全安全生产法律法规，完善安全文化引领，强化安全生产风险分级管控和隐患排查治理，加强安全科技支撑工程建设，提升应急能力水平，推动全国电力安全生产形势持续好转。

但是，电力因涉及生产、技改与建设，较大以下事故时有发生，根据国家能源局发布的近三年统计数据，2017年发生电力人身伤亡责任事故53起，死亡62人；2018年发生电力人身伤亡责任事故39起，死亡40人；2019年发生电力人身伤亡责任事故40起，死亡46人；特别地，“11·24”江西丰城发电厂冷却塔施工平台坍塌特别重大事故，造成74死2伤，教训惨痛。因此，电力行业仍然是安全生产事故易发领域。

由于能源结构调整、供给侧结构性改革的深入，发电企业安全生产还面临许多新问题、新挑战、新形势，各类安全风险和事故隐患又有新的方式存在并交织叠加，诸如风光等新能源和分布式能源的快速发展，增加了安全风险管控难度；网络信息安全形势日趋严峻，威胁电力系统安全稳定；发电企业外委工程和外协用工人身伤亡事故时有发生；没有任何一个区域能够真正有效管控安全风险，彻底排查整改隐患；安全管理仍存在基础薄弱、责任不落实、制度不完善和现场管理不到位等情况；安全科技水平有待于提高，数字化和信息化水平仍有较大空间等。因此，发电企业的安全生产工作作为行业监管的重点，受到了社会各界的关注。

第五节 实 证 分 析

随着电力体制改革及产业结构调整的不断深入，发电企业安全生产面临许多新的挑战，特别是集团型发电企业存在企业多、层级多、发电类型多、位置分散等特点，加之发电企业人员结构变化、行业利润缩减、职业健康管理重视不够、危化品安全风险增加、安全防护技术落后等新特征，安全管控难度进一步增大。通过安全评价实施安全生产源头管控，支持早预判、早发现、早治理，综合评价分析发电企业生产设备设施实际运行状况、安全生产管理与作业环境状况，辨识和评价生产过程中的危险因素、有害因素，并提出有针对性的建议和对策，督促闭环整改、有效验收，不断夯实安全基础、规范安全管理，有力促进安全生产整体水平不断提高。

发电企业安全评价是运用系统工程的方法，对生产全过程进行安全性度量和预测，通过对系统存在的危险性进行定量和定性分析，确认系统发生危险的可能性及其严重程度，进而提出必要的、有针对性的整改措施，持续提升企业本质安全水平。其主要特点包括以下几个方面：

（1）覆盖面广。对发电企业的设备设施安全状况、安全管理、劳动安全与作业环境等进行综合评价分析，火电企业涉及安全管理、劳动安全与作业环境、专项管理、锅炉、汽机、燃机、电气一次、电气二次、热控、燃料、化学、环保、供热等13类专业，水电企业涉及安全管理、生产管理、劳动安全与作业环境、水轮机及附属设备、电气一次、发电机及励磁系统、电气二次与通信、水库及水工建筑物等8类专业，新能源发电企业涉及输变电设备及光伏组件、风力发电机组、通信与监控、土建管理、生产管理、安全管理、劳动安全与作业环境等7类专业。

（2）标准化。根据发电企业的自身特点，结合国家、行业现行有效的法律法规标准规范，按照不同发电企业类型，制定评价标准。

（3）流程闭环。安全评价由自查评、问题整改、第三方专家查评、分析与评估、再整改、第三方复查与验收6个环节组成。每一个环节相互联系，相辅相成。坚持问题导向，实施全过程闭环管理。一般地，发电企业每年开展一次自查评，每三年进行一次第三方专家查评，新一轮的第三方评价对上一轮安全评价发现问题的整改情况进行复查和验收，有效督促闭环整改，促进整改措施保质保量落地。发电企业是安全评价工作的责任主体，贯彻执行相关安全评价工作制度和要求。安全评价工作应成立以主要负责人为组长的领导小组，负责领导组织本企业安全评价工作。

针对自查评工作，发电企业成立以分管副职为组长的工作组，组织开展本企业自查评工作，一般程序包括：

1）制订企业、部门（车间）、班组自查评工作计划，明确责任人、查评内容、查评时限、查评要求等。

2）按计划组织开展资料、现场等自查评工作。

3）各专业负责人负责编写专业自查评报告；工作组组长负责组织编写自查评总报告。自查评总报告应包括评价情况、发现问题、原因分析、整改措施、相关附件等。

4）各企业根据自查评中发现的问题，编制整改计划和整改措施。重大问题的整改优先考虑，对于严重危及人身、设备安全的重大隐患，立即整改；对于确因客观条件限制而无法立即整改的，提出分析报告，落实相应的预防措施。

5）各企业在专家查评前完成自查评及问题整改，形成书面报告。

针对第三方专家查评工作，发电企业成立以分管副职为组长的工作组，配合专家组完成专家查评，一般程序包括：

1）专家组与被查评企业共同召开首次会议，被查评企业介绍企业概况、自查评和整改情况、各专业的联系人，专家组介绍专家查评的总体安排、分工，与有关人员进行对接。

2）专家组查阅资料，现场检查评价。

3）各专业查评专家分别编写专业报告，组长组织编写总报告，并经专家组全体成员讨论通过。

4）召开专家查评末次会议，向被查评企业通报查评情况。

5）专家查评工作结束后一个月内，出具正式专家查评报告。安全评价专家查评报告包括总体情况、发现问题、原因分析、整改措施及建议，根据标准做出定性、定量评价等。

6）发电企业针对专家查评发现的问题及时组织整改，消除隐患，闭环管理。

（4）评价方式丰富。采用现场检查、查阅分析资料、现场考问、实物检查或实物抽样检查、仪表指示和观测分析、调查和询问、现场试验和测试等相结合的方法进行评价。

某集团型发电企业在三年周期内委托第三方机构对所辖不同发电类型的发电企业开展安全评价，针对企业生产系统、安全管理、劳动安全与作业环境、生产设备设施等方面，通过查阅检修运行资料、调试资料，并深入现场考察，从科学性和针对性角度出发，遵照实事求是、客观公正的原则，对企业生产设备设施、装置实际运行状况和管理状况进行了综合评价分析，对危险因素、有害因素进行了识别和评价，提出了有针对性的建议和对策，同时督促整改，闭环复查，使得发现的问题第一时间解决到位，各种风险源及隐患得以及时排除。

如图 1-2 所示，通过安全评价，根据三百余家不同发电类型的企业进行统计，平均每家煤机企业问题数 534 项，平均每家燃机企业问题数 375 项，平均每家水电企业问题数 236 项，平均每家风电企业问题数 217 项，平均每家光伏企业问题数 223 项。综合分析比较，煤机企业由于系统复杂、自动化程度相对低等因素，其问题数最多，而水电、光伏和风电等新能源企业由于较高的自动化水平、系统相对简单等因素，问题数相对较少。

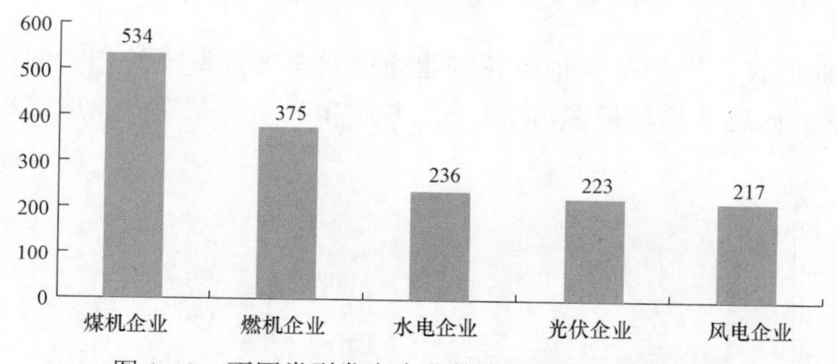

图 1-2 不同类型发电企业的平均每家企业问题数

对煤机企业而言，平均每家企业各专业通过安全评价发现的相对问题数如图 1-3 所示，不难发现，安全管理的问题数最多，电气二次、环保和燃料三个专业所涉及的生产设施设备存在较多问题。

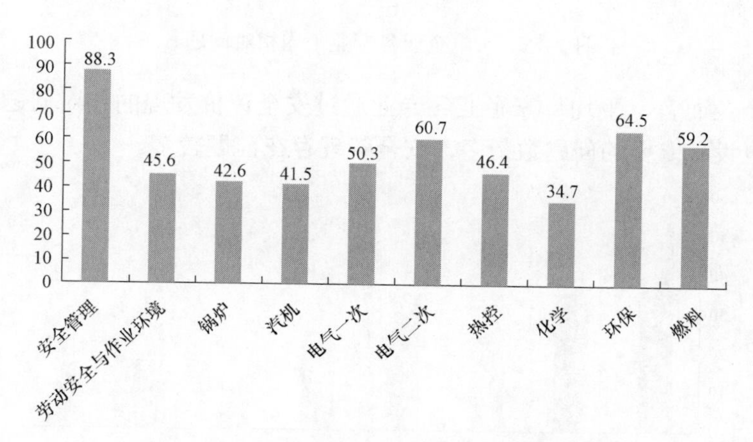

图 1-3 煤机企业各专业平均相对问题数

对燃机企业而言，平均每家企业各专业通过安全评价发现的相对问题数如图 1-4 所示，安全管理的问题数最多，电气二次专业所涉及的生产设施设备存在较多问题。

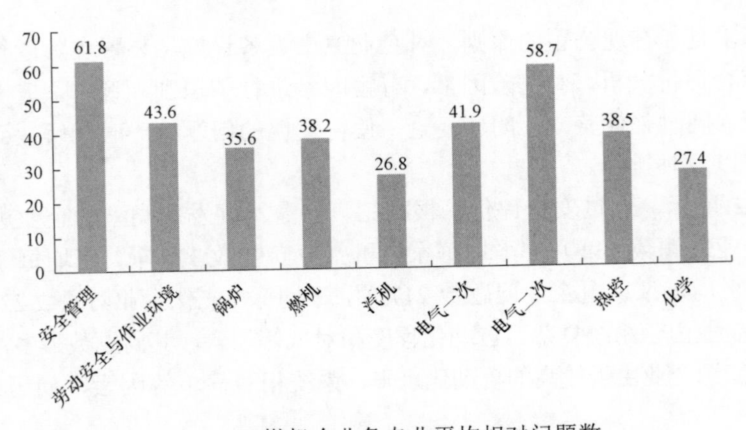

图 1－4　燃机企业各专业平均相对问题数

对水电企业而言，平均每家企业各专业通过安全评价发现的相对问题数如图 1－5 所示，安全管理的问题数仍然最多，电气一次专业和劳动安全与作业环境存在较多问题。

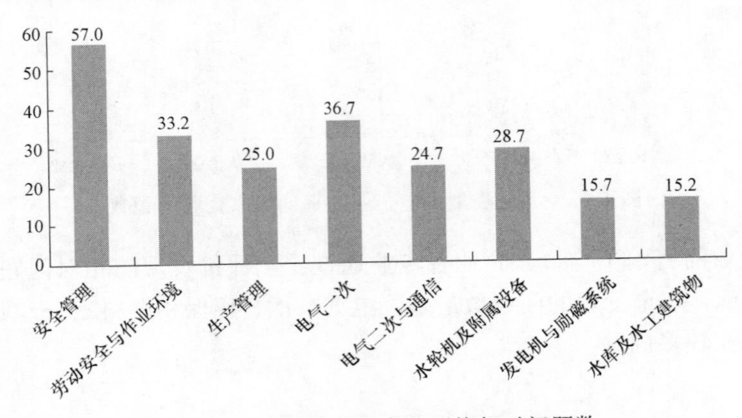

图 1－5　水电企业各专业平均相对问题数

对风电企业而言，平均每家企业各专业通过安全评价发现的相对问题数如图 1－6 所示，输变电设备专业的问题数最多，安全管理存在问题较多。

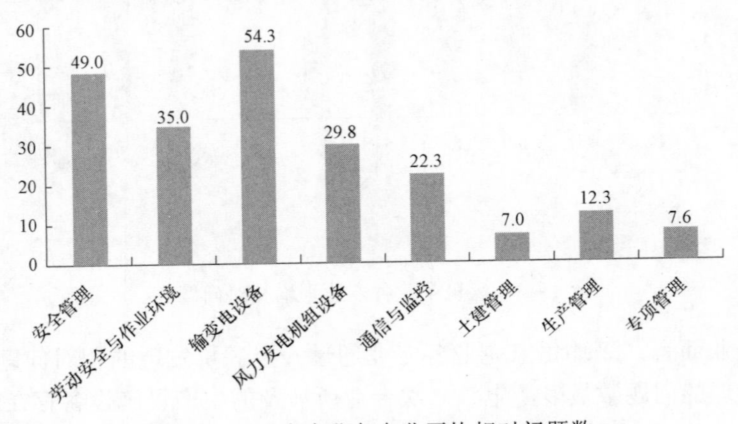

图 1－6　风电企业各专业平均相对问题数

对光伏企业而言，平均每家企业各专业通过安全评价发现的相对问题数如图 1－7所示，安全管理和输变电设备专业的问题最多。

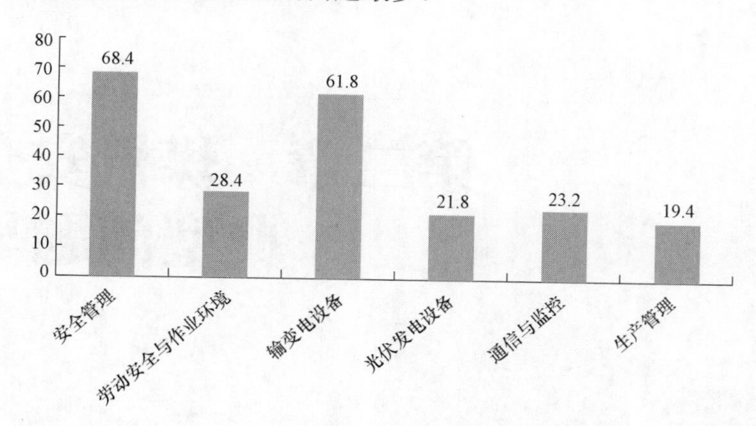

图 1－7 光伏企业各专业平均相对问题数

由图 1－3～图 1－7 可知，安全管理在各个发电类型企业中都是问题最多或较多的，其改进提升空间势必也大，特别是安全生产责任制落实、规章制度建设、工作票和操作票（“两票”）管理、反违章管理、外包管理和应急管理等基础工作，应抓细抓实，以本质安全型企业建设为主线，强化安全基础管理，促进管理能力提升。另外，电气专业也都较为薄弱，特别是电气二次专业，以及风电企业和光伏企业的输变电设备专业，问题数较多，应着重加强设备检修管理、质量监督、规程完善、反事故措施落实等工作，抓住主要矛盾并有效解决，以期补齐短板，夯实安全生产基础。

通过以上分析，一方面可以发现各类型发电企业的自身问题所在，明确追溯具体问题及其原因，发电企业可根据问题轻重缓急有效制订整改计划，并有针对性地采取整改措施。另一方面，对同类型发电企业之间和各类型发电企业之间进行分析比较，可以从中发现主要问题和主要矛盾，为集团型发电企业精准施策提供科学、客观的决策参考。

此外，在开展安全评价工作过程中，第三方评价机构可以发挥其专业优势和对安全标准规范精准把握的能力，重视对被评价企业的安全教育培训，宣贯国家的安全生产法律法规，充分与企业进行相关技术标准及规范的交流，对促进企业进一步提高安全责任意识、落实安全生产主体责任具有积极意义。

安全评价是一种经过实践检验并能持续创新创造的安全管控方法，制定标准，完善流程，提高信息化和数字化水平，坚持问题导向，全面诊断发电企业的安全生产状况，针对被评价企业存在的问题，按照相关法律法规及技术标准规范，结合实际提出合理的解决方案，对各类安全隐患早预防、早发现、早排除，实现了源头控制，强化发电企业进一步落实安全生产主体责任，着力解决薄弱环节，有力推进本质安全建设。

第二章 煤机安全评价典型问题与对策

煤炭是我国当前的主体能源，电力工业是煤炭消耗的主要产业，我国正处于工业化、城镇化的高质量推进阶段，在今后一段时期，煤电仍是电力生产最主要的发电方式。本章选取了不同发电用途、不同装机容量、不同国家地区的 8 个燃煤机组作为代表性案例分别进行论述，其中不同发电用途包含自备电厂、上网电厂，不同装机容量涵盖了 60MW 至 1000MW，不同国家地区选取了“一带一路”沿线的 2 个海外电厂。同时，针对 300MW 级上网电厂，按纯发电、发电供热、发电供汽三种不同方式，选取了 3 个典型案例进行阐述。所有案例均按照安全管理、劳动安全与作业环境、生产设备设施进行安全评价，阐述发现的典型问题，并依据或参照相关法律法规标准规范，提出安全对策措施建议。

第一节　60MW 级自备燃煤发电机组案例

A 电厂是某化工企业的自备电厂，2011 年 8 月建成，主要是为化工装置提供高压蒸汽和余热发电，有 2 台 280t/h 高温高压固态排渣煤粉锅炉和 1 台 50MW 高温高压双抽空冷凝汽式汽轮机，配 1 台 60MW 发电机。该化工企业拥有员工 873 人，设有 12 个职能部门、7 个车间、1 个铁路转运站，其中 A 自备电厂为一个车间建制管理。

一、安全管理

（一）法律法规与规程制度

（1）必须配备的法律法规、标准规程不全，如缺少《中华人民共和国安全生产法》等。

（2）企业缺少必要的安全生产管理制度，如无隐患排查治理制度等。

（3）现行规程的部分内容不符合现场实际，缺项较多，操作性差。

针对以上问题，发电企业应识别和获取适用有效版本的安全生产法律法规、标准规范，尽快组织人员补充完善企业必要的安全生产规章制度，并抓好制度执行和落实。此外，每年公布一次企业现行有效的规程制度清单，保持清单上的文件齐全、有效，符合实际，可操作性强，并按清单配全配齐各车间（部门）、班组、岗位有关规程与制度。

（二）反事故措施和安全技术劳动保护措施（“两措”）

企业未编制“两措”计划，也未组织落实。

针对这个问题，发电企业应充分认识到实施“两措”计划是安全生产管理的一种行之有效的举措，并加强组织，落实主体责任。对于反事故措施（“反措”）计划，由企业分管生产的领导组织，以生产技术部门为主，安全监督管理、工程（基建）、计划、工会等有关部门参加制订；根据上级颁发的反事故技术措施、需要消除的设备重大缺陷、提高设备可靠性的技术改进措施及企业事故防范对策进行编制。对于安全技术劳动保护措施（“安措”）计划，由企业分管安全工作的领导组织，以安全监督管理、劳动人事、工会等部门为主，各有关部门参加制订；根据国家、行业颁发的有关标准，从改善劳动条件、防止伤亡事故、预防职业病等方面进行编制。此外，项目安全施工措施根据施工项目的具体情况，从作业方法、施工机具、工业卫生、作业环境等方面进行编制。

发电企业对反事故措施计划和安全技术劳动保护措施计划要明确资金费用，所需资金应优先予以安排。各责任部门（车间）定期对完成情况进行书面总结，对存在的问题要及时向企业主管领导汇报，保证反事故措施计划和安全技术劳动保护措施计划的落实。安全监督管理部门监督反事故措施计划和安全技术劳动保护措施计划实施，督促各部门（车间）定期对完成情况进行书面总结，对存在的问题要及时向企业主管领导汇报，并跟踪检查整改情况。

（三）工作票和操作票（“两票”）

（1）无“两票”管理制度。

（2）工作票负责人、签发人、许可人未经专业知识培训和考试。

（3）与“两票”有关的责任部门没有按照相关规定对“两票”进行检查、统计、分析、评价、指导并提出改进意见。

针对以上问题，发电企业应建立健全“两票”管理制度，加强安全教育和技能培训，严格实施“两票”管理制度，每月及时审核上月全部已执行的工作票、操作票，做出综合分析和汇总评价，促进工作票和操作票制度有效落地。

（四）外委工程管理

（1）安全生产管理协议签订不规范，签字双方代表无法人授权，且未使用企业公章。

（2）缺少外委工程资质审查资料。

（3）无开工审批单。

（4）开工前未对承包队伍、租赁公司、劳务派遣公司以及售后服务、厂家技术指导、安装调试、试验人员进行安全培训、考试和安全技术交底，无相关记录。

（5）对危险性较大分部分项工程，未制订专项安全技术措施，未经有关部门审核，未对承包方进行专项安全技术交底。

（6）缺少承包方及其有关人员施工简历，未登记施工人员有关简况，如无文化程度、体检证明、安全考试成绩、违章记录等信息。

针对以上问题，发电企业应坚持问题导向，加强相关方管理，加强对承包商、供应商、租赁公司、劳务派遣公司的资质审查。安全生产管理协议与商务合同负有同等的法律效应，双方代理人要有法人授权，并使用与合同一致的企业公章。危险性较大的生产区域和工程项目，要制订专项的安全措施、组织措施和技术措施并经有关部门审核，对承包方进行专项的安全技术交底，参加交底人员应签字确认。针对承包方及其有关人员，要建立其施工简历，登记施工人员有关基本信息、文化程度、违章记录、安全考试成绩等，且考试成绩要真实；特种作业人员应进行专门培训，并持证上岗。

（五）液氨重大危险源管理

（1）氨区未设置独立的避雷针。

（2）未与液氨运输单位签订专项运输协议。

（3）氨区围墙为非实体围墙，且大门处围墙破损有缺口，人员可以随意出入。

（4）氨区风向标高度不够，不能满足300m范围内人员能明显看到的要求。

（5）逃生门不能朝外开启，其中西侧逃生门被设备阻挡。

（6）氨区门口未设置火种箱，缺少“禁止穿钉鞋”“禁止带火种”等安全标志。

（7）墙外四周无“30m内严禁烟火”字样。

（8）无氨管道接地电阻的测试记录。

（9）氨管道法兰防静电跨接不符合规范。

（10）氨区未安装紧急洗眼装置和安全淋浴器，未配备急救药品。

（11）氨区万向充装系统周围未设置防撞设施。

（12）氨罐消防喷淋未覆盖整个罐体。

（13）降温喷淋、消防喷淋未设自动联锁装置。

（14）氨罐压力表超期未检验。

针对问题（1），依据《火力发电厂烟气脱硝设计技术规程》（DL/T 5480—2013），对于液氨卸料、储存及氨气装备区域，防雷应采用独立避雷针保护，并应采取防止雷电感应的措施，接地材质应考虑相应的防腐措施。另外，依据《交流电气装置的接地设计规范》（GB/T 50065—2011），发电厂和变电站有爆炸危险且爆炸后可能波及发电厂和变电站内主设备或严重影响发供电的建（构）筑物，应采用独立避雷针保护，并应采取防止雷电感应的措施。

针对其他问题，发电企业应透过问题看本质，举一反三，加强企业重大危险源管理，熟悉掌握相关标准规程，建立健全相关制度，完善相关工作机制。加强液氨运输的安全防护，与具有危险货物运输资质的单位签订专项液氨运输协议；液氨储存区应设置不低于 2.2m 高的非燃烧体实体围墙；氨区墙外四周应有醒目的“30m 内严禁烟火”字样；氨区应设置不少于 2 个风向标，其位置应设在周围 300m 范围内人员能够明显看到的高处；氨区应设置洗眼器等冲洗装置，其防护半径不宜大于 15m；洗眼器应定期放水冲洗管路，保证水质畅通，且寒冷时节应做好防冻措施；氨区入口应设置“未经许可不得入内”“禁止烟火”“禁止带火种”“禁止使用无线通信”“禁止穿钉鞋”“禁止穿化纤服装”等安全标志和“氨区出入管理制度”等警示说明；氨区设置两个及以上对角或对向布置的安全出口，安全出口应向外开。卸氨区装设万向充装系统用于接卸液氨，万向充装系统应使用干式快速接头，周围设置防撞设施。液氨储罐应设有必要的安全自动装置，当储罐温度和压力超过设定值时，自动启动降温喷淋系统。此外，输氨管道法兰、阀门连接处应装设金属跨接线，氨区管道应具有良好的防雷、防静电接地装置，并定期进行检查、检测。

（六）消防安全管理

（1）未编制防火重点部位清单，油泵房、电缆夹层、集控室等处未张贴防火重点部位标识牌。

（2）油泵房外净烟器烟道切割作业、氨区南侧打磨玻璃钢配件作业未办理动火工作票。

（3）油罐防火堤外烟道焊接作业违规办理了“固定区域用火证”，未按规定办理动火工作票，动火点离油罐距离近，防火措施不到位。

（4）油泵房为敞开式，未严格执行防火重点部位出入管理制度。

（5）卸油处静电接地报警器失效。

（6）油泵房内未安装油气检测装置，照明和电动葫芦不满足防爆要求。

（7）消防设施台账登记不全，无输煤系统、氨区等的消防设施配置情况。

（8）电缆夹层、301 变电站变压器等处未按规定配备消防器材。

（9）汽轮机 0m、1 号炉 0m、10 号输煤皮带头部等多处存在消防器材缺失、损坏和失效等情况。

（10）消防泵试验记录不完善，未记录电流、压力等参数。

（11）火灾报警系统未建立台账，未定期进行试验。

（12）火灾报警系统误报情况比较突出，但相关人员只做复位处理，未对火警进行核实。

（13）电缆夹层未安装烟感报警器。

（14）油泵房未安装在线火灾报警装置。

（15）氧气、乙炔库与检修车间办公楼的安全距离不满足25m的要求。

（16）5号输煤皮带下一推车上氧气瓶与乙炔瓶混放。

针对以上消防管理所暴露出来的问题，发电企业应确实转变思想观念，不断提高消防安全意识，改进和加强消防安全管理工作。依据《电力设备典型消防规程》（DL 5027—2015），制定防火重点部位清单，在消防安全重点部位建立岗位防火职责，设置明显的防火标志，并在出入口位置悬挂防火警示标示牌。标识牌的内容应包括消防安全重点部位的名称、消防管理措施、灭火和应急疏散方案及防火责任人。油区等重点防火部位的电气设备应采用防爆型产品。在防火重点部位或场所以及禁止明火区进行动火作业时，应填写动火工作票，动火作业应有专人监护，动火作业前应清除动火现场及周围的易燃物品，或采取其他有效的安全防火措施，配备足够适用的消防器材。在各防火部位配备完善的消防设施，定期对各类消防设施进行检查与保养，禁止使用过期和性能不达标的消防器材。此外，储存气瓶库房与建筑物的防火间距应符合相关规定。一般地，规定容积较小的气瓶仓库（储存量在50个气瓶以下）与其他建筑物的距离应不少于25m。

（七）企业安全文化建设

企业成立以来，未实质性开展安全文化建设工作。

根据《企业安全文化建设导则》（AQ/T 9004—2008）的定义，安全文化是指被企业组织的员工群体所共享的安全价值观、态度、道德和行为规范的统一体。企业安全文化是企业安全物质因素和精神因素的总和。安全文化建设是发电企业安全管理中高层次的工作，是实现零事故目标的必由之路，是超越传统安全管理来解决安全生产问题的根本途径。发电企业按照建立机构、制定规划、培训骨干、宣传教育、努力实践等操作步骤开展安全文化建设工作。新时代发电企业应践行“以人为本、全员尽责、防治并举”安全理念，从安全责任、安全意识、安全制度、行为规范、作业环境等方面构建安全文化体系，做到内化于心、外化于行、固化于制、显化于物。

一般地，安全文化分为三个层次，即：①直观的表层文化，如企业的安全文明生产环境与秩序；②企业安全管理体制的中层文化，如企业的组织机构、管理网络、部门分工和安全生产法律法规及制度建设；③安全意识形态的深层文化。根据《企业安全文化建设导则》（AQ/T 9004—2008），安全文化建设的基本要素应包括：①安全承诺，包括企业、领导者、各级管理者及每个员工应做到的包含安全价值观、安全愿景、安全使命和安全目标等在内的安全承诺；②行为规范与程序，是安全承诺的具体体现和安全文化建设的基础要求；③安全行为激励；④安全信息传播与沟通；⑤自主学习与改进；⑥安全事务参与；⑦审核与评估。在安全文化建设过程中，应充分考虑自身内部的和外部的文化特征，引导全体员工的安全态度和安全行为，实现在法律和政府监管要求基础上的安全自我约束，充分发挥安全文化的导向功能、凝聚功能、激励功能、辐射和同化功能，通过全员参与实现企业安全生产水平持续提高。

此外，发电企业还要加强安全文化建设的过程检验和纠偏改进。依据《企业安全文化建设评价准则》（AQ/T 9005—2008），按照建立评价组织机构与评价实施机构、制订评价工作实施方案、下达《评价通知》、调研收集与核实基础资料、数据统计分析、撰写评价报告、反馈企业征求意见、提交评价报告、进行评价工作总结等程序，对企业安全文化建设进行评价与检验。企业安全文化建设的主要评价指标包括：①基础特征；②安全承诺；③安全管理；④安全环境；⑤安全培训与学习；⑥安全信息传播；⑦安全行为激励；⑧安全事务参与；⑨决策层行为；⑩管理层行为；⑪员工层行为。若发电企业在一个评价年度内发生死亡事故、重伤事故和违章记录，则在评价中给予相应减分，综合评价企业安全文化建设效果。

二、劳动安全与作业环境

（一）电气作业

（1）电气安全用具“三证一书”不全，缺少产品许可证、产品鉴定合格证。

（2）301 变电站控制室电气安全用具无清册。

（3）生产现场 1 只 10kV 验电器自检功能试验不动作，2 只 10kV 验电器检验合格证超期。

（4）仪表班一个电缆盘三相设备未采用四芯电缆。

（5）检修班组工器具无编号，无检验合格证，无随机同行的安全操作规程。

针对以上问题，发电企业应加强电气作业的安全工作。电气安全用具要保证“三证一书”齐全，并建立清册。加强交接班的检查，发现验电器自检功能试验不动作应及时处理。移动式电动工具外壳应可靠接地，电气三相设备采用四芯电缆，工器具按规定编号，定期检验并张贴合格证。移动式工器具应有随机同行的安全操作规程。

（二）高处作业

（1）现场脚手架未执行验收制度。

（2）1 号、2 号炉电除尘改造施工现场等处搭设的脚手架工作面无护板，栏杆中间无横杆，存在单板、探头板的现象。

（3）2 号炉临时烟囱施工现场一条安全带烫伤损坏仍在使用，且使用不规范。

（4）电仪车间仪表班安全带无检验合格证。

针对问题（1）和问题（2），发电企业应建立健全脚手架管理相关制度，并严格执行。生产现场搭设的脚手架应执行验收制度，符合搭设要求。脚手架工作面应有护板，栏杆中间应有腰杆，杜绝单板、探头板，脚手架跳板应固定、有供人员上下的梯子。

针对问题（3）和问题（4），依据《防止电力生产事故的二十五项重点要求》（国能安全〔2014〕161 号），高处作业应正确使用安全带，安全带必须系在牢固物件上，防止脱落。若不具备挂安全带的情况下，应使用防坠器或安全绳。一般地，安全带应定期检验，张贴检验合格证，并规范摆放；禁止使用有烫伤、断股等缺陷的安全带，并及时更换。

（三）起重作业

（1）汽机房行车司机室未配备灭火器。

（2）多处电动葫芦未安装起重量限制器与止挡器。

（3）电仪车间仪表班、锅炉脱硫改造现场手拉葫芦无检验合格证。

针对以上问题，发电企业应高度重视起重作业的安全工作。汽机房行车司机室按规定配备灭火器；各式起重机应根据需要设置过卷扬限制器、过负荷限制器、起重臂俯仰限制器、行程限制器、连锁开关等安全装置和移动旋转及升降机构的刹车装置；手拉葫芦应定期检验，并张贴检验合格证。

（四）机械作业

（1）电仪车间电气班台钻附近未张贴安全操作要求，台钻外壳无接地线。

（2）动力维修班检修间砂轮机无托架，无护目屏。

（3）生产现场部分转动设备对轮防护罩上未标注旋转方向。

针对以上问题，发电企业应按照相关要求，在台钻、砂轮机附近张贴安全操作要求；采取措施使台钻外壳可靠接地；砂轮机安装托架、护目屏；电动机对轮防护罩上标注旋转方向。

（五）作业环境

（1）2号炉1号～3号磨煤机钢直梯无护笼。

（2）1号、2号炉8m室外步道栏杆，2号炉1号、2号引风机平台栏杆高度850mm左右，达不到1050mm的要求。

（3）捞渣机地沟多处盖板打开未设临时围栏。

针对以上问题，发电企业依据《火力发电企业生产安全设施配置》（DL/T 1123—2009），对生产环节涉及的场所、设备、设施及特定区域配置相关安全设施。同时，加强现场作业环境的安全监督检查，及时排查隐患，以点带面落实整改，消除隐患。

三、生产设备设施

（一）锅炉专业

（1）锅炉防磨防爆检查工作未做到逢停必查。

（2）未建立支吊架、膨胀指示器台账；未定期检查管道支吊架和膨胀指示器的状况。

针对问题（1），为了防止锅炉水冷壁、过热器、再热器和省煤器（“锅炉四管”）爆漏，必须坚持发电设备全过程管理，加强各个环节的质量意识，发电企业应依据《防止火电厂锅炉四管爆漏技术导则》（能源电〔1992〕1069号），把好各个环节质量关。一般地，锅炉停炉三天以上要开展防爆防磨检查工作，组建机构，落实责任，加强检查锅炉水冷壁、过热器、省煤器等重点部位，及时准确地填写检查结果，并总结。

针对问题（2），发电企业应建立健全相关设备台账，定期检查管道支吊架和膨胀指示器的状况，发现问题及时消除隐患或缺陷，并做好记录。

（二）汽机专业

（1）汽动给水泵汽轮机和汽轮机主油箱事故放油门未水平放置，其操作手轮未设在距油箱5m以外的地方，且无两个以上的通道，未挂有明显的“禁止操作”等标志牌。

（2）汽机房0m层S28一段抽汽管道下三个膨胀支点严重偏离支座。

（3）汽机房8m层V3104辅汽联箱三个膨胀支点，右侧支点上翘脱离支座100mm左右。

针对问题（1），发电企业应依据《防止电力生产事故的二十五项重点要求》（国能安全〔2014〕161号），整改油系统的不符合项。油系统严禁使用铸铁阀门，各阀门门芯应与地面水平安装。主要阀门应挂有“禁止操作”警示牌。主油箱事故放油阀应串联设置两个钢质截止阀，操作手轮设在距油箱5m以外的地方，且有两个以上通道，手轮应挂有“事故放油阀，禁止操作”标志牌，手轮不应加锁。润滑油管道中原则上不装设滤网，若装设滤网，必须采用激光打孔滤网，并有防止滤网堵塞和破损的措施。

针对其余问题，依据《火力发电厂汽水管道与支吊架维修调整导则》（DL/T 616—2006），以目测检测为主对支吊架进行日常维护，当发现异常时，应进行针对性检查。在大修和认为有必要时，进行全面检查。支吊架全部调整结束后，锁紧螺母均应锁紧，应逐个检查弹性支吊架，包括恒力支吊架，检查其锁定装置是否均已接触。特别地，除主蒸汽管道、高低温再热蒸汽管道、高压给水管道等重要管道外，其他管道当运行了8万h后，即使未发现明显问题，也应计划安排一次支吊架的全面检查。检查项目至少包括：①承载结构与根部钢结构是否有明显变形，支吊架受力焊缝是否有宏观裂纹；②变力弹簧支吊架的荷载标尺指示或恒力弹簧支吊架的转体位置是否正常；③支吊架活动部件是否卡死、损坏或异常；④吊杆及连接配件是否损坏或异常；⑤刚性支吊架结构状态是否损坏或异常；⑥限位装置、固定支架结构状态是否损坏或异常；⑦减振器、阻尼器的油系统与行程是否正常；⑧管部、根部、连接件是否有明显变形，主要受力焊缝是否有宏观裂纹。

（三）电气专业

（1）400VⅠ段电缆隧道、输煤400V电缆夹层、主控电缆夹层等处煤粉堆积严重。

（2）电缆隧道、电缆夹层未配置消防烟感报警装置及消防灭火器材。

（3）301号变电站GIS装置室内六氟化硫（SF_6）泄漏监控报警装置安装在室内，并将六氟化硫（SF_6）气体泄漏检漏探头安装于地下电缆沟内。

针对以上问题，发电企业应按照《防止电力生产事故的二十五项重点要求》（国能安全〔2014〕161号），开展电气专业专项整治。电缆隧道、电缆夹层应保持清洁，不积粉尘，不积水，采取安全电压的照明应充足，禁止堆放杂物，并有防火、防水、通风的措施；发电厂锅炉、燃煤储运车间内架空电缆上的粉尘应定期清扫。室内或地下布置的GIS、六氟化硫（SF_6）开关设备室，应配置相应的六氟化硫（SF_6）泄漏检测报警、强力通风含量检测系统。

（四）热控专业

（1）部分作为保护信号的模拟量信号未采取三重冗余配备。

（2）轴承振动保护采用单点保护。

针对问题（1），发电企业应按照《火力发电厂热工自动化系统可靠性评估技术导则》（DL/T 261—2012）的规定，根据不同厂商的分散控制系统（DCS）结构特点和被控制对象的重要性来确定I/O模件的冗余配置。其中，加热器水位、凝结水流量、汽轮机润滑油温、发电机氢温、汽轮机调节汽门开度、分离器水箱水位、给水温度、磨煤机一次风量、磨煤机出口温度、磨煤机入口负压、单侧烟气含氧量、除氧器压力、中间点温度等模拟量信号，采用双重冗余配置，但当这些信号作为保护信号时，则应采取三重冗余，或同等冗余配置。

针对问题（2），依据《防止电力生产事故的二十五项重点要求》（国能安全〔2014〕161 号），所有重要的主、辅机保护都应采用“三取二”的逻辑判断方式，保护信号应遵循从取样点到输入模件全程相对独立的原则，确因系统原因测点数量不够，应有防保护误动措施。

（五）环保专业

（1）氨罐磁翻板液位计不准确。

（2）脱硝氨区及SCR区管道无介质名称、流向标识。

针对问题（1），检查分析液位计不准确的原因，并采取有效措施消除缺陷，如无修复的可能性，及时更换设备。

针对问题（2），发电企业依据《发电厂保温油漆设计规程》（DL/T 5072—2019），在管道弯头、穿墙处及管道密集、难以辨别的部位，涂刷介质名称及介质流向箭头，介质名称可用全称或化学符号标识。当介质流向有两种可能时，应标出两个方向的流向箭头。

（六）燃料专业

（1）输煤皮带转运站吊装口无盖板，护栏不牢固。

（2）输煤系统部分驱动装置滚筒无防护罩。

（3）带式除铁器传动轮周围无防护罩，无防止运行中弃铁伤人措施。

（4）液力偶合器未采用实体防护。

（5）皮带间粉尘浓度超标。

针对燃料专业所发现的这些问题，发电企业应加强燃料系统的安全管控及隐患整改工作。燃煤接卸、转储、输送系统作业现场的临边、洞口、吊装孔等边缘必须设置符合标准要求的、牢靠的固定式护栏；沟道、井孔等盖板必须齐全牢靠，且有明显的黄黑相间漆色条纹标志；带式除铁器传动轮周围应有防护罩，并有防止运行中的除铁器上铁物飞出伤人的措施。在带式除铁器弃铁处周围应设有围栏，并设置“当心机械伤人”及“当心落物”标志牌。输煤、制粉、锅炉、除灰、脱硫等设备及其系统的扬尘点空气中粉尘含量应符合标准要求，在区域内设置粉尘提示标志；在此区域作业的人员应配备防尘口罩等防护用品。

第二节 65MW级燃煤发电机组（海外）案例

B电厂地处海外，现役机组2台（2×65MW）燃煤机组，总装机容量130MW，两台机组分别于2012年10月、11月进入商业运营期。2014年6月、8月先后完成了两台机组首次大修。现有职工236人，其中中方员工87人。公司设置了6个部门，分别是综合管理部、安监保卫部、生产技术部、发电运行部、设备维护部、燃料管理部，其中发电运行部按集控模式配置四值，设备维护部共设立热机、电气、热控3个专业队。

一、安全管理

（一）规程制度

（1）缺少安全检查制度、安全生产信息报送制度、职业卫生管理制度和岗位职业卫生操作规程。

（2）年度公布有效规程制度清单不全，缺少检修规程、运行规程等。

（3）运行规程、检修规程未正式发布执行。

针对以上问题，发电企业应建立健全安全生产责任制，完善安全生产规章制度，每年公布现行有效的上级规程制度和企业的规程制度清单，并按清单配全配齐各岗位相关的安全生产规程制度。对运行、检修规程等重要的操作规程，要正式发布，确保有效，并严格执行。

（二）工作票和操作票（“两票”）

（1）发电运行部、设备维护部和燃料管理部技术人员每月未对上月已执行的“两票”进行综合分析和评价。

（2）一、二级动火工作票审批人，继电保护安全措施票、热工控制系统安全措施票填票人、监护人、审批人未进行安全规程制度培训并考试合格。

（3）缺少一、二级动火工作票工作任务清单。

针对“两票”管理所反映出来的问题，发电企业应督促责任部门（车间）技术人员每月及时审核上月全部已执行的工作票、操作票，做出综合分析和汇总评价，重点分析评价危险点分析是否深入及符合实际，制订的安全技术措施及注意事项是否科学、合理、可靠，记录检查情况，提出改进意见。加强对正在执行的“两票”的评价，及时发现问题，解决问题并改进。一、二级动火工作票的签发人、审批人、运行许可人、动火工作负责人应每年进行一次考试，考试合格后，经企业主管生产的领导（或总工程师）批准并公布，未经考试合格并书面公布的上述人员不得办理相应等级的动火工作票。同时，组织相关专业编制一、二级动火工作票工作任务清单。继电保护安全措施票、热工控制系统安全措施票填票人、监护人、审批人应经相关安全规程制度培训，并考试合格后方可上岗。

（三）反违章管理

（1）设备维护部、燃料管理部、电控班、机务班缺少装置性违章检查记录。

（2）缺少生产管理人员违章档案。

针对以上问题，发电企业应积极开展无违章创建活动，生产技术部门每月汇总反装置性违章检查活动开展情况，报企业安全监督管理部门或反违章领导小组办公室。建立厂、车间（含长期承包单位人员）、班组（含长期承包单位班组）三级“违章档案”，如实记录各级人员的违章及考核情况，并作为安全绩效评价的重要依据。

（四）反事故措施和安全技术劳动保护措施（“两措”）

（1）设备维护部、燃料管理部无年度反事故措施（“反措”）计划。

（2）设备维护部、燃料管理部年度安全技术劳动保护措施（“安措”）计划未履行审批手续。

（3）“反措”计划项目内容大部分是《防止电力生产事故的二十五项重点要求》内容，未从改善设备、系统可靠性、消除重大设备缺陷等方面编制。

针对以上有关“两措”的问题，发电企业应重视“两措”计划的编审工作，不断加以改进。一般地，反事故措施计划应根据上级颁发的反事故技术措施、需要消除的设备重大缺陷、提高设备可靠性的技术改造措施及企业事故防范对策等方面进行编制，同时将其纳入检修、技改计划。各部门根据企业下发的“两措”计划，组织制订分解实施计划，履行审批手续并监督落实。

（五）安全教育与培训

（1）企业年度安全教育培训计划无应急预案、交通、职业卫生等方面的培训内容。

（2）上年度安全教育培训无总结。

（3）现场考问发电运行部集控运行 2 人技术问答、事故预想等内容，掌握不全面。

（4）三名转岗生产管理人员未进行安全生产的法律、法规、规程、制度和岗位安全职责的培训考试。

针对以上有关安全教育培训方面的问题，发电企业应依据《企业安全生产标准化基本规范》（GB/T 33000—2016），建立健全安全教育培训制度，其中培训大纲、内容、时间应满足有关标准的规定和企业实际需要。确定安全教育培训主管部门，按规定及岗位需要，定期识别安全教育培训需求，制订、实施安全教育培训计划，做好安全教育培训记录，建立安全教育培训档案，实施分级管理，并对培训效果进行评估和改进。加强培训效果检验，定期对在岗生产人员进行有针对性的现场考问、反事故演习、技术问答、事故预想等现场培训活动，促进掌握相应安全技能。企业新任命或转岗的各级生产管理人员，应经有关安全生产的法律、法规、规程、制度和岗位安全职责的学习培训，并经考试合格后上岗。

（六）安全检查

（1）安全检查发现的问题未完成整改项目缺少相应的防范措施。

（2）春季安全生产大检查（“春检”）总结缺少春检期间查出问题总数及整改完成情况。

针对以上问题，发电企业应加强安全生产检查，对查出的问题要制订整改计划并监督执行，实现闭环管理。春、秋季安全生产大检查（“春秋检”）工作结束后，应及时对春秋检工作开展情况进行总结，明确检查发现的问题及整改完成情况，特别对于未整改项应说明原因，并采取临时防范措施。

（七）班组安全管理

（1）电控班班长、机务班班长、集控三值值长对本岗位安全职责的掌握不够全面。

（2）近期典型人身死亡事故等事故通报未列入班组安全日活动内容。

针对以上问题，举一反三，发电企业内部各部门、各岗位应有明确的安全职责，实行安全生产逐级负责制。班组安全日活动应学习国家的法律、法规、规程、事故通报等有关安全文件，结合自身实际，发现问题，制订整改措施并有效落实。

（八）职业健康管理

（1）未开展工作场所职业病危害因素检测工作；工作场所未在醒目位置设置职业病危害公告栏。

（2）化学酸碱库缺少洗眼设施。

针对问题（1），发电企业应依据《工作场所职业卫生监督管理规定》（国家安全生产监督管理总局令　第47号），委托具有相应资质的职业卫生技术服务机构，每年至少进行一次职业病危害因素检测，如果职业病危害严重，还应委托具有相应资质的职业卫生技术服务机构，每三年至少进行一次职业病危害现状评价，依据《用人单位职业病危害现状评价技术导则》（WS/T 751—2015），采用定量分级或风险评估的方法，对发电企业职业病防治现状进行综合性评价，并对职业病危害风险做出“一般、较重、严重”的分级结论。此外，在醒目位置设置公告栏，公布有关职业病防治的规章制度、操作规程、职业病危害事故应急救援措施和工作场所职业病危害因素检测结果。

针对问题（2），依据《工业企业设计卫生标准》（GBZ 1—2010），根据可能产生或存在的职业性有害因素及其危害特点，在有可能发生化学性灼伤及经皮肤黏膜吸收引起急性中毒的工作地点或车间，就近设置现场应急处理设施。这些急救设施主要包括：不断水的冲淋、洗眼设施，气体防护柜，个人防护用品，急救包或急救箱及急救药品，转运病人的担架和装置，急救处理的设施，以及应急救援通信设备等。在保障安全的前提下，在化学酸碱库区域，靠近可能发生事故的工作地点设置淋、洗眼设施。

（九）消防安全管理

（1）企业消防器材清册不全，缺少一氧化碳、泡沫发生器、喷淋装置等消防设施以及宿舍楼和餐厅配备的灭火器。

（2）生产现场配备的灭火器无检查记录卡。

（3）无手动报警装置定期试验记录。

（4）机、炉现场自动喷淋系统未投入运行。

发电企业应高度重视消防安全，加强消防安全管理工作。

针对问题（1），依据《电力设备典型消防规程》（DL 5027—2015），建（构）筑物、电力设备或场所应按照国家、行业有关规定、标准，根据实际需要配置必要的、符合要求的消防设施、消防器材及正压式空气呼吸器，建立清册，做好日常管理，确保完好有效。

针对问题（2），依据《建筑灭火器配置验收及检查规范》（GB 50444—2008），每月至少要对灭火器进行一次全面检查，包括配置检查和外观检查，做好检查记录并留存。

针对问题（3），依据《建筑消防设施的维护管理》（GB 25201—2010），火灾自动报警系统每月至少进行一次检查，火灾报警探测器和手动报警按钮的报警功能的检查数量不少于总数的25%，每12个月对每只探测器、手动报警按钮检查不少于一次。

针对问题（4），为保证火灾预防与及时灭火，机、炉现场自动喷淋系统应投入自动运行状态，不得随意切除保护。

二、劳动安全与作业环境

（一）电气作业

（1）集控室存放的2副绝缘手套、2双绝缘靴未按规定进行检验。

（2）锅炉检修班1台角磨砂轮机、1台磨光机未按规定进行检验。

（3）集控室工器具柜内存放的1只220kV验电器自检不报警。

（4）未建立剩余电流动作保护装置管理制度。

（5）设备维护部检修间、化学中间水箱处、1号机B侧0m、2号炉0m层炉前、2号炉引风机室、空压机室检修电源箱箱门未上锁。

针对问题（1）～问题（3），发电企业应加强电气工器具管理。依据《电业安全工作规程　第1部分：热力和机械》（GB 26164.1—2010），电气工器具应由专人保管，每6个月测量一次绝缘，绝缘不合格或电线破损的不应使用。不合格的电气工器具和用具不准存放在生产现场。

针对问题（4），依据《剩余电流动作保护装置安装和运行》（GB/T 13955—2017），剩余电流动作保护装置（RCD）投入运行后，应建立相应的管理制度，并建立动作记录。

针对问题（5），依据《电业安全工作规程　第1部分：热力和机械》（GB 26164.1—2010），厂房内应合理布置检修电源箱。电源箱箱体接地良好，接地、接零标志清晰，分级配置剩余电流动作保护装置，宜采用插座式接线方式，方便使用。一般地，现场检修箱、临时电源箱应上锁，并能在箱外实现紧急断电。临时电源用电负荷应合理分配，禁止超负荷使用。

（二）起重作业

（1）汽机桥式起重机、直流水泵房桥式起重机未按规定进行检验。

（2）2号炉磨煤机上方、1号炉B侧一次风机上方、1号炉磨煤机上方、1号输煤皮带头部电动葫芦吊钩防脱装置损坏。

针对以上问题，发电企业应重视起重设备的检查与维护。对于需要经过安装、试车方可运行的起重设备，包括与之相关的电力等接线、行驶轨道或路面、路基的状况及标志的设置等，必须经有关的专业技术人员进行检查和试验，出具书面检验报告和发放合格证后，方可正式投入使用。吊钩应重点保证无裂纹或显著变形、无严重腐蚀磨损现象，防脱钩装置完好，润滑油充分转动灵活。

（三）劳动防护用品

（1）集控室、化学集控室各有 3 个浅蓝色安全帽超期使用。

（2）集控室存放的 2 台正压式空气呼吸器压力低，压力为 5MPa。

（3）集控室工器具柜内存放的 1 条安全带，未按规定进行静载试验。

针对以上问题，发电企业应加强劳动防护用品检查和维护保养，确保在用劳动防护用品合格、可靠。安全带和专作固定安全带的绳索在使用前应进行外观检查，并应定期（每隔 6 个月）按批次进行静载试验。

三、生产设备设施

（一）锅炉专业

（1）锅炉防磨防爆检查工作未做到逢停必查。

（2）1 号、2 号锅炉汽包，过热器和压力容器安全阀超期未检验。

针对问题（1），发电企业应加强锅炉设备维护保养，坚持“逢停必查”，锅炉停运超过 3 天时间，必须有针对性地安排防磨防爆检查工作。

针对问题（2），依据《锅炉安全技术监察规程》（TSG G0001—2012），在用锅炉的安全阀每年至少校验一次，校验一般在锅炉运行状态下进行；如果现场校验确有困难或对安全阀进行修理后，可以在安全阀校验台上进行。安全阀经过校验后，应加锁或铅封，校验后的安全阀在搬运或安装过程中，不能摔、砸、碰撞。

（二）汽机专业

（1）抽汽止回门未执行定期活动试验、严密性试验。

（2）高压加热器、低压加热器未开展定期检验和年度检查。

针对问题（1），发电企业应加强汽轮机主要阀门的定期试验工作。每月进行一次抽汽止回门的活动试验以及运行机组一年一次抽汽止回门的严密性试验，并测取汽门关闭时间，确保抽汽止回门灵活、有效使用。

针对问题（2），依据《电力行业锅炉压力容器安全监督规程》（DL/T 612—2017），新装压力容器使用 3 年内应进行首次定期检验。同时，依据《固定式压力容器安全技术监察规程》（TSG 21—2016），每年对所使用的压力容器至少进行一次年度检查。年度检查工作完成后，应进行压力容器使用安全状况分析，并对年度检查中发现的隐患及时消除。年度检查工作可以由发电企业安全管理人员组织经过专业培训的作业人员进行，也可以委托有资质的特种设备检验机构进行。

（三）电气专业

（1）1 号和 2 号发电机励磁变压器、发电机出口电压互感器、电缆金属桥架、封闭母线、高压电动机外壳等电气设备系统缺少接地电阻和导通电阻测试。

（2）继电保护定值单未经过企业复核。

（3）目前执行的定值单未经审批，未经批准人签字，未加盖“继电保护专用章”。

针对问题（1），发电企业应对主厂房重要电气设备每年进行一次接地引下线的导通测试，根据历次测量结果进行分析比较，以决定是否进行开挖处理。

针对其余问题，依据《继电保护和安全自动装置运行管理规程》（DL/T 587—2016），各级调控部门应制定保护装置定值计算管理规定。发电企业应结合电网发展变化，定期编制或修订系统继电保护整定方案。现场保护装置定值的变更，应按定值通知单的要求执行，并按照规定日期完成。定值通知单应有计算人、审核人和批准人签字并加盖“继电保护专用章”方能有效。定值通知单应按年度编号，注明签发日期、限定执行日期和作废的定值通知单号等，在无效的定值通知单上加盖“作废”章。

（四）热控专业

（1）1 号、2 号机组凝汽器真空低保护未投入。

（2）1 号、2 号机组 DCS 电子间无湿度表。

（3）DCS 系统工程师站、操作员站等工作站的外部接口未封闭。

（4）未定期进行 DCS 口令更换。

针对问题（1）～问题（3），发电企业组织相关专业检查分析 1 号、2 号机组凝汽器真空低保护未投入的原因，制定方案并落实到位，保证凝汽器真空低保护可靠投入。在 1 号、2 号机组 DCS 电子间安装湿度表，以有效控制电子间湿度。对 DCS 系统制订详细的防病毒措施，并将各工作站的外部接入端口封闭。

针对问题（4），依据《火力发电厂热工自动化系统检修运行维护规程》（DL/T 774—2015），对计算机监控系统进行定期维护，其中包括定期进行口令更换并妥善保管。同时，检查每一级用户口令的权限正确设置，口令字长应大于 6 个字符，字母数字混合组成。修改后的口令要做好记录，妥善保管。

（五）化学专业

（1）化学专业使用的水、煤、油国家标准及电力行业标准过期，未及时更新。

（2）缺少化学监督实施细则、化学专业人员岗位责任制等规章制度。

化学监督是保证发电企业安全、经济、稳定、环保运行的重要基础工作，应实行全方位、全过程的管理。

针对问题（1），依据《化学监督导则》（DL/T 246—2015），发电企业应具有与化学监督有关的国家、行业技术标准和规程。这些标准和规程应是最新有效的，因此发电企业应及时识别所使用的标准规范是否最新有效，并及时更新过期版本。

针对问题（2），发电企业应根据化学监督的需要制定相关规章制度，主要包括：①化学监督实施细则；②化学设备运行规程；③化学设备检修工艺规程；④在线化学仪表检验规程；⑤化学专业人员岗位责任制度；⑥运行设备巡回检查制度；⑦化学监督试验规程；⑧油品质量管理制度；⑨燃料质量管理制度；⑩化学药品及危险品管理制度；⑪大宗材料及大宗药品的验收、保管制度；⑫化学仪器仪表管理制度。同时，应及时组织相关专业复查、修订现场正在执行的规程、制度，确保其有效和适用，保证每个岗位所使用的为最新有效版本；建议现场规程每 3～5 年进行一次全面修订、审批并印发。

第三节 140MW级燃煤发电机组（海外）案例

C电厂属于海外电力能源项目。一期工程建设3×142MW燃煤火力发电机组，并留有再扩建2×300MW燃煤火力发电机组的场地，运营有效期为30年。电厂于2012年6月开工建设，1号、2号机组于2015年6月通过168h试运，3号机组于2015年8月通过168h试运。2015年9月，三台机组投入商业运行。公司下设综合管理部、生产技术部、安全监察部、发电部、设备管理部等5个部门，现有员工365人，其中非中国籍员工209人。

一、安全管理

（一）安全生产规章制度

（1）安全生产规章制度中缺少安全检查制度、安全生产信息报送制度和岗位职业卫生操作规程。

（2）未公布上级有效规程制度清单。

（3）公布的企业有效规程制度清单不全，缺少检修规程、运行规程等。

（4）部门和班组未配备《电力设备典型消防规程》现行有效版本。

针对以上问题，发电企业应组织相关人员尽快完善健全安全生产规章制度。每年公布现行有效的上级规程制度和企业规程制度清单，保证清单所列规章制度有效、全面，并为各岗位配备相关的安全生产制度、操作规程。建议每年对现场规程进行复查（补充）修订，并书面通知有关人员。

（二）工作票和操作票（“两票”）

（1）一、二级动火工作票审批人，继电保护安全措施票、热工控制系统安全措施票填票人、监护人、审批人未进行安全规程制度培训并考试合格。

（2）抽检正在执行的某工作票，实际工作人数与票面上人数不符，现场实际工作5人，票面上3人。

（3）动火工作票无动火作业前对可燃性、易爆气体浓度的检测记录。

（4）相关部门技术人员每月未对上月已执行的工作票和操作票进行综合分析及汇总评价。

针对以上存在的有关“两票”问题，发电企业应加快整治，确实发挥“两票”在安全生产管理中的重要作用。事前，做好“两票”的技能培训和资格审核，对相关填票人、监护人、审批人实行严格的考试考核。事中，做好“两票”的执行与监督检查，一方面，实施作业前有效辨识、分析工作任务全过程可能存在的危险点，并制订风险控制措施；另一方面，实施作业过程中加强监督检查和现场检验，严格落实风险控制措施。事后，做好“两票”的评价与改进，及时组织运行、检修车间（部门）技术人员每月审核上月全部已执行的工作票、操作票，做出综合分析和汇总评价，重点分析评价危险点分析是否深入及符合实际，制订的安全技术措施及注意事项是否科学、合理、可靠，并填写评价情况，提出改进意见。

（三）反违章管理

（1）缺少装置性违章检查记录。

（2）违章档案记录不全，无考核情况记录。

（3）对多起违章现象未分析违章原因，未制订整改措施，未对违章责任人进行安全教育培训。

针对以上问题及类似违章情况，发电企业应建立反违章工作机制，积极开展无违章创建活动，发动全员积极自查自纠和查禁违章活动，鼓励工作班成员之间、员工之间、领导和员工之间的互相监督，分级设立违章曝光栏，以达到警示教育的目的。大力营造反违章工作氛围，加大违章处罚力度，推行反违章禁令管理，构建形成“不敢违章、不能违章、不想违章”的有效工作机制。同时，有针对性地开展作业性违章、装置性违章、指挥性违章、管理性违章治理工作，努力消除习惯性违章。建立“违章档案”，如实记录各级人员的违章及考核情况，并作为安全绩效评价的重要依据。按照“四不放过”的原则对违章事件进行分析，找出原因，分清责任，提出并落实防范措施。

（四）反事故措施和安全技术劳动保护措施（“两措”）

（1）发电部未编制年度安全技术劳动保护措施（“安措”）计划，设备管理部编制的“安措”计划未履行审批手续。

（2）上年度“安措”计划项目和反事故措施（“反措”）计划各有 2 项未完成，且无原因说明，完成率不足 100%。

（3）“两措”计划项目完成后无验收签字记录与效果评价。

针对以上问题，一方面发电企业要认真制订“两措”计划，履行应有的审批手续后，发布实施；另一方面，要自上而下逐级监督、检查反事故措施计划和安全技术劳动保护措施计划的实施情况，保证反事故措施计划和安全技术劳动保护措施计划的落实；定期对完成情况进行书面总结，对存在的问题应及时向企业主管领导汇报，跟踪检查整改情况，完成一项验收一项，并进行效果评价。

（五）安全教育与培训

（1）企业年度安全教育培训计划不完整，缺少交通、职业卫生等方面的培训内容。

（2）发电部年度安全教育培训计划未履行审批手续。

（3）热机队、电控队、集控丁值无年度安全教育培训计划。

（4）上年度安全教育培训无总结。

（5）企业主要负责人和安全管理人员未取得安全资格证书。

（6）发电部集控运行只有 5 名员工取得特种作业人员证书（司炉工），其他人员未取得特种作业人员证书，未持证上岗。

针对以上有关安全教育培训方面的问题，发电企业应着重做好计划和总结工作。一方面，确定企业的安全教育培训主管部门或专责，按规定及岗位需要，定期识别安全教育培训需求，制订、实施安全教育培训计划，提供相应的资源保证；另一方面，做好安全教育培训记录，建立安全教育培训档案，实施分级管理，并对培训效果进行评估和改进。此外，相关从业人员“应培训的须培训，应持证的须持证”，包括单位主要负责人、安全生产管理人员及特种作业人员等。

（六）安全检查与隐患排查

（1）未开展元旦等节假日前安全生产检查工作。

（2）发电部、设备管理部秋季安全生产大检查（“秋检”）方案未履行审批手续。

（3）热机队、电控队、集控丁值无春、秋季安全生产大检查（“春秋检”）方案和检查表。

（4）对春、秋季安全生产大检查发现的问题，未制订隐患整改计划。

（5）上年度春季安全生产大检查（“春检”）发现的隐患，8项未完成闭环整改，且无相应的原因说明与防范措施。

（6）发电部、设备管理部上年度秋季安全生产大检查工作总结不完整，缺少秋检期间查出问题总数及整改完成情况。

（7）电控班、集控丁值无上年度春秋检工作总结。

针对以上问题，发电企业应将安全检查作为安全生产管理的重要抓手，确实做好安全检查各项工作。安全检查是安全监督管理的基本形式和重要内容，发电企业应贯彻“全覆盖、零容忍、严执法、重实效”的要求，始终坚持“管行业必须管安全、管业务必须管安全、管生产经营必须管安全”和“谁检查、谁负责”的原则开展安全检查活动。安全检查前，应编制检查计划，明确检查时间、检查项目、重点内容、检查方式和责任人，并依据有关安全生产的法律、法规、规程制度，逐级编写安全检查表，明确检查项目内容、标准要求，经审批后执行；同时，对查出的问题要制订整改计划并监督执行，实现闭环管理；特别是春秋检工作结束后，应及时对春秋检工作开展情况进行总结，明确检查发现的问题及整改完成情况。

（七）班组安全管理

（1）班前会“交清工作任务，交清安全措施”的“两交清”工作记录不全，班后会对当日工作和安全情况进行小结基本雷同。

（2）班组安全日活动记录，无具体起止时间、应参加人数、实际参加人数。

（3）安全日活动内容不完整，缺少一周安全情况小结和分析、企业发生的不安全事件、安全管理工作存在的问题等内容。

针对以上问题，发电企业应强化班组安全管理，解决安全工作“最后一公里”的迫切问题。各班组接班（开工）前，结合当班运行方式和工作任务，做好危险点分析，布置安全措施，交代注意事项。班后会总结讲评当班工作和安全情况，表扬好人好事，批评忽视安全、违章作业等不良现象，并做好记录。此外，利用好“班组安全日活动”这个载体，丰富形式和内容，做好计划和总结，真正发挥“安全日”安全教育受洗礼、安全整治有效果的作用。

（八）职业健康管理

（1）未建立企业员工职业健康监护档案。

（2）未开展年度职业卫生教育培训。

（3）现场抽检，输煤5段袋式除尘器A侧未投入。

（4）现场抽检，燃料圆形煤场3名作业人员未按要求佩戴防尘口罩。

针对以上问题，发电企业应按照有关规定，为从业人员建立职业健康监护档案，并按照规定的期限妥善保存；对劳动者进行上岗前的职业卫生培训和在岗期间的定期职业卫生培训，普及职业卫生知识，督促劳动者遵守职业病防治法律、法规、规章和操作规程，指导劳动者正确使用职业病防护设备和个人使用的职业病防护用品。此外，工作场所的噪声、粉尘、毒物等超过国家规定的限值时，应采取有效的降噪、防尘、防毒通风等措施；从业人员在作业过程中，应严格遵守安全生产规章制度和操作规程，服从管理，正确佩戴和使用劳动防护用品。

（九）应急管理

（1）应急管理工作开展不扎实，如无应急管理工作计划和总结，未及时修编全厂停电事故应急预案等。

（2）应急预案管理不规范，综合应急预案不全面，缺少必要的现场应急处置措施，如无水淹泵房现场应急处置方案等。

针对问题（1），发电企业应重视应急管理工作的重要性，并扎实开展应急管理工作。应急管理工作包括预防、准备、响应、恢复。具体来讲：①预防包含两层含义，一是通过安全管理和安全技术等手段，尽可能防止事故的发生，实现本质安全；二是在假定事故必然发生的前提下，通过预先采取的预防措施，达到降低或减缓事故的影响或后果的严重程度。预防是减少事故损失的关键。②准备是应急管理工作中的一个关键环节，包括意识、组织、机制、预案、队伍、资源、培训演练等各种准备，应急准备工作涵盖了应急管理工作全过程。③响应是突发事件发生后，所进行的各种紧急处置和救援工作。及时响应是应急管理的一项主要原则。分级响应是其中应有之义。目前响应机制包括一级、二级、三级，一级紧急情况必须利用所有有关部门及一切资源的紧急情况，二级紧急情况需要两个或更多部门响应的紧急情况，三级紧急情况能被一个部门正常可利用的资源处理的紧急情况。应急响应程序按过程分为接警、响应级别确定、应急启动、救援行动、应急恢复和应急结束等过程。发电企业应提高快速响应能力，同时保护好一线应急救援人员。④恢复是突发事件的威胁和危害得到控制或消除后所采取的处置工作，包括短期恢复和长期恢复。一般地，发电企业每年按照有关法律、法规和国家标准、行业标准的修改变动情况，安全生产条件的变化情况，应急预案演练及应用过程中发现问题等，对应急管理工作进行总结评估并改进。

针对问题（2），发电企业应尽快组织完善各种应急预案，并与当地做好相关衔接工作。应急预案确定了应急救援的范围和体系，实行分类管理、分级备案制度，使得应急管理有据可依、有章可循。应急预案是各类突发重大事故的应急基础，包括综合预案、专项预案、现场处置方案。综合预案相当于总体预案，从总体上阐述预案的应急方针、政策，应急组织结构与职责，应急行动的总体思路。专项预案是针对某种具体的、特定类型的紧急情况制订的计划或方案，是综合应急预案的组成部分，应按照综合应急预案的程序和要求组织制订，并作为综合应急预案的附件。现场处置方案是针对具体装置、场所、岗位所制订的应急处置措施。一般地，发电企业应每年进行一次应急预案适用性评估，按照评估意见修订、完善有关应急预案；至少每三年对其制订的应急预案进行一次全面修订，预案修订情况应有记录并归档；必要时，及时修订应急预案。

二、劳动安全与作业环境

（一）起重作业

（1）化学水泵间 1 台电动葫芦、设备部检修间 1 台电动葫芦、2 号机 A 式给水泵处 2 台电动葫芦、3 号机开式水泵处电动葫芦、3 号机 A 汽侧真空泵处电动葫芦、空压机室 2 台电动葫芦、1 号炉渣仓上部电动葫芦未装设起重量限制器。

（2）1 号机开式水泵处电动葫芦，起重量限制器显示失效。

（3）化学水泵间电动葫芦轨道上未装设缓冲器和止挡器。

（4）汽轮机 2 号桥式起重机进入司机室小门连锁失效。

（5）1 号机 A 给水泵上方电动葫芦，人员离开未将电源断开。

（6）起重设备定期检验合格证过期。

（7）设备部检修间和空压机室各 1 台电动葫芦未装设导绳器。

（8）起重设备定期检查维护记录不全面，缺少具体检查项目及内容等。

针对问题（1）和问题（2），依据《起重机械安全技术监察规程—桥式起重机》（TSG Q0002—2008），起重机须设置起重量限制器，保证可靠、有效，当载荷超过规定的设定值时应能自动切断起升动力源。

针对问题（3），依据《起重机械安全规程　第 1 部分：总则》（GB 6067.1—2010），在轨道上运行的起重机的运行机构、起重小车的运行机构及起重机的变幅机构等均应装设缓冲器或缓冲装置。缓冲器或缓冲装置可以安装在起重机上或轨道端部止挡装置上。轨道端部止挡装置应牢固可靠，防止起重机脱轨。

针对问题（4），桥式起重机、门式起重机的司机室门和舱口门应设连锁保护装置，当门打开时，起重机的运行机构不能开动。司机室设在运动部分时，进入司机室的通道口，应设连锁保护装置。工作完毕后，单轨吊应停在指定位置，吊钩升起，并切断电源，控制按钮放在指定位置。

针对其余问题，发电企业应加强落实对在用起重机进行定期的自行检查和日常维护保养，至少每月进行一次常规检查，每年进行一次全面检查，必要时进行试验验证，并且做出记录。常规检查至少包括：①起重机工作性能；②安全保护、防护装置有效性；③电气线路、液压或气动的有关部件的泄漏情况及其工作性能；④吊钩及其闭锁装置、吊钩螺母及其防松装置；⑤制动器性能及其零件的磨损情况；⑥联轴器运行情况；⑦钢丝绳磨损和绳端的固定情况；⑧链条的磨损、变形、伸长情况。

（二）高处作业

（1）1 号机凝汽器处搭设的脚手架立杆、横杆捆绑在栏杆上。

（2）1 号炉 D 磨出口搭设的脚手架横杆未绑扎。

（3）1 号机凝汽器处搭设的脚手架未悬挂安全警示标识。

（4）集控室工器具柜内存放的 1 条安全带，未按规定进行静载试验。

针对以上问题，发电企业应高度重视高处作业（脚手架）的专项整治工作。禁止在各种管道、阀门、电缆架、仪表箱、开关箱及栏杆上搭设脚手架。高处作业地点的下方应设置隔离区，并设置明显的安全警示标识，防止落物伤人。安全带和专作固定安全带的绳索在使用前应进行外观检查，并应定期（每隔 6 个月）按批次进行静载试验；试验载荷为 225kg，试验时间为 5min，试验后检查是否有变形、破裂等情况，并做好记录，不合格的安全带应及时处理。

（三）电气作业

（1）集控室存放的 2 副绝缘手套、2 双绝缘靴无试验报告。

（2）综合队库房存放的 1 台手电钻未按规定进行检验，1 台角磨砂轮机无防护罩，1 个电源盘剩余电流动作保护装置失灵。

（3）酸碱库区检修电源箱、工业水检修电源箱、1 号炉 9m 检修电源箱箱门未上锁。

（4）酸碱库区检修电源箱、化学一楼检修电源箱、1 号炉 A 侧送风机检修电源箱、循环水泵房检修电源箱无名称标志。

（5）工业水检修电源箱箱体未接地。

（6）检修电源箱剩余电流动作保护装置缺少手动按钮试验和特性试验。

（7）电控队未配备剩余电流动作保护装置测试仪器。

针对问题（1）～问题（4），发电企业应加强电气作业与电气工器具的安全管理。电气工器具应由专人保管，每 6 个月测量一次绝缘，绝缘不合格或电线破损的不应使用。不合格的电气工器具和用具不准存放在生产现场；电气工器具的防护装置，如防护罩、盖等，不得任意拆卸。现场检修箱、临时电源箱应上锁，并能在箱外实现紧急断电。对生产现场所有的设备、设施、建（构）筑物等进行名称标识，并根据其可能产生的危险、有害因素的不同，分别设置明显的安全警示标志；各种安全警示标志牌必须清晰、齐全、牢固。

针对问题（5），依据《电业安全工作规程　第 1 部分：热力和机械》（GB 26164.1—2010），厂房内应合理布置检修电源箱，宜采用插座式接线方式，电源箱及其附件必须保持完好；电源箱箱体接地良好，接地、接零标志清晰。

针对问题（6）和问题（7），依据《剩余电流动作保护装置安装和运行》（GB/T 13955—2017），剩余电流动作保护装置（RCD）投入运行后，必须定期操作试验按钮，检查其动作特性是否正常。雷击活动期和用电高峰期应增加试验次数。为检验剩余电流动作保护装置（RCD）在运行中的动作特性及其变化，配置专用测试仪器，并定期进行动作特性试验；定期检查分析剩余电流动作保护装置（RCD）的使用情况，对已发现的有故障的剩余电流动作保护装置（RCD）应立即更换。

（四）劳动防护用品

（1）化学集控室 1 个黄色安全帽、输煤集控室 2 个黄色安全帽超期使用。

（2）化学集控室存放的 2 台正压式空气呼吸器压力低，压力为 10.5MPa。

（3）输煤集控室 1 台正压式空气呼吸器压力低，压力为 9.3MPa。

针对劳动防护用品所发现的这些问题，发电企业应强化劳动防护用品的维护保养。安全帽的使用期从产品制造完成之日起计算，植物枝条编织帽不超过两年，塑料帽、纸胶帽不超过两年半，玻璃钢、橡胶帽不超过三年半。同时，正压式空气呼吸器气瓶压力低于 27MPa 时不宜使用。

（五）作业环境

（1）3 号炉 A 磨出口实施平台焊接栏杆作业，未采取防止火花下落措施。

（2）7 号甲乙皮带头部拉线开关拉绳未全覆盖。

（3）输煤 C4 号 A 皮带外侧栏杆、输煤 C4 号 A 皮带外侧 1 号活化给料机处防护栏杆缺失。

（4）输煤 C6 号甲乙皮带尾部缺少栏杆和滚筒防护网。

（5）空压机室 1 号～3 号仪用储气罐、输灰储气罐、检修储气罐的压力表和安全阀定期检验超期。

针对问题（1）～问题（4），发电企业应依据《防止电力生产事故的二十五项重点要求》（国能安全〔2014〕161 号），强化作业环境专项整治工作。电（气）焊作业面应铺设防火隔离毯，作业区下方设置警戒线并设专人看护，作业现场照明充足，防止灼烫伤害事故。输煤皮带的转动部分及拉紧重锤必须装设遮拦，加油装置应接在遮拦外面；两侧的人行通道必须装设固定防护栏杆，并装设紧急停止拉线开关。运行或停运备用侧皮带上严禁站人、越过、爬过及传递各种用具。皮带运行过程中严禁清理皮带中任何杂物，防止机械伤害事故。

针对问题(5)，对于安全阀，依据《固定式压力容器安全技术监察规程》(TSG 21—2016)，安全阀一般每年至少校验一次。符合校验周期延长的，应经发电企业安全管理负责人批准后，适当延长校验周期。对于压力表，依据《弹性元件式一般压力表、压力真空表和真空表检定规程》（JJG 52—2013），压力表的检定周期可根据使用环境及使用频繁程度确定，一般不超过半年。同时，依据《砝码检定规程》（JJG 99—2006），使用频繁的或者在恶劣环境条件下使用的砝码，检定周期应适当缩短。专用砝码的检定周期，须遵循其相应设备检定规程中的有关规定。一般地，建议检验周期不超过 6 个月。

三、生产设备设施

（一）锅炉专业

（1）锅炉防磨防爆检查工作未做到逢停必查。

（2）1 号～3 号锅炉汽包、过热器和压力容器安全阀超期未检。

（3）喷水减温器超期未检。

（4）未定期检查管道支吊架和膨胀指示器的状况。

针对问题（1），发电企业应加强锅炉设备及其安全附件的定期检查维护工作，特别地，锅炉防磨防爆检查工作要持续检查、逢停必查，有效维护锅炉设备长期健康、安全运行。

针对问题（2），依据《锅炉安全技术监察规程》（TSG G0001—2012），每台锅炉至少应装设两个安全阀（包括锅筒和过热器安全阀）。在用锅炉的安全阀每年至少校验一次。同时，新安装的锅炉或者安全阀检修、更换后，应校验其整定压力和密封性。

针对问题（3），依据《防止电力生产事故的二十五项重点要求》（国能安全〔2014〕161 号），定期对喷水减温器检查，混合式减温器每隔 1.5 万～3 万 h 检查一次，采用内窥镜进行内部检查，喷头应无脱落，喷孔无扩大，联箱内衬套应无裂纹、腐蚀和断裂。

针对问题（4），依据《火力发电厂汽水管道与支吊架维修调整导则》（DL/T 616—2006），针对主蒸汽管道、高低温再热蒸汽管道、高压给水管道等重要管道的支吊架，每年应在热态时逐个目测一次，并记入档案。检查项目应包括但不限于下列内容：①弹簧支吊架是否过度压缩、偏斜或失载；②恒力弹簧支吊架转体位移指示是否越限；③支吊架的水平位移是否异常；④固定支吊架是否连接牢固；⑤限位装置状态是否异常；⑥减振器及阻尼器位移是否异常等。对于一般汽水管道，大修时应对重要支吊架进行检查，检查项目至少包括：①承受安全阀、泄压阀排汽反力的液压阻尼器的油系统与行程；②承受安全阀、泄压阀排汽反力的刚性支吊架间隙；③限位装置、固定支吊架结构状态是否正常；④大荷载刚性支吊架结构状态是否正常等。其他支吊架可进行目测观察，发现问题应及时处理，观察和处理情况应记录存档。

（二）汽机专业

（1）1 号～3 号机组未配制足够容量的润滑油储能器。

（2）未建立机组的事故档案。

（3）未开展运行机组一年一次主汽门、调门的严密性试验，未测取汽门关闭时间。

（4）未进行自动主汽门、再热主汽门、中调门的活动试验。

针对问题（1）和问题（2），发电企业应依据《防止电力生产事故的二十五项重点要求》（国能安全〔2014〕161 号），设置足够容量的润滑油储能器（如高位油箱），一旦润滑油泵及系统发生故障，储能器能够保证机组安全停机，不发生轴瓦烧坏、轴径磨损。机组启动前，润滑油储能器及其系统必须具备投用条件，否则不得启动。一般地，在合适位置装设高位油箱，油箱容量根据惰走时间和轴瓦每分钟所需润滑油量计算而定，并设置余量。建立机组事故档案，无论大小事故均应建立档案，包括事故名称、性质、原因和防范措施。

针对问题（3）和问题（4），发电企业要加强汽轮机系统日常运行维护，保证关键阀门安全可靠。一般地，按照相关规程，每天（至少每周）进行一次自动主汽门、再热主汽门及调门的活动试验；对运行机组，每年开展一次主汽门、调门严密性试验，并测取汽门关闭时间。

（三）电气专业

（1）未建立防污闪工作管理体系。

（2）未建立电网扰动时对电厂机组安全运行的事故应急预案。

（3）继电保护定值未进行年度复核。

（4）修改发电机保护定值单，未说明原因。

针对问题（1）和问题（2），发电企业应落实专业责任制，建立健全由厂级、车间、班组构成的三级防污闪工作的管理体系，明确专业主管领导及各级专责人的具体职责。针对企业受当地电网稳定运行影响较大的实际情况，制订专项事故应急预案。

针对问题（3）和问题（4），依据《微机继电保护装置运行管理规程》（DL/T 587—2007），规范继电保护定值通知单的下发、执行和保管；对全厂定值单，每年核对一次，并保存定值单核对记录。

（四）热控专业

（1）1号～3号机组未设置“主油箱油位低”跳机保护。

（2）热控自动投入率较低，抽查某月1号～3号机组分别为56.14%、40.35%、54.39%，远低于95%的标准要求。

（3）机组报警点未实现分级管理，重要测点和普通报警混在一起，主要报警点异常报警难以及时发现。

（4）所有热控检定人员无检定证书，未持有效证书上岗。

针对问题（1），发电企业应依据《防止电力生产事故的二十五项重点要求》（国能安全〔2014〕161号），增加1号～3号机组“主油箱油位低”跳机保护，采用测量可靠、稳定性好的油位测量方法，用硬接线送三对接点进ETS系统的不同卡件的输入通道，采取三取二方式实现，修改相关逻辑画面，并经保护联锁试验合格后投运，实现1号～3号机组“主油箱油位低”跳机保护功能。

针对问题（2），根据现场实际，分析热控自动投入率低的原因，对现有控制系统内阀门执行机构进行全面检查，参与主要调节的执行机构要保证其动作可靠、准确，对不能满足调节品质要求的执行机构重新调试或更换，以确保热控自动装置的投入率和调节品质满足标准要求；定期进行扰动试验，如有问题及时调整PID参数，保证调节品质达到最优；运行人员提高自动投入认识，培养良好自动投运操作习惯，发现影响自动投入的现场问题及时通知热控人员，必要时联系有资质的科研机构进行调节系统优化。

针对其余问题，尽快组织专业对机组报警点实现分级管理，有效管控重要测点和普通测点。拟从事热控检定的专业人员应安排培训取证，或将相关工作委托有资质单位实施。

第四节　300MW级燃煤发电机组案例

D电厂现有四台汽轮发电机组，依次命名为3号、4号、5号、6号机组，设计容量4×300MW，目前装机容量1240MW，3号、4号机组分别于1991年9月及1992年9月投产发电，5号、6号机组分别于1995年1月及1995年12月投产发电。2012年、

2013 年先后对 3 号、4 号机组进行了增容改造，机组最大出力由 300MW 提高至 320MW。现有职工 1050 人，平均年龄 43 岁。公司设置了总经理工作部、人力资源部、财务部、市场营销部、党群工作部、纪检监察室、审计部、工会、安全监察环保部、生产技术部、运行调度部、信息通信部、保卫部、燃料输送部、运行分场、灰硫运行、化学分场、修配分场等部门。

一、安全管理

（一）安全生产规章制度

（1）缺少安全例行检查制度和治安保卫责任制度。

（2）未公布有效规程制度清单。

（3）现场生产系统已发生改变，检修规程、运行规程、系统图超过 5 年未进行修编。

（4）运行分场安全生产奖惩管理制度、燃料输送部柴油库管理制度和安全检查制度未履行审批手续。

（5）部分办公室存放失效的标准、规范。

针对以上问题，发电企业应建立健全安全生产责任制，组织制定、完善安全生产规章制度和操作规程。一般地，发电企业安全生产规章制度分为四大类，分别是：①综合安全管理制度；②设备设施安全管理制度；③人员安全管理制度；④环境安全管理制度。其中，①综合安全管理制度包括安全生产管理目标、指标和总体原则、安全生产责任制、安全管理定期例行工作制度、承包与发包工程安全管理制度、安全设施和费用管理制度、重大危险源管理制度、危险物品使用管理制度、消防安全管理制度、隐患排查和治理制度、事故调查报告处理制度、应急管理制度、安全奖惩制度、交通安全管理制度、防灾减灾管理制度；②设备设施安全管理制度包括安全设施“三同时”制度、定期巡视检查制度、定期维护检修制度、定期检测检验制度、安全操作规程；③人员安全管理制度包括安全教育培训制度、劳动防护用品发放使用和管理制度、安全工器具的使用管理制度、特种作业及特殊危险作业管理制度、岗位安全规范、职业健康检查制度、现场作业安全管理制度；④环境安全管理制度包括安全标志管理制度、作业环境管理制度和职业卫生管理制度。这些安全生产规章制度按照起草、会签或公开征求意见、审核、签发、培训、反馈、持续改进等环节进行科学建设和有序管理。同时，发电企业应及时复查、修订安全生产规章制度和操作规程，确保有效和适用。

值得一提的是，安全生产规章制度建设的核心是危险、有害因素的辨识与控制，是落实安全生产责任制的基本载体。当然，制度的生命力在于执行，习近平总书记指出，“制度的生命力在于执行；有了好的制度如果不抓落实，只是写在纸上、贴在墙上、锁在抽屉里，制度就会成为稻草人、纸老虎。”因此，有了科学精准的安全制度，还应该按照“一分部署，九分落实”的要求，不打折扣地全面执行与落实安全制度，才真正体现制度的价值。

（二）工作票和操作票（“两票”）

（1）缺少需要填写工作票和操作票的工作任务清单。

（2）运行和检修部门技术人员每月未对上月已执行的工作票和操作票进行综合分析与评价。

（3）一、二级动火工作票的签发人，审批人，运行许可人，动火工作负责人及单独巡视高压设备人员未经安全培训考试。

（4）燃料输煤系统、锅炉磨煤机动火作业未执行动火工作票。

（5）工作票存在诸如未进行危险点分析或分析不全面、缺少相应防范措施、未执行有限空间作业审批表、工作负责人代签名、工作班成员未签名、缺少操作时间和值班负责人发令时间、缺少监护人、单元长及值长未签名、终了时间涂改、操作开始时间涂改、操作人签名涂改等不同问题。

针对以上有关“两票”管理所反馈出来的问题以及延伸的类似问题，发电企业应专项整治，确保“两票”制度有效落地。一方面，组织相关专业编制“两票”的工作任务清单，同时对工作票相关的签发人、审批人、许可人、负责人等开展技能培训，考核合格后上岗；另一方面，加强“两票”执行与总结，实施具体检修任务前，应分析、辨识工作任务全过程可能存在的危险点，并制订风险控制方案和应急处置措施，同时强化对正在执行“两票”检查与评价，以及开展每月对上月已执行的工作票和操作票的综合分析与改进。此外，对于动火作业，依据《电力设备典型消防规程》（DL 5027—2015），认真落实动火作业安全组织措施，包括动火工作票、工作许可、监护、间断和终结等措施。在一级动火区进行动火作业必须使用一级动火工作票，在二级动火区进行动火作业必须使用二级动火工作票。凡对存有或存放过易燃易爆物品的容器、设备、管道或场所进行动火作业，在动火前应将其与系统可靠隔离、封堵或拆除，与生产系统直接相连的阀门应上锁挂牌，并进行清洗、置换，经检测可燃性、易爆气体含量或粉尘浓度合格后，方可动火作业。

（三）反违章管理

（1）反违章管理标准缺少生产作业性违章、装置性违章、指挥性违章和管理性违章等四类违章典型事例。

（2）部分分场、班组未建立违章档案。

（3）缺少对违章人员的教育培训记录。

（4）部分生产人员、临时外来人员进入生产现场未佩戴安全帽。

（5）锅炉本体班门前管道沟盖板异动后，未做防护措施。

针对以上违章问题，发电企业应树立“违章就是事故”和“反违章是员工基本技能”的理念，坚持“全员、全过程、全时段、全方位、全要素”的原则开展反违章工作。一般地，建立以企业主要负责人为组长的反违章领导小组，负责反违章工作的组织领导，并设工作小组，负责反违章工作的具体实施。完善反违章工作制度，积极开展无违章创建活动。建立厂、车间（含长期承包单位人员）、班组（含长期承包单位班组）三级“违章档案”，如实记录各级人员的违章及考核情况，并作为安全绩效评价的重要依据。对各类违章通过教育、曝光、处罚、整改四个步骤进行处理，按照“四不放过”的原则进行分析，找出原因，分清责任，提出并落实防范措施。

（四）反事故措施和安全技术劳动保护措施（“两措”）

（1）反事故措施（“反措”）计划未按专业进行编制，且未履行审批手续。

（2）运行分场缺少安全技术劳动保护措施（“安措”）计划。

（3）燃料输送部“安措”计划未履行审批手续。

（4）未定期总结“安措”计划执行情况。

（5）“安措”计划项目完成后无验收签字记录。

针对以上“两措”的问题，发电企业应进一步强化责任落实，把“两措”计划的编制、审批、执行、验收、总结作为安全生产工作的重点来抓，确实通过“两措”，不断提高安全生产防控能力。一般地，反事故措施计划从改善设备、系统可靠性、消除重大设备缺陷、防止设备事故、环境事故等方面编制；安全技术劳动保护措施计划从改善作业环境、防止人身伤害、防止职业病等方面编制。同时，保证企业反事故措施计划和安全技术劳动保护措施计划的有效实施，定期对完成情况进行书面总结，对存在的问题应及时向企业主管领导汇报，跟踪检查整改情况，完成一项验收一项，并进行效果评价，持续改进。

（五）安全教育与培训

（1）运行分场、燃料输送部年度安全教育培训计划缺少消防知识、职业健康和岗位技能等内容，且未履行审批手续。

（2）集控运行50余人无高压电工证，未持证上岗。

（3）未对转岗生产管理人员进行相关安全生产的法律、法规、规程、制度和岗位安全职责培训考试。

（4）现场随机考问部分人员必备的安全救护知识，掌握不够全面，如触电急救法、心肺复苏法、消防知识和干粉灭火器的使用方法等。

针对以上问题，发电企业应强化安全基础建设，安全教育培训是安全生产管理的基础性工作，有必要持之以恒、常抓不懈。依据《企业安全生产标准化基本规范》（GB/T 33000—2016）的要求，对从业人员进行安全生产和职业卫生教育培训，保证从业人员具备满足岗位要求的安全生产和职业卫生知识，熟悉有关的安全生产和职业卫生法律法规、规章制度、操作规程，掌握本岗位的安全操作技能和职业危害防护技能、安全风险辨识和管控方法，了解事故现场应急处理措施，并根据实际需要，定期进行复训考核。从业人员在企业内部调整工作岗位或离岗一年以上重新上岗时，应重新进行车间（工段、区、队）和班组的安全培训。从事特种作业、特种设备作业的人员应按照有关规定，经专门安全作业培训，考核合格，取得相应资格后，方可上岗作业，并定期接受复审。此外，工作人员还应具备必要的安全救护知识，学会紧急救护方法，特别是触电急救法、窒息急救法、心肺复苏法等，掌握防护用品的使用方法，会使用现场消防器材，并熟悉有关烧伤、烫伤、外伤、电伤、气体中毒、溺水等急救常识。

（六）外委工程管理

（1）外委工程项目签订的外包工程安全责任协议书使用安全监察环保部公章，而非公司公章；公司代表人是安全监察环保部负责人，且无公司法人授权书。

（2）部分工程项目开工前未对施工机械、工器具及安全防护用品、安全用具进行资质审查。

（3）对承包商作业人员安全培训考试未阅卷，流于形式。

针对以上所发现的外委工程问题，发电企业应充分认识到外委工程仍然是当前安全生产工作的薄弱环节，还要进一步加强管理，建立承包商、供应商等安全管理制度，将承包商、供应商等相关方的安全生产和职业卫生纳入企业内部管理，对承包商、供应商的资格预审、选择、作业人员培训、作业过程监督检查、提供的产品和服务、绩效评估、续用或退出等进行全寿命周期式的管控。一般地，发电企业建立合格承包商、供应商等相关方的名录和档案，定期识别服务行为安全风险，并采取有效的控制措施。发电企业作为发包单位，不应将项目委托给不具备相应资质或不具备安全生产、职业病防护条件的承包商、供应商等相关方，并与承包商、供应商签订安全生产管理协议，明确规定双方的安全生产及职业病防护的责任和义务。同时，发包单位还应通过供应链关系促进承包商、供应商等相关方达到安全生产标准化要求。

（七）班组安全管理

（1）未提前布置班组安全日活动主题。

（2）安全日活动记录不完整，缺少一周安全情况小结和分析、企业发生的不安全事件、安全管理工作存在的问题等。

（3）安全日活动记录，存在代签名现象。

（4）安全活动日未参加人员无原因说明，无补学记录。

（5）车间（部门）负责人未参加下属班组的安全日活动。

针对以上问题，发电企业应切实重视和强化班组安全管理。班组每周或每个轮值进行一次安全日活动，提前布置活动内容，活动内容应联系实际，有针对性，并详细记录活动过程，活动后要及时总结分析，不断改进。同时，车间（部门）领导要参加安全日活动，检查活动情况，并对活动情况进行书面点评，促进“安全日活动”这个载体有效发挥作用。

（八）职业健康管理

（1）未建立员工职业健康监护档案。

（2）生产管理人员未进行职业健康体检。

（3）未对接触职业危害的从业人员开展职业健康培训。

（4）燃料煤场现场5名作业人员未按要求佩戴防尘口罩。

（5）输煤系统一段、三段除尘设备不能投入使用。

（6）330kV变电站未设置六氟化硫（SF_6）职业危害告知牌。

针对问题（1）～问题（4），发电企业应依据《中华人民共和国职业病防治法》，为劳动者建立职业健康监护档案，职业健康监护档案包括劳动者的职业史、职业病危害接触史、职业健康检查结果和职业病诊疗等有关个人健康资料，并按照规定的期限妥善保存；对从事接触职业病危害的劳动者，组织上岗前、在岗期间和离岗时的职业健康检查，并将检查结果书面告知劳动者；同时，对劳动者进行上岗前的职业卫生培训和在岗期间的定期职业卫生培训，普及职业卫生知识，督促劳动者遵守职业病防治法律、法规、规章和操作规程，指导劳动者正确使用职业病防护设备和个人使用的职业病防护用品。

针对问题（5）和问题（6），发电企业应安装设置职业病防护设施并保证有效运行，对存在或者产生职业病危害的工作场所、作业岗位、设备、设施，按照《工作场所职业病危害警示标识》（GBZ 158—2003）的规定，在醒目位置设置图形、警示线、警示语句等警示标识和中文警示说明，警示说明应载明产生职业病危害的种类、后果、预防和应急处置措施等内容。

（九）交通安全管理

（1）厂内专用机动车辆驾驶员未进行安全技术培训，无相关记录。

（2）部分机动车辆存在后视镜缺失、倒车灯不亮、转向灯不亮等缺陷。

针对以上问题，发电企业应进一步加强对驾驶员的管理和教育，定期组织驾驶员进行安全技术培训，提高驾驶员的安全行车意识和驾驶技术水平。同时，加强对各种车辆维修管理，确保各种车辆的技术状况符合国家规定，安全装置完善可靠。

（十）消防安全管理

（1）缺少防止消防设施误动、拒动的措施。

（2）消防档案不完整，缺少以下相关资料：投产前的消防设计审核、消防验收文件，消防设施及消防安全检查资料，与消防安全有关的重点工种人员情况，新增消防产品、防火材料的合格证明材料，火灾隐患及其整改情况记录，防火检查记录，电气设备检测（包括防雷和防静电）记录，消防安全培训记录，火灾情况记录，消防奖惩情况记录等。

（3）重点防火部位清册不全，缺少集控室、档案室、4 号机备用油箱、输煤系统等部位。

（4）二期、三期集控室，以及 4 号机备用油箱未张贴防火重点部位标示牌。

（5）输煤皮带未装设感温电缆。

（6）应急物资库房灭火器无检查记录卡。

（7）二期、三期集控室正压式空气呼吸器无检查记录。

（8）5 号炉 12.6m 乙侧消火栓无水龙带和枪头，5 号机 6.3m 消火栓无水龙带。

（9）油库值班室电话、照明和开关属于非防爆型。

针对问题（1），发电企业应依据《防止电力生产事故的二十五项重点要求》（国能安全〔2014〕161 号），配备完善的消防设施，定期对各类消防设施进行检查与保养，禁止使用过期和性能不达标的消防器材，并制订具有防止消防设施误动、拒动的措施。

针对问题（2），依据《中华人民共和国消防法》相关规定，建立健全企业消防档案，包括单位基本概况和消防安全重点部位情况，建筑物或者场所施工、使用或者开业前的消防设计审核、消防验收消防安全制度，消防设施及消防安全检查的文件、资料，消防管理组织机构和各级消防安全负责人，消防安全制度，消防设施、灭火器材情况，专职消防队、志愿消防人员及消防装备配备情况，与消防安全有关的重点工种人员情况，新增消防产品、防火材料的合格证明材料，灭火和应急疏散预案，公安消防机构填发的各种法律文书，消防设施定期检查记录、自动消防实施全面检查测试的报告及维修保养的记录，火灾隐患及其整改情况记录，防火检查、巡检记录，有关燃气、电气设备检测（包括防雷和防静电）等记录资料，消防安全培训记录，灭火和应急疏散预案的演练记录，火灾情况记录，消防奖惩情况记录等。

针对问题（3）和问题（4），依据《电力设备典型消防规程》（DL 5027—2015），确定消防安全重点部位，建立清册，并在各部位张贴防火重点部位标示牌。消防安全重点部位应包括以下部位：①燃油库、绝缘油库、透平油库、制氢站、供氢站、发电机、变压器等注油设备，电缆间及电缆通道、调度室、控制室、集控室、计算机房、通信机房等；②换流站阀厅、电子设备间、铅酸蓄电池室、天然气调压室、储氢站、液化气站、乙炔站、档案室、油处理室、秸秆仓库或堆场、易燃易爆存放场所；③发生火灾可能严重危及人身、电力设备和电网安全以及对消防安全有重大影响的部位。同时，消防安全重点部位应建立岗位防火职责，设置明显的防火标志，并在出入口位置悬挂防火警示标示牌，标示牌的内容应包括消防安全重点部位的名称、消防管理措施、灭火和应急疏散方案及防火责任人。建（构）筑物、电力设备或场所应按照国家、行业有关规定、标准，以及根据实际需要配置必要的、符合要求的消防设施、消防器材及正压式消防空气呼吸器，并做好日常管理，确保完好有效。

针对其余问题，依据《建筑灭火器配置验收及检查规范》（GB 50444—2008），灭火器的配置和外观等应按照相关要求每月进行一次检查，并做好记录。同时，日常巡检发现灭火器被挪动，缺少零部件，或灭火器配置场所的使用性质发生变化等情况时，应及时处置。灭火器的检查记录应予保留。此外，为防止火灾爆炸事故，油库等区域应采用防爆电气设备，包括电话、照明、开关等。

二、劳动安全与作业环境

（一）高处作业与脚手架

（1）5 号炉甲侧皮带处搭设的脚手架立杆捆绑在栏杆上，6 号炉乙磨煤机入口处搭设的脚手架立杆捆绑在栏杆和供油管道上，燃料 1 号皮带搭设的脚手架横杆捆绑在栏杆和消防水管道上。

（2）5 号炉甲侧炉后烟道出口处和供热首站室外搭设的脚手架作业层架板未铺满，架板两端未绑扎。

（3）生产现场脚手架未悬挂验收合格证或合格证未填写搭设时间、搭设单位与使用单位。

针对以上问题，发电企业应依据《电业安全工作规程　第 1 部分：热力和机械》（GB 26164.1—2010），禁止将脚手架直接搭靠在楼板的木楞上及未经计算过补加荷重的结构部分上，或将脚手架和脚手板固定在建筑不十分牢固的结构上（如栏杆、管子等），严禁在各种管道、阀门、电缆架、仪表箱、开关箱及栏杆上搭设脚手架；作业层脚手板应满铺、铺稳，脚手板和脚手架相互连接牢固。脚手板的两头应放在横杆上，固定牢固。脚手板不准在跨度间有接头。搭设好的脚手架，未经验收不得擅自使用。使用工作负责人每天上脚手架前，必须进行脚手架整体检查。此外，搭设好的脚手架一般先经搭设部门（或单位）自检合格，再由有关部门验收合格，并签发合格证后方可使用。每次工作前，应组织检查所用脚手架的状况，如有缺陷禁止使用。

（二）电气作业

（1）电气分场动力班年度内未做检修电源箱剩余电流动作保护装置手动按钮试验，未定期对剩余电流动作保护装置进行动作特性试验。

（2）电气分场动力班未配备剩余电流动作保护装置测试仪器。

（3）化学水处理间的电动葫芦电源箱、化学除盐水泵间的检修电源箱无名称标识。

（4）汽轮机 0m 层的 1 号检修电源箱标注的名称为机 12.6m 层的 1 号检修箱，与实际不相符。

（5）3 号机 12.6m 层的 1 号、2 号检修电源箱，4 号炉 12.6m 层的 1 号检修电源箱，6 号机 6kV 配电室检修电源箱，4 号机 6.3m 层的 1 号检修电源箱、化学除盐水泵间检修电源箱、锅炉 0m 层的 1 号检修电源箱、汽轮机 0m 层的检修电源箱箱门未上锁。

（6）4 号机 6.3m 层的 1 号检修电源箱箱体接地线接在热工仪表取样管支架上，化学除盐水泵间检修电源箱箱体未接地。

针对问题（1）和问题（2），发电企业应依据《剩余电流动作保护装置安装和运行》（GB/T 13955—2017），加强剩余电流动作保护装置（RCD）的检查维护保养等安全管理工作。剩余电流动作保护装置（RCD）投入运行后，必须定期操作试验按钮，检查其动作特性是否正常，雷击活动期和用电高峰期应增加试验次数；为检验剩余电流动作保护装置（RCD）在运行中的动作特性及其变化，应配置专用测试仪器，并定期进行动作特性试验。动作特性试验项目包括：①测试剩余动作电流值；②测试分断时间；③测试极限不驱动时间。

针对其余问题，依据《电业安全工作规程　第 1 部分：热力和机械》（GB 26164.1—2010），任何电气设备上的标示牌，除原来放置人员或负责的运行值班人员外，其他任何人员不准移动。厂房内应合理布置检修电源箱，电源箱箱体接地良好，接地、接零标志清晰，分级配置剩余电流动作保护装置（RCD），宜采用插座式接线方式，方便使用。所有电气设备的金属外壳均应有良好的接地装置。使用中不准将接地装置拆除或对其进行任何工作。此外，电源箱箱门应上锁以防触电事故。

（三）起重作业与设备

（1）6 号水塔滤网处电动葫芦缺失导绳器。

（2）热网循环泵房 4 台电动葫芦、6 号水塔滤网电动葫芦未装设起重量限制器。

（3）化学水处理中间泵上方电动葫芦、灰渣泵房电动葫芦、灰浆泵房电动葫芦、污水泵房电动葫芦、污水处理车间电动葫芦、二期空压机室电动葫芦，人员离开未将电源断开。

（4）化水反渗透 1 号淡水泵上方 1 台手动葫芦吊钩、5 号机工业水至真空泵处 1 台手动葫芦吊钩防脱装置损坏。

（5）燃料 1 号皮带机尾电动葫芦吊钩、污水处理车间电动葫芦吊钩、水源地 1 号泵站电动葫芦吊钩防脱装置损坏。

针对问题（1），依据《起重机械定期检验规则》（TSG Q7015—2016），按照起重机定期检验和首次检验的项目及要求，进行相关检验工作，其中配备有导绳装置的卷筒在整个工作范围内应有效排绳，无卡阻现象。

针对问题（2），依据《起重机械安全技术监察规程—桥式起重机》（TSG Q0002—2008），起重机设置起重量限制器，当载荷超过规定的设定值时应能自动切断起升动力源。同时，起重机制造单位必须取得相应的特种设备制造许可后，方可从事许可范围内的制造活动。

针对其余问题，发电企业应加强起重设备的安全防护与管理。对生产现场的电动葫芦等起重设备，人员离开应同时断开电源。对手动葫芦、电动葫芦等生产现场常用起重设备要加强检修维护，保证其吊钩防脱装置等安全装置可靠、有效投入使用。

（四）劳动防护用品

（1）二期集控室、综合水泵房值班人员的安全帽超期使用。

（2）三期集控室存放的 1 号正压式空气呼吸器开关失效，2 号正压式空气呼吸器压力低。

（3）二期集控室运行一值电气值班人员工作期间未穿绝缘鞋。

针对以上问题，发电企业应依据《电业安全工作规程　第 1 部分：热力和机械》（GB 26164.1—2010），根据产品说明或实际情况定期更换工作服、专用防护服、个人防护用品。任何人进入生产现场（办公室、控制室、值班室和检修班组室除外），必须戴好安全帽。接触带电设备工作，必须穿绝缘鞋。

（五）受限空间作业

进入受限空间作业，未采取安全措施，未按规定进行含氧量检测。

针对这个问题，发电企业按照《工贸企业有限空间作业安全管理与监督暂行规定》（国家安全生产监督管理总局令　第 80 号）的规定，严格进行有限空间作业安全管理。有限空间作业严格遵守“先通风、再检测、后作业”的原则；检测指标包括氧浓度、易燃易爆物质（可燃性气体、爆炸性粉尘）浓度、有毒有害气体浓度；检测应符合相关国家标准或者行业标准的规定；未经通风和检测合格，任何人员不得进入有限空间作业；检测的时间不得早于作业开始前 30min。此外，在有限空间作业过程中，发电企业应对作业场所中的危险有害因素进行定时检测或者连续监测；作业中断超过 30min，作业人员再次进入有限空间作业前，应重新通风、检测合格后方可进入。

（六）空压机储气罐

（1）二期 1 号～3 号空压机室杂用储气罐、1 号～3 号热控储气罐、1 号～4 号缓冲储气罐及三期空压机室 1 号～3 号储气罐未按规定进行月度和年度检查。

（2）二期 1 号～3 号空压机室杂用储气罐、1 号～3 号热控储气罐、1 号～4 号缓冲罐的安全阀及压力表未按规定进行定期校验。

针对问题（1），发电企业应依据《固定式压力容器安全技术监察规程》（TSG 21—2016），对压力容器进行自行检查，包括月度检查和年度检查。对月度检查而言，每月对所使用的压力容器至少进行一次月度检查，并应记录检查情况；当年度检查与月度检查时间重合时，可不再进行月度检查；月度检查内容主要为压力容器本体及其附件、装卸附件、安全保护装置、测量调控装置、附属仪器仪表是否完好，各密封面有无泄漏，以及其他异常情况等。对年度检查而言，每年对所使用的压力容器至少进行一次年度检查；年度检查工作完成后，应进行压力容器使用安全状况分析，并且对年度检查中发现的隐患及时消除。

针对问题（2），依据《固定式压力容器安全技术监察规程》（TSG 21—2016），安全阀一般每年至少校验一次。安全阀检查的主要内容至少包括：①选型是否正确；②是否在校验周期内使用；③杠杆式安全阀的防止重锤自由移动和杠杆越出的装置是否完好，弹簧式完全阀的调整螺钉的铅封装置是否完好，静重式安全阀的防止重片飞脱的装置是否完好；④若安全阀与排放口之间装设了截止阀，截止阀是否处于全开位置及铅封是否完好；⑤安全阀是否有泄漏；⑥放空管是否通畅，防雨帽是否完好。依据《弹性元件式一般压力表、压力真空表和真空表检定规程》（JJG 52—2013）的有关规定，压力表的检定周期一般不超过半年。检定合格的压力表，出具检定证书。若不合格，出具检定结果通知书，并注明不合格项目和内容。此外，依据《砝码检定规程》（JJG 99—2006），使用频繁的或者在恶劣环境条件下使用的砝码，检定周期应适当缩短。专用砝码的检定周期，须遵循其相应设备检定规程中的有关规定。一般地，建议检验周期不超过 6 个月。

（七）作业环境

（1）燃料区域 4 号甲乙皮带外侧与 5 号甲乙皮带之间通廊两侧未设置拉线开关。

（2）3 号和 4 号锅炉之间处直爬梯护笼立杆、化学水处理间单轨吊直爬梯护笼立杆、除盐水箱直爬梯护笼立杆、辅机冷却水泵房西侧直爬梯护笼立杆少于 5 根。

（3）燃料区域 4 号甲皮带外侧防护栏杆有 5 处缺失，5 号甲皮带防护栏杆有 3 处缺失。

（4）化学水处理间 1 号、2 号除碳器直爬梯，除盐水泵房南侧室外直爬梯，碎煤机室西侧室外直爬梯，3 号炉 6kV 脱硫 3 段室外直爬梯，电气检修班、汽机检修班室外直爬梯未装设护笼。

（5）5 号炉乙侧 12.6m 栏杆高度为 980mm，4 号机 6.3m 西侧栏杆高度为 930mm，综合水泵房栏杆高度为 970mm，栏杆高度不符合标准高度要求。

（6）5 号炉乙侧 12.6m 栏杆底部未装设踢脚板，4 号炉甲侧 12.6m 栏杆底部踢脚板高度为 30mm，脱硫加药间栏杆底部未装设踢脚板，不符合踢脚板标准高度要求。

（7）4 号炉稀释风机 B 平台栏杆横杆未焊接。

（8）3 号炉 0m 电缆夹层楼梯栏杆变形。

（9）6 号机甲定子冷却水泵、化学水处理间 1 号和 3 号中间水泵、1 号～4 号除盐水泵、1 号和 2 号自用水泵、4 号和 5 号热网补水泵，5 号机 0m 油泵、油区 1 号～3 号油泵、1 号和 2 号卸油泵安全罩上未标注转向标识。

针对问题（1），发电企业应依据《电业安全工作规程　第 1 部分：热力和机械》（GB 26164.1—2010），组织做好运煤皮带的安全防护。运煤皮带的两侧人行道均应装设防护栏杆和紧急停运的拉线开关；皮带上方适当位置安装停运装置，以备紧急时刻自救；各段皮带及转运站等重要场所应设有皮带启动的警告电铃；相关管理部门应明确规定启动预警铃声响时间的长短、间隔和次数；在紧急情况下，任何人都可拉拉线开关停止皮带的运行；事后，必须经过检查联系，方可再次启动。

针对问题（2），依据《固定式钢梯及平台安全要求　第1部分：钢直梯》（GB 4053.1—2009），钢直梯使用安全护笼的，安全护笼宜采用圆形结构，应包括一组水平笼箍和至少5根立杆。

针对其余问题，依据《电业安全工作规程　第1部分：热力和机械》（GB 26164.1—2010），所有楼梯、平台、通道、栏杆都应保持完整，铁板必须铺设牢固。铁板表面应有纹路以防滑跌。在楼梯的始级应有明显的安全警示。厂房外墙、烟囱、冷却塔等处应设置固定爬梯，高出地面2.4m以上部分应设护圈；高100m以上的爬梯，中间应设有休息的平台，并应定期进行检查和维护；上爬梯必须逐档检查爬梯是否牢固，上下爬梯必须抓牢，并不准两手同时抓一个梯阶。同时，依据《固定式钢梯及平台安全要求　第3部分：工业防护栏杆及钢平台》（GB 4053.3—2009），当距基准面高度大于或等于2m并小于20m的平台、通道及作业场所的防护栏杆高度应不低于1050mm；踢脚板顶部在平台地面之上高度应不小于100mm，其底部距地面应不大于10mm；踢脚板宜采用不小于100mm×2mm的钢板制造；防护栏杆及钢平台应采用焊接连接；当不便焊接时，可用螺栓连接，但应保证设计的结构强度；安装后的防护栏杆及钢平台不应有歪斜、扭曲、变形及其他缺陷。此外，加强生产现场标识标志管理，各种水泵应标识转向。

三、生产设备设施

（一）锅炉专业

（1）3号炉乙侧省煤器再循环管道弹簧吊架过载。

（2）3号炉乙侧再热蒸汽管道垂直段弹簧吊架吊杆偏斜超标。

（3）5号炉再热蒸汽管道垂直段恒力弹簧吊架过载。

（4）3号～6号炉燃烧器区域消防系统不完善，燃烧器区域无火灾自动灭火装置。

（5）3号～6号炉制粉系统漏煤漏粉严重，粉仓充惰系统不完善。

（6）锅监师证过期未复检。

针对问题（1）～问题（3），发电企业应依据《火力发电厂汽水管道与支吊架维修调整导则》（DL/T 616—2006），加强对支吊架的检查、维修和调整。支吊架调整主要包括支吊架的荷载分配、弹簧状态、紧固螺栓的受力情况、恒力吊架的指针数值、减振器抗振力、阻尼器行程分配等。在管道可能出现的所有工况下，拉杆的偏斜角度应限定在规定范围内，不能满足时，应调整偏装值或者增加拉杆活动部分的长度来实现。及时分析主蒸汽管道、高低温再热蒸汽管道及高压给水管道等重要管道存在的问题，发现问题及时处理，并以书面形式做好记录。恒力支吊架的规定荷载偏差值不大于5%，其计算公式为

$$规定荷载偏差=\frac{|标准荷载-拔销时的实测荷载|}{标准荷载}\times 100\%$$

针对问题（4），依据《火力发电厂与变电站设计防火标准》（GB 50229—2019），机组容量为300MW及以上的燃煤电厂锅炉本体燃烧器采用缆式线型感温或空气管，水喷淋或水喷雾灭火装置。

针对问题（5），依据《防止电力生产事故的二十五项重点要求》（国能安全〔2014〕161号）及《电业安全工作规程　第1部分：热力和机械》（GB 26164.1—2010）有关锅炉制粉系统防爆的规定，做好安全措施，及时消除漏粉点，清除漏出的煤粉。清理煤粉时，应杜绝明火，防止制粉系统爆炸事故。对于爆炸特性较强煤种，制粉系统应配套设计合理的消防系统和充惰系统，制粉系统充惰系统定期进行维护和检查，确保充惰灭火系统能随时投入。

针对问题（6），加强资质检查和维护工作，从事电力锅炉压力容器安全监督、检验、无损检测、理化检验、运行、焊工培训实践指导教师、焊工、焊接热处理工应按规定经过培训，考核合格后取得相应资格，持证上岗。

（二）汽机专业

（1）5号、6号机高压缸第一级疏水接入集管时接在主蒸汽疏水之前（远离扩容器为前），连接不合理，存在疏水不畅的隐患。

（2）5号、6号机主油箱及给水泵汽轮机油箱的事故放油门均竖直安装在水平管道上，且一次门操作手轮在油箱旁边距油箱不足5m。

（3）5号、6号机主油箱两只事故放油门为闸板阀。

（4）3号机备用汽母管两只安全阀排汽管底部未接疏水管，3号机2号高压加热器安全阀排汽管底部疏水管装设阀门。

针对问题（1）和问题（3），发电企业应依据《防止电力生产事故的二十五项重点要求》（国能安全〔2014〕161号），保证疏水系统疏水畅通；疏水联箱的标高应高于凝汽器热水井最高点标高；高、低压疏水联箱应分开，疏水管应按压力顺序接入联箱，并向低压侧倾斜45°。事故排油阀应设两个串联钢质截止阀，其操作手轮应设在距油箱5m以外的地方，并有两个以上的通道。手轮应挂有“事故放油阀，禁止操作”标志牌，手轮不应加锁。

针对问题（2）和问题（3），依据《电力建设施工技术规范　第3部分：汽轮发电机组》（DL 5190.3—2019），阀门应为钢质明杆阀门，不得采用反向阀门且开关方向有明确标识，阀门门杆应水平或向下布置。事故放油管应设两道手动阀门，事故放油门与油箱的距离应大于5m，并应有两个以上通道。事故放油门手轮应设玻璃保护罩且有明显标识，不得上锁。

针对问题（4），依据《电力行业锅炉压力容器安全监督规程》（DL/T 612—2017），安全阀应装设通到室外的排汽管，每只安全阀宜单独设置。排汽管底部应有接到安全地点的疏水管，疏水管上不允许装设阀门。

（三）电气专业

（1）电缆隧道及电缆夹层高低压电缆混放，阻挡人行通道。

（2）3号机组电缆隧道积水，未设置排水沟。

针对以上问题，发电企业应依据《防止电力生产事故的二十五项重点要求》（国能安全〔2014〕161 号），电缆做到布线整齐统一，通道内不同电压等级的电缆，应参照电压等级的高低从下向上排列，分层敷设在电缆支架上。电缆的弯曲半径应符合要求，避免任意交叉并留出足够的人行通道；电缆隧道、电缆夹层应保持清洁，不积粉尘，不积水，采取安全电压照明应充足，禁止堆放杂物，并有防火、防水、通风的措施。

（四）热控专业

（1）未根据机组的具体情况分机组编制 DCS 应急预案。

（2）DCS 应急处理预案编制不详细，故障类型不全，操作性不强，缺少故障处理卡。

（3）未根据各机组控制系统的实际组态情况编制各控制器主要控制对象列表，无各控制器专项应急预案。

（4）3 号、4 号机组主油箱油位低信号未按三取二方式设置保护。

（5）制氢站、燃油泵房热工设备未采用防爆型产品。

针对问题（1）～问题（3），发电企业应依据《火力发电厂分散控制系统故障应急处理导则》（DL/T 1340—2014），在发电企业技术领导的主持下，组织热控、锅炉、汽机、电气和运行相关专业人员，在控制系统危险预测、预防的基础上，共同完成编制分散控制系统故障应急处理方案，实现保障人身和电网安全、设备可控、不污染环境的目标。尽快组织完善其他相关预案，根据各机组控制系统的实际组态情况编制各控制器主要控制对象列表，编制各控制器专项应急预案，并编制故障处理卡。同时，在应急预案发布后，定期组织培训和故障应急处理演习，建立长效管理机制。

针对问题（4），依据《防止电力生产事故的二十五项重点要求》（国能安全〔2014〕161 号），所有重要的主、辅机保护都应采用“三取二”的逻辑判断方式，防止热工保护失灵。利用机组检修期间，增加主油箱油位测量信号，实现“三取二”的逻辑判断方式。

针对问题（5），依据《火力发电厂辅助系统（车间）热工自动化设计技术规定》（DL/T 5227—2005），对制氢站、燃油泵房属于易燃易爆危险场地，其仪表设备应采用防爆型产品。

（五）化学专业

（1）苦味酸未储存在隔离的房间和保险柜内。

（2）有毒、有挥发性的药品未实行双账管理制度；储存有毒、有挥发性药品的场所无正压式空气呼吸器，且未装设电子监控设备。

（3）水处理卸酸碱处，未配备冲洗水。

（4）制氢间排放管出口高出屋顶不足 2m。

针对问题（1）和问题（2），发电企业应加强化学专业安全防护。依据《防止电力生产事故的二十五项重点要求》（国能安全〔2014〕161 号），将有毒、致癌、有挥发性等物品必须储藏在隔离房间和保险柜内，保险柜应装设双锁，并双人、双账管理，装设电子监控设备，并挂“当心中毒”警示牌。同时，可能产生有毒、有害物质的场所应配备必要的正压式空气呼吸器、防毒面具等防护器材，并应进行使用培训，确保其掌握正确使用方法，以防止人员在灭火中因使用不当中毒或窒息。正压式空气呼吸器和防火服应每月检查一次。此外，依据《电业安全工作规程　第1部分：热力和机械》（GB 26164.1—2010），凡有毒性、易燃、致癌或有爆炸性的药品不准放在化验室的架子上，应储放在隔离的房间和保险柜内，或远离厂房的地方，并有专人负责保管。存放易爆物品、剧毒药品的保险柜应用两把锁，钥匙分别由两人保管。使用和报废这类药品应有严格的管理制度。对有挥发性的药品应存放在专门的柜内。

针对问题（3），依据《电业安全工作规程　第1部分：热力和机械》（GB 26164.1—2010），在涉及酸、碱类工作的地点，应备有自来水、毛巾、药棉及急救时中和用的溶液。一般地，水处理卸酸碱处，配备冲洗水，配齐酸碱类工作地点急救时中和用的溶液，并定期检查、更换，以防过期失效。

针对问题（4），依据《氢气使用安全技术规程》（GB 4962—2008），室内排放管的出口应高出屋顶2m以上，室外设备的排放管高于附近有人员作业的最高设备2m以上。同时，排放管应采用金属材料，不得使用塑料管或橡皮管，并在管口处设阻火器。

第五节　300MW级燃煤供热机组案例

E电厂是一座供热电厂，地处寒冷地区，现有5台机组，编号为5号～9号机组，编号为1号～4号的100MW机组已于2010年11月全部关停。5号、6号机组单机容量210MW，分别于1990年10月、1991年3月投产；7号机组容量200MW，于1997年12月投产；8号、9号机组单机容量300MW，分别于2010年10月、2011年1月投产。目前企业总装机容量1220MW。E电厂主要为当地市区供热。现有职工1610人，其中直接从事生产工作1297人，运行值班人员571人。设置了发电分厂、燃料分厂、汽机、锅炉、电气、热工、除尘检修分公司7个主要生产车间，1个热力公司和安监部、生技部等17个生产及行政管理部室。二级单位均配置了专职安全监督人员，负责企业安全管理工作。

一、安全管理

（一）安全目标管理

（1）企业、部门、班组、个人的安全目标不符合四级控制要求，未做到分级控制。

（2）企业未与人资部、战略发展部、总务部等部门签订安全生产目标责任书。

（3）企业年度安全工作计划未覆盖全厂，且内容不完整，缺少职工职业健康体检、生产现场职业健康危害因素检测、电梯和厂内机动车辆年检、消防等方面的内容。

（4）发电分厂集控车间三期一班未实现年度安全目标。

针对以上问题，发电企业应加强安全生产目标管理，实施安全生产目标责任制，企业从上到下逐级签订安全生产目标责任书，逐级制定具体的安全生产目标，实现下一级保上一级的要求，建立安全目标“包、保”体系。同时，各级应结合年度安全目标和保障措施，制订切实可行的年度安全工作计划，涵盖应有的内容，明确具体项目和负责人、计划完成时间等，经审批后执行，确保目标得以实现。

（二）规程制度

（1）安监部、班组未配备《电力设备典型消防规程》。

（2）未开展《危险化学品安全管理条例》等法律法规、规章制度教育培训。

针对以上问题，发电企业应每年公布现行有效的规程制度清单，并按清单配齐各岗位相关的安全生产规程制度。此外，要及时组织从业人员开展有关法律法规、规章制度的教育培训，促进掌握必备的安全生产知识，并保留好过程资料。

（三）反违章管理

（1）未对违章事件进行原因分析。

（2）未对违章人员进行教育培训。

（3）未定期进行反违章活动分析。

针对以上反违章管理所反映出来的这类问题，发电企业应高度重视反违章工作，建立健全反违章长效工作机制。反违章工作应克服“以罚代管”和“只罚不管”的做法，对各类违章都应通过教育、曝光、处罚、整改四个步骤进行处理，按照“四不放过”的原则进行分析，找出原因，分清责任，提出措施，整改落实。同时，在对发生的不安全情况进行分析评价时，必须对存在的违章现象进行分析；每月组织反违章活动分析，按类型分类统计，对薄弱环节或违章易发领域应强化管理，加强组织，层层压实责任，绝不让习惯性违章冒头，乃至杜绝一切违章现象。

（四）安全教育与培训

（1）燃料分厂卸煤队 4 名新进人员车间级安全教育培训考试存在代答卷现象。

（2）发电分厂集控车间 32 名锅炉运行人员操作证书有效期已过期。

（3）未对特种作业人员进行必要的教育培训，且特种作业人员清册内容不全，缺少锅炉运行人员、危险化学品操作人员和焊接专业人员。

（4）现场考问发电分厂 2 人、除尘车间 1 人、燃料分厂 1 人对触电急救法、心肺复苏法、消防知识和干粉灭火器相关知识，掌握不够全面。

针对问题（1），发电企业新入厂的生产人员（含实习、代培人员、劳务派遣工），必须经厂、车间和班组三级安全教育，经考试合格后方可进入生产现场工作。培训过程要严肃纪律，严格要求，确保培训质量达标，实现预期目标。

针对问题（2），依据《特种作业人员安全技术培训考核管理规定》（国家安全生产监督管理总局令　第 80 号），特种作业人员的安全技术培训、考核、发证、复审工作实行统一监管、分级实施、教考分离的原则。特种作业人员必须经专门的安全技术培训并考核合格，取得特种作业操作证后，方可上岗作业。

针对问题（3），依据《中华人民共和国特种设备安全法》，特种设备安全管理人员、检测人员和作业人员应按照国家有关规定取得相应资格，方可从事相关工作。同时，发电企业要对特种作业人员进行必要的安全教育和技能培训。一般地，为了便于组织管理，还要建立企业特种设备安全管理人员、检测人员和作业人员清册，记录相关信息。

针对问题（4），发电企业工作人员应具备必要的安全救护知识，学会紧急救护方法，特别要学会触电急救法、窒息急救法、心肺复苏法等，掌握劳动防护用品的使用方法，会使用现场消防器材，并熟悉有关烧伤、烫伤、外伤、电伤、气体中毒、溺水等急救常识。

（五）应急管理

（1）年度演练计划中缺少现场处置方案演练计划。

（2）上年度未对应急投入、应急准备、应急处置与救援等工作进行总结评估。

（3）应急预案体系不完整，缺少必要的现场处置方案。

针对问题（1）和问题（2），发电企业应组织制订年度应急预案演练计划，并按照年度计划进行预案演练，建议每两年对企业所有预案演练一遍，生产现场重要岗位每半年对现场处置方案全面演练一遍。同时，发电企业每年应对应急投入、应急准备、应急处置与救援等工作进行检查和总结评估。

现场处置方案是生产经营单位根据不同事故类型，针对具体的场所、装置或设施所制订的应急处置措施，主要包括事故风险分析、应急工作职责、应急处置和注意事项等内容。针对问题（3），发电企业依据《生产经营单位生产安全事故应急预案编制导则》（GB/T 29639—2013），根据风险评估、岗位操作规程及危险性控制措施，组织现场作业人员及安全管理等专业人员共同编制现场处置方案。

（六）班组安全管理

（1）发电分厂脱硫车间运行一班安全日活动未组织学习近期事故通报。

（2）发电分厂化学车间运行一班安全日活动存在代签名现象。

（3）缺少未参加安全日活动人员的补学记录。

针对以上班组安全日活动存在的问题，发电企业应切实采取应对措施，加强班组安全管理，组织各班组每周进行一次安全日活动，活动内容应有针对性，特别是及时学习近期事故通报，增强事故警示教育，能够学有所获，学以致用，并做好过程记录。此外，因故不能按时参加班组安全日活动的人员应及时补习，并保留记录。

（七）外包工程管理

（1）承包单位无施工机械、安全工器具、安全防护用品审查记录。

（2）承包单位施工人员未经安全培训考核进入现场工作。

针对以上问题，发电企业应对承包单位资质进行审查，将工程发包给具有相应资质等级的承包单位，有满足工程施工需要、保证人身和设备安全的施工机械、工器具及安全防护用品、安全用具，而且安全工器具、安全用具经检验合格，并在有效期内。同时，开工前对承包方负责人、安全监督人员和工程技术人员进行相应工种和作业的安全培训，进行全面的安全技术交底，并应有完整的记录或资料。

（八）消防安全管理

（1）火灾隐患排查治理工作开展不到位，缺少隐患排查记录及落实闭环整改记录。

（2）消防培训及消防演练均无签到记录。

（3）消防水系统无防冻措施。

（4）8 号、9 号机组集控自动报警系统存在故障未及时处理。

针对问题（1）和问题（2），发电企业应依据《防止电力生产事故的二十五项重点要求》（国能安全〔2014〕161 号），建立健全防止火灾事故组织机构，健全消防工作制度，落实各级防火责任制，建立火灾隐患排查治理常态机制，防止火灾事故。定期进行全员消防安全培训、开展消防演练和火灾疏散演习，定期开展消防安全检查。

针对问题（3），依据《电力设备典型消防规程》（DL 5027—2015），寒冷地区容易冻结和可能出沉降地区的消防水系统等设施应有防冻和防沉降措施。同时，灭火器设置应符合现行《建筑灭火器配置设计规范》（GB 50140）及灭火器制造厂的规定和要求，环境条件不能满足时，应采取相应的防冻、防潮、防腐蚀、防高温等保护措施。

针对问题（4），要加强火灾自动报警装置等消防设施的日常检查和维护保养，及时处理缺陷，保证这些重要的消防设施可用、在用，以防引发火灾爆炸等事故。

二、劳动安全与作业环境

（一）电气作业

（1）四期循环水泵房、原水升压泵房、消防水泵房、气化风机室检修电源箱剩余电流动作保护装置无性能试验记录。

（2）燃料 9、10 段皮带检修电源箱剩余电流动作保护装置失效。

（3）8 号机除氧器 8 号检修电源箱、燃料机械检修班检修电源箱箱体未接地。

（4）消防水泵房检修电源箱、8 号炉吸收塔浆液循环水泵间检修电源箱箱门未上锁。

针对问题（1）和问题（2），发电企业按照《剩余电流动作保护装置安装和运行》（GB/T 13955—2017），定期检查分析剩余电流动作保护装置（RCD）的使用情况，对已发现的有故障的剩余电流动作保护装置（RCD）应立即更换。特别地，剩余电流动作保护装置（RCD）动作后，经检查未发现动作原因时，允许试送电一次，如果再次动作，应查明原因找出故障，不得连续强行送电。必要时对其进行动作特性试验，经检查确认剩余电流动作保护装置（RCD）本身发生故障时，应在最短时间内予以更换。严禁退出运行、私自撤除或强行送电。

针对问题（3）和问题（4），依据《电业安全工作规程　第 1 部分：热力和机械》（GB 26164.1—2010），电源箱箱体应接地良好，接地、接零标志清晰。同时，严禁用湿手摸触电源开关及其他电气设备。一般地，现场检修箱、临时电源箱应上锁，并能在箱外实现紧急断电。

（二）起重作业

（1）8 号机桥式起重机闭锁装置失效。

（2）8 号机 1 号真空泵上方的电动葫芦、7 号机 1 号热网循环泵上方的电动葫芦、8 号机 3 号热网循环泵上方的电动葫芦、燃料机械检修班库房一台 2t 电动葫芦，人员离开未将电源断开。

（3）8 号机 1 号热网循环泵上方的电动葫芦、8 号机 2 号给水泵上方的电动葫芦、

GIS 室 10t 的电动葫芦、8 号吸收塔浆液循环泵的电动葫芦未装设导绳器。

（4）9 号机热泵驱动蒸汽管上的电动葫芦、三期 5 号和 6 号脱硫塔的电动葫芦、气化风机室的 2 台电动葫芦、除尘器空压机室的电动葫芦，未装设起重量限制器。

针对问题（1）和问题（2），发电企业应高度重视和不断强化起重设备和起重作业的安全管理。各式起重机应根据需要安装闭锁、过卷扬限制器、过负荷限制器、起重臂俯仰限制器、行程限制器、连锁开关等安全装置及移动旋转及升降机构的刹车装置。同时，人员离开应将生产现场的电动葫芦等起重设备电源断开，确保设备和人员双安全。

针对问题（3），依据《起重机械定期检验规则》（TSG Q7015—2016），配备有导绳装置的卷筒在整个工作范围内有效排绳，无卡阻现象。同时，对主要零部件（包括吊具、钢丝绳、滑轮、开式齿轮、车轮、卷筒、环链等）检查其磨损、变形、缺陷情况，并判断是否可继续使用。

针对问题（4），依据《起重机械安全技术监察规程—桥式起重机》（TSG Q0002—2008），起重机均须设置起重量限制器，当载荷超过规定的设定值时应能自动切断起升动力源。起重机的起升机构采用可控硅定子调压、涡流制动、能耗制动、可控硅供电、直流机组供电方式，必须设置超速保护装置。

（三）高处作业

（1）8 号炉吸收塔搭设的脚手架横杆与管道捆绑在一起，立杆搭设在管道上。

（2）输煤 2 号转运站门口供热管道施工现场搭设的脚手架作业面外侧临空面未设置安全护栏。

（3）电气检修分公司发电班存放的 1 条安全带、燃料分厂机械检修班库房存放的 2 条安全带未进行检验。

（4）燃料分厂机械检修班库房存放的 1 条安全带检验合格证过期。

针对以上问题，发电企业应禁止在各种管道、阀门、电缆架、仪表箱、开关箱及栏杆上搭设脚手架。作业区域内敞开的井、坑、孔、洞或沟道周围以及作业平台临空面有牢固的不低于 1050mm 高的双横杆栏杆和不低于 180mm 高的护板。安全带和专作固定安全带的绳索在使用前应进行外观检查，并应定期（每隔 6 个月）按批次进行静载试验，试验载荷为 225kg，试验时间为 5min，试验后检查是否有变形、破裂等情况，并做好记录，不合格的安全带应及时处理。

（四）受限空间作业

（1）9 号炉脱硫吸收塔小修，进入脱硫吸收塔未进行含氧量检测。

（2）查阅记录，检修 8 号炉水冷壁、省煤器、过热器、再热器，仅在进入前进行含氧量检测，后续检修工作未进行含氧量检测。

针对以上受限空间作业存在的突出问题，发电企业应依据《工贸企业有限空间作业安全管理与监督暂行规定》（国家安全生产监督管理总局令　第 80 号），加强有限空间作业管理。有限空间作业应严格遵守“先通风、再检测、后作业”的原则，检测指标包括氧浓度、易燃易爆物质（可燃性气体、爆炸性粉尘）浓度、有毒有害气体浓度，检测应符合相关国家标准或者行业标准的规定，未经通风和检测合格，任何人员不得进入有限空间作业，检测的时间不得早于作业开始前 30min。检测人员进行检测时，应记录检测的时间、地点、气体种类、浓度等信息，检测记录经检测人员签字后存档。检测人员应采取相应的安全防护措施，防止中毒窒息等事故发生。此外，在有限空间作业过程中，发电企业应采取强制通风措施，保持空气流通，禁止采用纯氧通风换气。发现通风设备停止运转、有限空间内氧含量浓度低于或者有毒有害气体浓度高于国家标准或者行业标准规定的限值时，必须立即停止有限空间作业，清点作业人员，撤离作业现场。

（五）劳动防护用品

（1）化学油务化验人员做绝缘油耐压试验期间未穿绝缘鞋，未戴防护手套。

（2）液氨区卸氨人员卸氨期间未佩戴防护手套和面罩。

针对以上问题，发电企业依据《用人单位劳动防护用品管理规范》（安监总厅安健〔2015〕124 号），组织从业人员在作业过程中，必须按照安全生产规章制度和劳动防护用品使用规则，正确佩戴和使用劳动防护用品；未按规定佩戴和使用劳动防护用品的，不得上岗作业。特别地，劳务派遣工、接纳的实习学生应纳入企业统一管理，并配备相应的劳动防护用品。对处于作业地点的其他外来人员，必须按照与进行作业的劳动者相同的标准，正确佩戴和使用劳动防护用品。

三、生产设备设施

（一）锅炉专业

（1）5 号～9 号锅炉安全阀未定期做排气试验。

（2）8 号、9 号炉磨煤机消防蒸汽手动门处于关闭状态，不能随时投用。

针对问题（1），发电企业应依据《电力行业锅炉压力容器安全监督规程》（DL/T 612—2017），对锅炉汽包、过热器出口、再热器出口以及直流锅炉的外置式启动分离器上装设的安全阀，每年进行一次锅炉安全阀排气试验。特别地，使用安全阀在线定压仪进行在线校验的，可代替安全阀在运行中的排气试验。锅炉安全阀宜每两年解体检查一次，最长不应超过 A 级检修期。

针对问题（2），依据《防止电力生产事故的二十五项重点要求》（国能安全〔2014〕161 号），制粉系统充惰系统定期进行维护和检查，确保充惰灭火系统能随时投入，有效防止制粉系统爆炸。

（二）汽机专业

（1）油系统 7 号机冷油器进出口油门法兰，以及 8 号、9 号机油系统法兰使用耐油石棉板垫片。

（2）除氧器安全阀未定期检验。

（3）7 号机高压加热器水侧未装设安全阀，低压加热器汽水侧未装设安全阀。

（4）7 号机高压加热器汽侧安全阀排汽管底部未装设疏水管。

针对问题（1），发电企业应依据《防止电力生产事故的二十五项重点要求》（国能安全〔2014〕161 号），油系统法兰禁止使用塑料垫、橡皮垫（含耐油橡皮垫）和石棉纸垫，以防止发生汽机油系统着火事故。同时，油管道法兰、阀门及可能漏油部位附近不准有明火，必须明火作业时要采取有效措施，附近的热力管道或其他热体的保温应紧固完整，并包好铁皮。

针对问题（2），依据《固定式压力容器安全技术监察规程》（TSG 21—2016），安全阀一般每年至少校验一次。满足延长检验周期 3 年或 5 年条件的，按相关要求，经过发电企业安全管理负责人批准后适当延长其周期。同时，安全阀需要进行现场在线校验和压力调整时，安全管理人员和安全阀检修校验人员应到场确认，采取可靠的安全防护措施。调校合格的安全阀应加铅封。

针对问题（3）和问题（4），依据《电力行业锅炉压力容器安全监督规程》（DL/T 612—2017），运行中工作压力可能超过其设计压力的各类压力容器应装设安全阀，高低压加热器的汽侧应装设安全阀，水侧宜装设安全阀。安全阀的整定压力不应大于压力容器的设计压力。安全阀的排汽管宜单独设置，并应符合以下要求：①排汽管应取直；②排汽管或集水盘应有疏水管；③排汽管和疏水管上不允许装设阀门等隔离装置；④排汽管的固定方式应避免由于热膨胀或排汽反作用力而影响安全阀的正常动作，且不应使来自排汽管的外力施加到安全阀上；⑤消声器应有足够的排放面积和扩容空间，不应堵塞、积水和结冰；⑥由于排汽管露天布置而影响安全阀正常动作时，应加装防护罩，防护罩的安装不应影响安全阀的正常动作和检修。在保证安全的基础上，在高、低压加热器水侧和汽侧上装设安全阀，将排汽管底部接到安全地点的疏水管，疏水管上不允许装设阀门。

（三）电气专业

（1）8 号主变压器中性点接地开关只有一根与主接地网的连接线。

（2）氢气储罐防静电接地只有一根接地线。

（3）8 号、9 号发电机供氢管道未加装隔离管段。

针对问题（1），发电企业应依据《防止电力生产事故的二十五项重点要求》（国能安全〔2014〕161 号），采取措施增设一根连接线，使变压器中性点有两根与接地网主网格的不同边连接的接地引下线，并且每根接地引下线均应符合热稳定校核的要求。同时，连接引线应便于定期进行检查测试。

针对问题（2），依据《交流电气装置的接地设计规范》（GB/T 50065—2011）关于雷电保护和防静电的接地相关要求，露天贮罐周围应设置闭合环形接地装置，接地电阻不应超过 30Ω，无独立避雷针保护的露天贮罐接地电阻不应超过 10Ω，接地点不应小于 2 处，接地点间距不应大于 30m。

针对问题（3），依据《电力设备典型消防规程》（DL 5027—2015），在氢冷发电机及其氢冷系统上不论是进行动火作业还是进行检修、试验工作，都必须断开氢气系统，并与运行系统有明确的断开点，充氢侧加装法兰短管，并加装金属盲（堵）板。

（四）热控专业

（1）5 号～7 号机组汽轮机排汽真空低跳闸保护均为单点保护。

（2）9 号机组电缆夹层电缆穿墙处及 6 号机组电缆夹层电缆孔洞封堵不严。

针对以上问题，发电企业按照《防止电力生产事故的二十五项重点要求》（国能安全〔2014〕161 号）的规定，所有重要的主、辅机保护都应采用“三取二”的逻辑判断方式，防止发生热工保护失灵引发事故。此外，控制室、开关室、计算机室等通往电缆夹层、隧道、穿越楼板、墙壁、柜、盘等处的所有电缆孔洞和盘面之间的缝隙（含电缆穿墙套管与电缆之间缝隙）必须采用合格的不燃或阻燃材料封堵，防止电缆着火事故。

（五）环保专业

（1）氨罐、液氨卸载处及 SCR 区液氨泄漏报警仪探头安装高度低于泄漏源。

（2）液氨罐基础未见设置沉降观测点。

（3）5 号～9 号脱硫系统只有一路工艺水事故喷淋系统。

（4）氨罐区域 15m 范围内有绿化带。

（5）氨罐 A 侧 B、C 液位计有断层。

（6）氨罐区洗眼器冬季无水。

针对问题（1），发电企业依据《危险化学品重大危险源　罐区现场安全监控装备设置规范》（AQ 3036—2010），对可燃气体及有毒气体浓度报警器的安装高度，按探测介质的比重以及周围状况等因素来确定。当被监测气体的比重小于空气的比重时，可燃气体监测探头的安装位置应高于泄漏源 0.5m 以上。同时，可燃及有毒气体监测探头安装时，要保证传感器垂直朝下固定。

针对问题（2），依据《火力发电厂职业安全设计规程》（DL 5053—2012），液氨卸料、贮存、氨气制备及供应系统应保持严密性，并应设置沉降观察点。

针对问题（3），由于锅炉空气预热器出口的原烟气需通过脱硫吸收塔进入烟囱进行排放，脱硫系统整体的运行安全已经成为整个电厂机组安全、稳定运行重要的组成部分，因此发电企业对于无旁路的烟气脱硫装置事故喷淋系统，为提高安全冗余，建议设计成两路事故喷淋系统向烟道喷水，同时高位水箱自动补水系统向水箱补水。

针对问题（4），依据《火力发电厂职业安全设计规程》（DL 5053—2012），液氨贮存及氨气制备区围墙外 15m 范围内不应绿化。同时，该范围外的附近区域不应种植含油脂较多的树木、绿篱或茂密的灌木丛；宜选择含水分较多的树种和种植生产高度不超过 15cm、含水分多的草皮进行绿化。

针对其他问题，发电企业应组织运行人员经常检查各储罐的压力计、液面计、温度计等仪表是否处于正常状态，有异常时及时联系检修处理，保证各种仪表始终处于正常状态。

（六）供热专业

（1）供热管道保温破损严重、管道锈蚀。

（2）铁路医院地下换热站未安装应急照明、通风设施。

（3）缺少换热站故障停运时的防冻措施。

针对问题（1），发电企业应依据《城镇供热管网设计规范》（CJJ 34—2010），对供热介质设计温度高于 50℃的管道、设备、阀门进行保温，并保证完好有效。保温层厚度依据《设备及管道绝热设计导则》（GB/T 8175—2008）进行计算。具体地，通过经济厚度方法计算保温层厚度，以经济、有效减少散热损失。管道和圆筒设备外径大于1000mm 时，按平面计算保温层厚度；其余按圆筒面计算保温层厚度。

平面的计算公式为

$$\delta = 1.897 \times 10^{-3} \sqrt{\frac{f_n \lambda \tau (T - T_a)}{P_i \dfrac{i(1+i)^n}{(1+i)^n - 1}}} - \frac{\lambda}{\alpha}$$

圆筒面的计算公式为

$$D_o \ln \frac{D_o}{D_i} = 3.795 \times 10^{-3} \sqrt{\frac{f_n \lambda \tau (T - T_a)}{P_i \dfrac{i(1+i)^n}{(1+i)^n - 1}}} - \frac{2\lambda}{\alpha}$$

$$\delta = \frac{D_o - D_i}{2}$$

式中 δ——保温层厚度，m；

f_n——热价，元/GJ；

λ——保温材料制品热导率，W/（m • K）；

τ——年运行时间，h；

T——设备和管道的外表面温度，K；

T_a——环境温度，K；

P_i——保温结构单位造价，元/m^3；

i——年利率；

n——计息年数；

α——保温层外表面与大气的换热系数，W/（m^2 • K）；

D_o——圆筒面保温层外径，m；

D_i——圆筒面保温层内径，m。

此外，地上敷设和管沟敷设的热水（或凝结水）管道、季节运行的蒸汽管道及附件，应涂刷耐热、耐湿、防腐性能良好的涂料。架空敷设的管道宜采用镀锌钢板、铝合金板、塑料外护等作保护层，当采用普通薄钢板作保护层时，钢板内外表面均应涂刷防腐涂料，施工后外表面应涂敷面漆。一般地，架空敷设管道采用铝合金薄板、镀锌薄钢板和塑料外护是较为理想的保护层材料，其防水性能好，机械强度高，质量轻，易于施工。当采用普通铁皮替代时，应加强对其防腐处理。

针对问题（2），依据《城镇供热管网设计规范》（CJJ 34—2010），中继泵站、热力站的站房应有良好的照明和通风。除中继泵站、热力站以外的下列地方应采用电气照明：①有人工作的通行管沟内；②有电气驱动装置等电气设备的检查室；③地上敷设管道装有电气驱动装置等电气设备的地方。

针对问题（3），依据《城镇供热系统运行维护技术规程》（CJJ 88—2014），供热管网停止运行前应编制停运方案。长时间停止运行的管道应采取防冻措施，对管道设备及其附件应进行防锈、防腐处理。

为满足城镇供热需求，进一步保障供热安全，通过热泵提取冷端余热供热技术或切除低压缸技术等，如图 2－1 和图 2－2 所示原则性系统图，是目前的研究热点，通过热泵吸收循环水余热或通过切缸增大采暖抽汽量大大提高供热量，这也是供热专业安全技术的发展方向，值得持续关注，并适时推广应用。

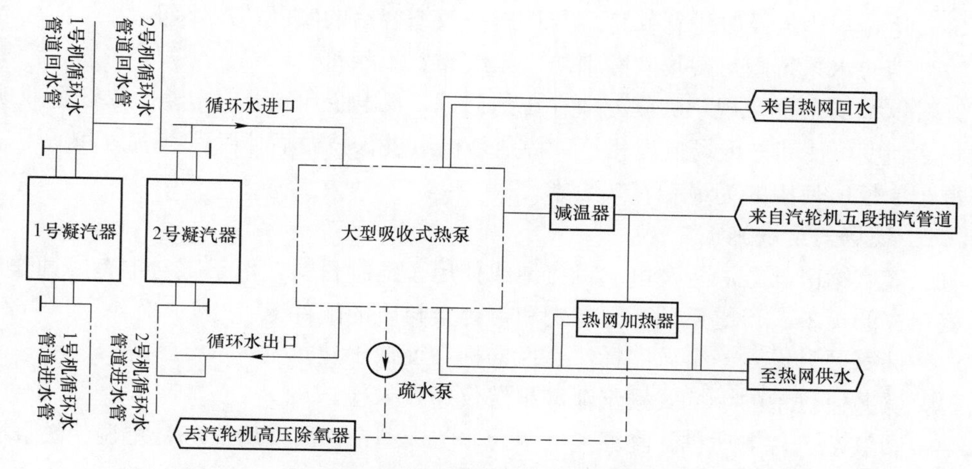

图 2－1　热泵技术利用循环水余热供热原则性系统图实例

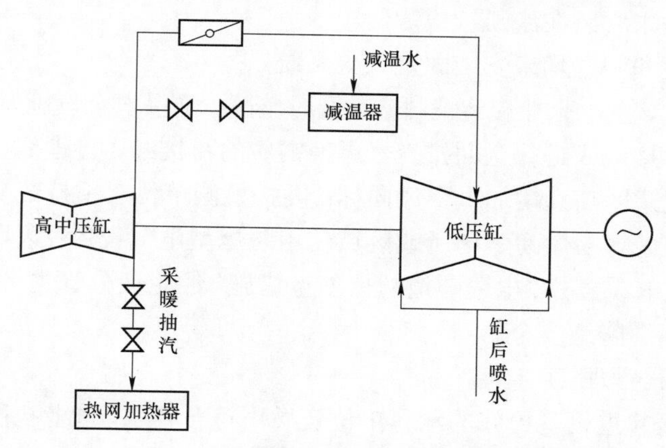

图 2－2　切缸技术提高供热能力原则性系统图实例

第六节　300MW 级燃煤供汽机组案例

F 电厂现有 4×300MW 机组，总装机容量 1200MW，以发电为主，并为周边工业供汽。1号、2号机组分别于1999年12月、2000年9月投入运行，3号、4号机组分别于2002年9月、2003年5月投入运行。现有职工999人。设有办公室、人力资源部、企划部、财务部、政工部、保卫部、生技部、安监部、运调部、基建工程部、燃料监察办、物资采购部、运行分场、燃料公司等27个行政和生产部门。

一、安全管理

（一）安全生产规章制度

（1）运行规程未及时进行修订，与机组技改增容后的实际情况不符。

（2）消防水系统图与现场实际消防水系统布置不相符。

针对以上安全生产规章制度方面存在的问题，发电企业应及时复查、修订企业现行的规程、制度，使其与现场情况相符，特别是机组进行技改后，确保其有效和适用，并保证每个岗位所使用的为最新有效版本。

（二）现场安全设施

（1）液氨罐区部分法兰及电动机接地线使用了铜制材料，由于氨对铜有腐蚀作用，凡有氨存在的设备、管道系统不宜有铜和铜合金材质的配件。

（2）储氨区只设置一个风向标，且风向标高度低于建筑物。

（3）氨区值班室的手持式氨气泄漏报警仪超期未检。

（4）制氢站三台电动机、值班室空调为非防爆型；燃油泵房值班室空调、饮水机为非防爆型；油泵房值班室使用了普通电源插排。

（5）燃油泵房未安装在线油气检测装置。

（6）电缆隧道和竖井均未安装固定灭火系统。

针对以上问题，发电企业应逐一排查，及时整改，确保安全设施有效可靠。具体地，对氨区的跨接线、接地线进行全面排查，更换铜质的跨接线、接地线，宜采用铝制或不锈钢材质；在液氨罐区高点增加一个风向标；委托检测单位对手持式氨气浓度检测仪进行定检；制氢站油区等易燃易爆场所或区域使用防爆型电气设备；采取措施安装油气在线监测装置；制定电缆竖井、电缆隧道防火安全措施，经企业分管生产领导审批后执行，保证电缆竖井、电缆隧道安全。

（三）外包工程管理

（1）承担厂区起重设备检修的承包单位资质不符合要求，营业执照营业范围无起重设备设施的安装维护，无业绩证明材料。

（2）炉内升降平台项目施工结束后，未将施工技术资料存入安全技术档案。

（3）炉内升降平台搭设项目无安全工器具、试验工具、测量工具等清单。

针对以上问题及外委工程的类似问题，发电企业应充分认识到外委工程仍然是当前企业安全生产事故的易发领域，仍然是安全生产管理的薄弱环节，要有针对性地采取措施，加强防控。一般地，加强外包项目全过程管控是行之有效的一种做法。事前，严格执行资格预审、资质审查，堵住入口关；事中，加强监督和指导，特别是人员、工器具、作业现场的安全管控，把好监督关；事后，督促承包单位做好安全技术资料整理与归档工作，强化验收质量，做好收口关。

二、劳动安全与作业环境

（一）煤场扬尘治理工程项目

（1）施工现场作业区无有效的隔离措施。

（2）起重吊车和电焊机无检查记录。

（3）煤场扬尘治理工程项目组织机构不健全，未配置专职安全员。

（4）施工措施缺少起重吊装方案。

针对以上问题，发电企业作为发包单位，应加强项目现场安全检查和监督管理，对现存的问题逐项整改落实，经验收合格后方能复工。对煤场扬尘治理工程项目，督促指导承包单位严格按项目制进行管理，成立组织机构，做好项目管理，严格把控项目的质量、安全、工期，特别是项目安全管理，应配置专职安全员，对危险性较大的分部分项工程应制订专项施工方案，严格检查施工工器具，有粉尘污染危险的施工现场作业区域要有效隔离，确保项目现场安全和项目过程安全。

（二）特殊危险作业

（1）3 号机凝汽器汽侧、水侧检查工作任务的现场作业安全风险控制卡未按照“金属容器内作业”或“密闭场所作业”相关要求进行制作，未安排专人监护。

（2）密闭空间内作业未实施“中毒窒息及含氧量检测”等风险分析及安全技术控制措施。

针对以上问题，发电企业应加强有限空间作业安全管理。对于有限空间作业要特别加强作业前和作业中的把控。作业前，详细制订作业方案，进行风险辨识、分析，并采取有效控制措施。作业中，严格坚持“先通风，再检测，后作业”原则，加强作业现场监护。特别地，密闭空间作业前一定要进行含氧量的检测，检测合格后方可进入作业。

（三）脚手架管理

（1）脚手架库房大量的竹架板、木架板、安全网、钢架杆、钢架板混放。

（2）库房内外无灭火器材。

（3）库房顶部照明灯具为非防爆灯具。

（4）脚手架架杆金属管头压扁、裂纹、管壁厚度达不到规定标准等缺陷多。

针对以上问题，发电企业应加强脚手架库房和脚手架管材管理。一方面，组织人员全面整理脚手架管材，挑出不合格的管材、板件，分类存放，确保架杆、架板、扣件的质量符合要求；另一方面，对于木架板、安全网等应移至安全等级高的库房，消除火灾隐患。此外，存放木质材料的脚手架库房应配置灭火器材。

（四）起重机械

（1）循泵房行车主钩下限位、副钩上限位失效。

（2）4 号炉脱硫废水楼 6m 层电动葫芦未装设起重量限制器。

（3）3 号、4 号炉脱硫循环水泵行车吊钩防脱钩卡子变形，回弹不到位。

（4）部分起重设备超期未检。

针对以上问题，发电企业应加强起重作业安全管理和起重设备检查维护。设置专职或兼职管理人员负责起重机械管理，一方面做好日常检查和维护保养，及时处理设备缺陷，如限位失效、防脱钩变形等，并做好台账记录；另一方面组织对主设备及其安全附件进行定期试验工作，按照有关规定委托有资质机构开展定期检验，及时排查重大隐患，并采取措施消除隐患，保证在役起重设备安全可靠。

（五）建（构）筑物管理

（1）1 号、2 号机组原粉煤灰灰库及其设施，长期闲置且没有进行刷漆等保养。

（2）高处设备、栏杆等钢件严重锈蚀。

（3）氢站、油泵房屋顶渗水，墙皮脱落。

（4）油泵房燃油罐罐体保温铝皮腐蚀较重、局部损坏，油罐围墙内外墙皮局部脱落。

针对以上问题，发电企业应将建（构）筑物纳入作业环境管理，做好本质安全建设工作。对于生产现场需要经常出入的作业场所，加强安全生产检查，及时排查建（构）筑物存在的安全隐患，并开展隐患治理工作，及时消除隐患，验收合格后投入生产和使用；对于不需要进入或另有他用的场所，要实行封闭管理，划出安全区域，加强巡视，并设置警戒标识，另有他用的按照需要采取安全措施进行相应的维护保养处理。

三、生产设备设施

（一）锅炉专业

（1）4 号炉除汽包外其他部位没有就地压力表。

（2）1 号和 2 号机组疏放水管、空气管、取样管、压力表管、温度测点等小口径管道及管座运行超过 10 万 h 未更换。

针对问题（1），发电企业应依据《锅炉安全技术监察规程》（TSG G0001—2012），在锅炉的主要部位上装设压力表，至少包括：①蒸汽锅炉锅筒（锅壳）的蒸汽空间；②给水调节阀前；③省煤器出口；④过热器出口和主汽阀之间；⑤再热器出口、进口；⑥直流蒸汽锅炉的启动（汽水）分离器或其出口管道上；⑦直流蒸汽锅炉省煤器进口、储水器和循环水泵出口；⑧直流蒸汽锅炉蒸发受热面出口截止阀前；⑨热水锅炉的锅筒（锅壳）上；⑩热水锅炉的进水阀出口和出水阀进口；⑪热水锅炉循环水泵的出口、进口；⑫燃油锅炉、燃煤锅炉的点火油系统的油泵进口（回油）及出口；⑬燃油锅炉、燃煤锅炉的点火气系统的气源进口及燃气阀组稳压阀（调压阀）后。在大小修期间中，对未安装的部位加装压力表。对压力表应达到规程要求的标准，具体包括：选用的压力表精确度应不小于 2.5 级；对于 A 级锅炉，压力表的精确度应不小于 1.6 级。压力表的量程根据工作压力选用，一般为工作压力的 1.5～3 倍，最好选用 2 倍。同时，压力表表盘大小应保证锅炉操作人员能够清楚地看到压力指示值，表盘直径应不小于 100mm。

针对问题（2），依据《火力发电厂金属技术监督规程》（DL/T 438—2016），对联络管（旁通管）、高压门杆漏气管道、疏水管等小口径管道的管段、管件和阀壳，运行 10 万 h 以后，根据检查情况，宜全部更换。对与管道相连的小口径管（如测温管、压力表管、安全阀、排气阀、充氮等），在机组每次 A 级检修或 B 级检修时，针对其管座角焊缝按不少于 20%的比例进行检验，至少应抽检 5 个。检验内容主要为角焊缝外观和表面探伤，必要时进行超声波、涡流或磁记忆检测。后次抽查部位为前次未检部位，至 10 万 h 完成 100%检验。运行 10 万 h 的这些小口径管，根据此前的检查结果，重点检查缺陷较严重的管座角焊缝，必要时割取管座进行管孔检查。针对企业实际情况，建议制订详细的检修计划，结合机组大小修及时更换需要更换的小口径管道及管座。

（二）汽机专业

（1）未对抗燃油系统不安全事件制订针对性的整改方案和防范措施。

（2）1 号～4 号机组均已运行超过 10 万 h，汽机侧高温高压管道的疏水、取样、测点管等小管道只有 3 号机和 4 号机进行了部分更换，其他小管道制订了改造计划但未实施。

针对问题（1），发电企业对抗燃油系统不安全事件按照“四不放过”原则进行处理，特别是事故防范措施不落实不放过，强化整改方案落实，采取过硬的防范措施，绝不让同一类不安全事件再次发生。

针对问题（2），发电企业按照相关规定，对超过 10 万 h 的管段管件制订逐步更换计划，并严格落实。对于还未进行更换的部分，要加强检查，及时排查隐患，治理缺陷。同时，充分利用机组检修机会，尽快完成寿命到期的小管道的更换工作。

（三）电气专业

（1）1 号机组汽机房电缆隧道有积水。

（2）网控室电缆夹层、1 号～4 号汽机房电缆桥架、UPS 室电缆桥架隔离设施不规范，分段阻燃层防火隔离包严重缺失，新敷设电缆未涂防火涂料，部分电缆孔洞未封堵。

针对问题（1），发电企业应依据《电力工程电缆设计标准》（GB 50217—2018），采取措施使电缆隧道满足防止外部进水、渗水的要求，对电缆隧道低于地下水位以及电缆隧道和工业水管沟交叉时，宜加强电缆隧道的防水处理以及电缆穿隔密封的防水构造措施。电缆隧道应实现排水畅通，一是电缆隧道的纵向排水坡度不应小于 0.5%；二是沿排水方向适当距离宜设置集水井及其泄水系统，必要时应实施机械排水；三是电缆隧道底部沿纵向宜设置泄水边沟。

针对问题（2），依据《防止电力生产事故的二十五项重点要求》（国能安全〔2014〕161 号），控制室、开关室、计算机室等通往电缆夹层、隧道、穿越楼板、墙壁、柜、盘等处的所有电缆孔洞和盘面之间的缝隙（含电缆穿墙套管与电缆之间缝隙）必须采用合格的不燃或阻燃材料封堵，以免发生电缆着火事故。

（四）热控专业

（1）控制系统中 1 号、2 号、4 号汽轮机“主油箱油位低”跳机保护均未按照“三取二”方式设置。

（2）4 号机组 2 台汽动给水泵 MEH 控制系统共用一套电源。

针对问题（1），发电企业应依据《防止电力生产事故的二十五项重点要求》（国能安全〔2014〕161 号），采取各项有效安全措施，防止发生汽轮机轴瓦损坏事故。设置主油箱油位低跳机保护，必须采用测量可靠、稳定性好的液位测量方法，并采取三取二的方式，保护动作值应考虑机组跳闸后的惰走时间。

针对问题（2），分散控制系统的控制器、系统电源、为 I/O 模件供电的直流电源、通信网络等均应采用完全独立的冗余配置，且具备无扰切换功能；DCS 控制器应严格遵循机组重要功能分开的独立性配置原则，各控制功能应遵循任一组控制器或其他部件故障对机组影响最小的原则。

（五）燃料专业

（1）输煤系统 3 号 A、B 皮带尾部增面滚筒，5 号 A、B 皮带头部滚筒组处无网状护栏。

（2）3 号 A、B 皮带机尾部给煤机轨道处皮带缺少防护栏杆。

（3）3 号 A、B 皮带机头部带式除铁器传动轮周围未安装防护罩。

（4）除铁器下方一侧围栏低于除铁器传动滚筒，未采用网状防护。

针对以上燃料专业所发现的问题及类似问题，发电企业应加强燃料系统专项整治工作。具体地，完善输煤系统各转动皮带、滚筒、托辊、联轴器、液力偶合器、取样器等处的护栏、护罩。输煤皮带头、尾部滚筒部位必须采用网状护栏，网状护栏距离滚筒边缘的长度应符合国家标准规定；皮带两侧护栏应高于皮带上层托辊上沿。

（六）供热（供汽）专业

（1）新增供汽管路未做水压试验。

（2）供汽管路上厂区内一安全阀排放对着人员可以到达的平台。

（3）某热力站 2 号、3 号换热设备换热性能不合格。

针对问题（1）和问题（2），依据《电厂动力管道设计规范》（GB 50764—2012），管道系统的严密性试验宜采用水压试验，其水质应洁净。充水应保证能将系统内空气排尽。试验压力应按设计图纸的规定，其试验压力不应小于设计压力的 1.5 倍。此外，安全阀出口排放管道及其支承应有足够的强度承受排放反力，当直接向大气排放时，不应对着其他管道或设备进行排放，且不应对着平台或人员可能到达的场所进行排放。

针对问题（3），依据《供热系统节能改造技术规范》（GB/T 50893—2013），当换热性能小于额定工况的 90%时，应判定检测结果不合格。对换热性能不合格的换热设备，应分析原因，采取措施，有针对性地进行节能改造。换热性能的计算式为

$$k_{\mathrm{F}} = \frac{Q_1}{\dfrac{\Delta t_{\mathrm{d}} - \Delta t_{\mathrm{x}}}{\ln\left(\dfrac{\Delta t_{\mathrm{d}}}{\Delta t_{\mathrm{x}}}\right)} \times \tau}$$

式中 k_{F}——换热设备换热性能，GJ/（℃ • h）；

Q_1——检测期间热力站输入热量，GJ；

Δt_{d}——检测期间换热设备温差较大一端的介质温差，℃；

Δt_x——检测期间换热设备温差较小一端的介质温差，℃；

τ——检测持续时间，h。

第七节　600MW 级燃煤发电机组案例

G 电厂一期工程 2×330MW 机组于 2004 年实现双投。二期两台 680MW 超超临界燃煤发电机组分别于 2010 年 12 月和 2014 年 4 月投产发电。2013 年被授予电力安全生产标准化一级企业。现有在岗职工 411 人。下设计划部、综合部、商务部、财务部、运行部、安环部、生技部、检修部、政工部、燃管部、除灰部、监审部共 12 个部门，各自履行相应生产管理职能。全厂设备检修、输煤运行、消防设备及起重设备维护等由外委单位负责。

一、安全管理

（一）安全目标管理

（1）安全工作计划不完整，缺少安全工器具检测和职业健康等方面的内容。

（2）安全目标保证措施内容不具体、可操作性不强，未结合企业实际研究制订。

（3）企业年度安全目标中有“不发生内部统计事故、不发生严重未遂事件、不发生食物中毒事件”的条款，不符合“企业控制轻伤和内部统计事故，不发生人身重伤和一般事故”的要求。

（4）企业与部门签订的年度安全目标责任书中有“不发生环境污染和有毒有害气体排放事故、不发生火灾事故”的条款，不符合“部门控制未遂和障碍，不发生轻伤和内部统计事故”的要求。

（5）部门与班组签订的年度安全目标中有“不发生环境污染和有毒有害气体排放事故、不发生火灾事故、不发生违纪事件”的条款，不符合“班组控制违章和异常，不发生（人身）未遂和障碍”的要求。

（6）燃管部采样班与个人签订的年度安全目标中有“不发生电瓶车交通事故”的条款，不符合个人不发生违章的要求。

（7）运行部三值、检修部锅炉专业、西检项目部锅炉一班未实现年度安全目标。

（8）运行部运行四值与个人签订安全生产目标责任书中缺少值长的安全职责。

针对以上安全目标管理的问题，发电企业应遵循安全目标“四级控制”的要求，制定企业、部门、班组和个人四级安全目标，做到分级控制，实现一级保一级；企业内部各部门、各岗位都应有明确的安全职责，实行安全生产逐级负责制。同时，根据安全目标，完善企业、部门、班组年度安全工作计划，并从管理、人身、设备、交通、防火等各方面结合实际研究制订内容具体、切实可行、可操作性强的安全目标保证措施，通过详细的安全工作计划和精准的安全目标保证措施，促进四级安全目标逐级得以实现。

（二）规程制度

（1）安全生产管理制度缺少电力安全生产监督规定。

（2）工作票和操作票（“两票”）管理标准中无“两票”工作任务清单和动土作业票相关内容。

（3）反违章管理标准中引用标准不全，缺少《电力安全工作规程》和《电力设备典型消防规程》。

（4）企业年度公布的有效规程制度清单缺少安全生产检查制度、运行规程、消防规程等。

（5）运行部专工室存放失效的标准、规范。

（6）无检修规程、运行规程、系统图等进行复查修订的书面文件。

针对以上问题，发电企业应组织全面梳理企业安全生产规章制度，使各种制度、规程有效和适用，符合安全生产需要。一方面，尽快补充完善缺失的必要安全生产制度，应有须有，每年公布现行上级规程制度和企业规程制度清单，并按清单配齐各岗位相关的安全生产规程制度；另一方面，检查现行规章制度的合规性，应新须新，及时复查、修订现场规程、制度，确保其有效和适用，保证每个岗位所使用的为最新有效版本。

（三）工作票和操作票（“两票”）

（1）工作票签发人、工作票负责人、单独巡视高压设备人员未按专业和权限分类进行培训考试。

（2）现场抽检输煤系统检修作业未执行动火工作票。

针对问题（1），发电企业应对工作票签发人、工作票负责人、工作票许可人以及单独巡视高压设备人员有针对性地进行安全规程制度的教育培训，明确权限，分类考试，资格考试合格后以文件形式下发。

针对问题（2），发电企业应举一反三，排查类似问题，并及时整改落实。“两票”制度是发电企业安全生产实施源头治理的有效手段，务必严格执行工作票制度、操作票制度，让有效的制度充分发挥生命力，有力推进安全生产工作。

（四）反违章管理

（1）运行部、检修部无装置性违章检查记录。

（2）企业、部门、班组未建立员工个人违章档案。

（3）现场抽检燃料检修间浴池水箱上一名工作人员高处作业未系安全带，2 号炉 B 送风机检修 3 人高处作业未系安全带。

针对问题（1），发电企业应有针对性地开展作业性违章、装置性违章、指挥性违章、管理性违章治理工作，努力消除习惯性违章，对查出的问题要及时进行整改落实，如暂时整改不了的，应制订相应的防范措施。

针对问题（2），建立厂、车间（含长期承包单位人员）、班组（含长期承包单位班组）三级“违章档案”，如实记录各级人员的违章及考核情况，并作为安全绩效评价的重要依据。

针对问题（3），对生产现场的违章问题应采取“零容忍”的态度，坚决遏制习惯性违章现象，一旦出现违章，应立即制止行为，停工接受教育。按照“违章就是事故”的理念，以“四不放过”原则进行处理，促进反违章工作不断取得实效。

（五）安全教育与培训

（1）特种作业人员与特征设备作业人员清册不全，缺少厂内专用机动车辆驾驶员、起重设备操作人员等。

（2）无安全教育培训档案。

针对问题（1），发电企业应按照国家有关规定对特种设备安全管理人员、检测人员和作业人员进行管理，相关特种作业人员应取得相应资格，方可从事相关工作。对考试不合格者应限期补考，合格后方可上岗。建立特种设备安全管理人员、检测人员和作业人员清册，便于管理。

针对问题（2），建立健全企业员工安全档案，安全档案应包括员工基本情况、安全培训档案、违章档案、安全奖惩记录等内容，并及时将员工安全生产规程、制度、安全知识、安全技能等方面的培训、考试情况记录在案。

（六）应急管理

（1）缺少氢站及液氨处置方案演练计划。

（2）水淹循环水泵房应急预案演练缺少演练脚本、安全保障方案、评估指南和演练记录等内容。

（3）应急预案不完整，缺少防地质灾害应急预案、厂用气中断现场处置方案等。

（4）企业综合应急预案内容不完整，缺少电网主网架接线图、应急信息报告等。

（5）企业应急物资不全，缺少编织袋等。

（6）应急物资出入库记录不完整，缺少使用理由、归还人、归还时间等。

（7）未设置应急疏散场地及标识。

针对以上应急管理所反映出来的问题，发电企业应坚持问题导向，抓紧采取措施，落实整改，把好安全生产的重要关口。

对应急预案与演练，应组织人员补充完善应有的应急预案，同时制订年度应急预案演练计划，并按计划进行预案演练。建议每两年对企业所有预案演练一遍，生产现场重要岗位每半年对现场处置方案全面演练一遍。演练前重点落实好组织措施、演练方案、评估指南等资料的编制。演练后，及时组织评估，编写评估报告，并根据评估结果对预案进行修订，做好相关资料存档工作。

对应急设施与物资，应做到专项管理和使用，按规定建立必需的应急设施，配备应急装备，储备应急物资，并进行经常性的检查、维护和保养，确保其完好、可靠；配备应急物资数量能满足应急需要，账、卡、物要相符；建立应急物资出入库记录，明确出入库时间、使用理由、仓库保管员、借用人、归还人等内容。

对应急疏散场地与标识，应合理设置应急疏散场地并加强巡检维护，在显著地方按照标准配置相关应急标识，保证生产现场紧急疏散通道畅通。

（七）危化品及重大危险源管理

（1）燃管部化验班化验人员、运行部卸酸碱人员未按规定取得危险化学品操作证。

（2）危险化学品专用仓库的安全设施、设备无定期检测检验记录。

（3）危险化学品供货商无“危险化学品经营许可证”。

（4）未建立危险化学品台账。

（5）氨区重大危险源管理缺乏必要的规章制度和工作机制。

针对问题（1）～问题（4），发电企业应依据《危险化学品安全管理条例》（中华人民共和国国务院令　第645号），建立、健全危险化学品安全管理规章制度和岗位安全责任制度。对于人员要素，从业人员应当接受教育和培训，考核合格后上岗作业；对有资格要求的岗位，应当配备依法取得相应资格的人员。对于设备要素，储存危险化学品的单位应当对其危险化学品专用仓库的安全设施、设备定期进行检测、检验；危险化学品应当储存在专用仓库、专用场地或者专用储存室内，并由专人负责管理。对于管理要素，危险化学品应按程序从具有经营许可证的供货商采购；进场后，应建立台账，规范管理；特别地，剧毒化学品以及储存数量构成重大危险源的其他危险化学品，应当在专用仓库内单独存放，并实行双人收发、双人保管制度。

针对问题（5），按照《危险化学品重大危险源辨识》（GB 18218—2018），重大危险源是指长期地或临时地生产、加工、使用或储存危险化学品，且危险化学品的数量等于或超过临界量的单元。若单元中有多种物质时，如果各类物质的量满足下式，就是重大危险源。

$$\sum_{i=1}^{N} q_i / Q_i \geqslant 1$$

式中　q_i——单元中物质 i 的实际存在量，对于储罐指其设计量；

Q_i——物质 i 的临界量；

N——单元中物质的种类数。

发电企业的重大危险源主要是指氨区，即利用液氨作为还原剂的脱硝系统中，液氨接卸、储存以及制备氨气的区域（含储罐区、卸氨区、氨气制备区）等。为了消除重大危险源，发电企业积极进行脱硝还原剂尿素替代液氨技术改造，且新建火电项目脱硝还原剂原则上不再采用液氨。对于在役机组，重大危险源（氨区）安全设施、职业病防护设施、消防设施必须与主体工程同时设计、同时施工、同时投入生产和使用。同时，充分发挥科技生产力的作用，推广、采用有利于重大危险源安全保障水平的先进适用的工艺、技术、材料、设备，以及自动控制、安全检测报警、紧急停车、紧急避险、入侵报警等系统。总的来讲，加强危险化学品及其重大危险源监督管理，必须建立健全必要的规章制度及其相应的工作机制，首要任务是“管控大风险、防范大事故”，从而有效预防安全生产事故，保障发电企业从业人员和设备设施生命财产安全。

（八）外包工程管理

（1）某外包项目现场工作人员与承包单位无劳动合同关系。

（2）承包单位申报备案的持证人员并不直接从事现场作业，而是集中在承包单位的管理层。

针对问题（1），依据《中华人民共和国劳动合同法》，用人单位自用工之日起即与劳动者建立劳动关系；建立劳动关系，应当订立书面劳动合同；已建立劳动关系，未同时订立书面劳动合同的，应当自用工之日起一个月内订立书面劳动合同，并办理工伤、医疗或综合保险等社会保险。

针对问题（2），当前很多承包单位持证人员相对集中在企业管理层，主要从事企业经营、管理、财会等工作，所持证件主要用于申请资质、标书制作、应付检查等需要，而不是应用于生产现场，而直接从事现场作业人员又缺乏相应资质，这种“两张皮”的矛盾十分突出，发电企业作为发包方，应推行工程项目人员实名制管理，强化人员信息化管理，通过掌控“人”这个工程建设中最关键、最基本的因素，对外包单位安全管理实现纲举目张的管理效果。

二、劳动安全与作业环境

（一）电气作业

（1）检修部剩余电流动作保护装置管理制度内容不完善，缺少定期进行动作特性试验及雷击活动期和用电高峰期应增加试验次数等内容。

（2）汽机检修班工作间检修电源箱未装设剩余电流动作保护装置。

（3）电气二班未配备剩余电流动作保护装置测试仪器。

（4）1 号机 6.9m 检修电源箱、汽机检修班工作间检修电源箱箱体未接地。

（5）化学水泵间检修电源箱一个断路器接两组电源线。

针对问题（1）～问题（3），发电企业应依据《剩余电流动作保护装置安装和运行》（GB/T 13955—2017），属于Ⅰ类的移动式电气设备及手持式电动工具，生产用的电气设备，施工工地的电气检修设备，安装在户外的电气装置，临时用电的电气设备，机关、学校、宾馆、饭店、企事业单位和住宅等除壁挂式空调电源插座外的其他电源插座和插座回路，游泳池、喷水池、浴池的电气设备，安装在水中的供电线路和设备，医院中可能直接接触人体的电气医用设备等必须安装剩余电流动作保护装置（RCD）；剩余电流动作保护装置（RCD）投入运行后，必须定期操作试验按钮，检查其动作特性是否正常。

针对问题（4）和问题（5），依据《电业安全工作规程　第 1 部分：热力和机械》（GB 26164.1—2010），厂房内应合理布置检修电源箱，宜采用插座式接线方式。电源箱及其附件必须保持完好，不得有破损。分级配置剩余电流动作保护装置，并应定期检验合格；电源箱箱体接地良好，接地、接零标志清晰；移动式电动机械应使用橡胶软电缆。严禁一个断路器接两台及以上电动设备。

（二）高处作业

（1）2 号炉 A 侧引风机处、2 号炉 12.7m 煤粉管道处检修现场各一条安全带未进行检验。

（2）2 号主变压器搭设的脚手架立杆捆绑在主变压器呼吸器（吸湿器）上。

（3）2 号主变压器搭设的脚手架，临边处未搭设护脚板。

（4）2 号炉 C 磨入口搭设的脚手架，工作面的外侧未搭设护栏。

（5）2 号炉 C 磨出入口处、A 引风机处搭设的脚手架未悬挂安全警示牌。

针对以上问题，发电企业应强化高处作业安全管控。

对于安全带而言，安全带和专作固定安全带的绳索在使用前应进行外观检查，并应定期（每隔 6 个月）按批次进行静载试验，试验载荷为 225kg，试验时间为 5min；试验后检查是否变形、破裂等情况，并做好记录。此外，不合格的安全带应及时处理。

对于脚手架而言，禁止在各种管道、阀门、电缆架、仪表箱、开关箱及栏杆上搭设脚手架；作业区域内敞开的井、坑、孔、洞或沟道周围以及作业平台临空面有牢固的不低于 1050mm 高的横杆栏杆和不低于 180mm 高的护板；搭拆脚手架时，地面应设围栏和安全警示标志，并派专人看守，禁止非工作人员入内。

（三）起重作业

（1）4 号炉 1 号渣仓上部电动葫芦导绳器损坏，输煤 6 号转运站上方电动葫芦无导绳器。

（2）化学水处理车间、9 号转运站电动葫芦未装设起重量限制器；2 号桥式起重机 20t 小勾起重量限制器不准确，空载显示 1.3t。

（3）汽机房 3 号桥式起重机操作室中间部分未铺设绝缘垫。

（4）输煤检修班、净水站工业水泵房等处的电动葫芦，人员离开后未将电源断开。

（5）汽机房 2 号桥式起重机上限位装置失效。

针对问题（1），依据《起重机械定期检验规则》（TSG Q7015—2016），检查配备有导绳装置的卷筒在整个工作范围内是否有效排绳，无卡阻现象。

针对问题（2），依据《起重机械安全技术监察规程—桥式起重机》（TSG Q0002—2008），起重机均须设置起重量限制器，当载荷超过规定的设定值时应能自动切断起升动力源。同时，起重机每班使用前，应对制动器、吊钩、钢丝绳和安全保护装置等进行检查，发现异常时，应在使用前排除，并且做好相应记录。

针对其余问题，发电企业应加强起重设备日常检查维护和作业过程安全管控，及时消除设备及其安全附件缺陷等隐患。起重机上应备有灭火装置，驾驶室内应铺橡胶绝缘垫，严禁存放易燃物品。工作完毕后，单轨吊应停在指定位置，吊钩升起，并切断电源，控制按钮放在指定位置。

（四）焊接作业

（1）1 号炉电除尘施工现场一台电焊机外壳未接地。

（2）输煤检修班一名电焊工焊接时未佩戴防护面罩。

针对以上问题，发电企业应加强焊接作业等特种作业的安全全过程管理。对于设备，电焊工在合上电焊机开关前，应先检查电焊设备，如电焊机外壳的接地线是否良好、电焊机的引出线是否有绝缘损伤等，各项安全措施可靠无误后，方可合闸作业。对于人员，焊工应正确佩戴防尘（电焊尘）口罩、工作帽、电焊手套、防护面罩或防护眼镜等焊接专用劳动防护用品，检查无误后，方可上岗作业。

三、生产设备设施

（一）锅炉专业

（1）1 号、2 号炉过热器，再热器出口安全阀阀体及排汽管锈蚀严重。

（2）3 号炉分离器出口右侧第二个安全阀存在内漏。

（3）1 号、4 号炉过热器，再热器安全阀未按要求进行校验。

（4）1 号炉定排扩容器、连排扩容器、储气罐安全阀未按要求进行定期校验。

（5）锅炉安全阀未按要求定期做排气试验。

（6）1 号、2 号炉燃烧器区域火灾自动灭火装置未装设感温线缆。

（7）3 号、4 号炉燃烧器区域及原煤仓感温线缆损坏。

针对问题（1）和问题（2），发电企业应依据《电站锅炉压力容器检验规程》（DL 647—2004），加强锅炉压力容器及其安全装置的安全管理。压力容器各接管座的角焊缝，法兰和其他可拆件结合处无渗水、漏汽，筒体外壁无严重锈蚀。安全阀应严密无泄漏，排气管完好，支吊正常，输水管路畅通，安全阀有铅封且在校验有效期内。

针对问题（3）和问题（4），依据《锅炉安全技术监察规程》（TSG G0001—2012），在用锅炉的安全阀每年至少校验一次，一般在锅炉运行状态下进行。同时，锅炉运行中安全阀应定期进行排放试验，其试验周期不大于一个小修间隔。

针对问题（5），依据《电力行业锅炉压力容器安全监督规程》（DL/T 612—2017），锅炉安全阀排气试验应每年进行一次。特别地，严禁将运行中安全阀解列、任意提高安全阀的整定压力或使安全阀失效。

针对问题（6）和问题（7），依据《火力发电厂与变电站设计防火标准》（GB 50229—2019），根据生产中使用或产生的物质性质及其数量等因素分类，锅炉房与煤仓间的火灾危险性为丁类，耐火等级为乙级。机组容量为 300MW 及以上的燃煤电厂，对于锅炉本体燃烧器采用缆式线型感温或空气管，水喷雾或水喷淋灭火装置；对于原煤仓采用缆式线型感温、一氧化碳探测器及氧气浓度监测，惰性气体灭火系统。

（二）汽机专业

（1）1 号、4 号机组未设置主油箱油位低跳机保护。

（2）1 号～4 号机组未配置足够容量的润滑油储能器。

（3）1 号机组未安装两套转速测量装置。

（4）1 号、2 号机组安装时轴承进油滤网的法兰垫片均为耐油石棉纸垫。

（5）主油箱事故放油门操作手轮加链条，事故状态下不易操作。

针对问题（1），发电企业按照《防止电力生产事故的二十五项重点要求》（国能安全〔2014〕161 号）的要求，设置主油箱油位低跳机保护，必须采用测量可靠、稳定性好的液位测量方法，并采取三取二的方式，保护动作值应考虑机组跳闸后的惰走时间。

针对问题（2），对未设计安装润滑油储能器的 1 号～4 号机组，尽快补充设计，并在机组大修期间完成安装和冲洗，具备投运条件，否则不得启动。

针对问题（3），汽轮发电机组轴系应安装两套转速监测装置，并分别装设在不同的转子上，防止汽轮机超速事故。

针对问题（4），油系统法兰禁止使用塑料垫、橡皮垫（含耐油橡皮垫）和石棉纸垫，利用检修机会更换为铜质、钢质等符合要求的垫片。

针对问题（5），事故排油阀应设两个串联钢质截止阀，其操作手轮应设在距油箱5m 以外的地方，并有两个以上的通道，操作手轮不允许加锁，应挂有明显的“禁止操作”标志牌。

（三）电气专业

（1）电气运行、检修规程引用过期的规范性文件。

（2）电气检修规程缺少发电机励磁装置、远动设备等相关装置参数。

（3）电气运行规程无继电保护装置紧急事故状况处置方法。

针对以上电气运行、检修规程反映出来的问题，发电企业按照国家、行业标准规范的要求，补充、修改、完善运行及检修规程的相关条款内容，具备应有的装置参数和应急处置措施，使其与现场实际相适应，具有可操作性，使运行人员在设备调整、操作方面有据可依，并对异常和事故征兆的分析、判断、处理做出正确选择，保证设备安全运行。

（四）热控专业

（1）热电偶、热电阻检定装置、干式计量炉、检定炉、标准热电阻、热电偶等标准计量器具和标准装置未进行考核认证。

（2）温度试验室灭火器检查记录不规范，检查日期记录不清。

针对问题（1），发电企业应依据《发电厂热工仪表及控制系统技术监督导则》（DL/T 1056—2019），严格做好量值传递工作。各级计量检定机构的计量标准装置和检定人员，应按照国家及行业的有关规定进行考核取证，方能进行工作；各级标准计量装置的标准器应按周期进行检定，检定不合格或超周期的标准器均不能使用。

针对问题（2），依据《火力发电厂试验、修配设备及建筑面积配置导则》（DL/T 5004—2010），仪表与控制试验室应按相关要求（DL 5000），配置消防设施。此外，为保障灭火器完好可用，加强和改进温度试验室内灭火器的定期检查工作，并做好记录。

（五）化学专业

（1）1 号炉高温再热器结垢沉积量为 1140.24g/m^2，2 号炉高温过热器结垢沉积量为 1263.4g/m^2，均超过化学清洗标准。

（2）化学在线仪表台账记录不全面。

（3）检修记录内容不完整，如 pH 表测量电极更换无记录。

（4）锅炉补给水处理系统酸碱库、酸碱计量间、卸酸（碱）泵间、3 号及 4 号机组凝结水精处理再生系统酸碱库、酸碱计量间等酸碱类工作的地点，缺少毛巾、药棉及急救时中和用的溶液。

针对问题（1），锅炉化学清洗是防止受热面因腐蚀和结垢引起事故的必要措施，也是提高锅炉热效率、改善机组水汽品质的有效措施，它是采用一定的清洗工艺，通过化学药剂的水溶液与锅炉水汽系统中的腐蚀产物、沉积物和污染物发生化学反应，使锅炉受热面内表面清洁，并在金属表面形成良好钝化膜。发电企业应依据《火力发电厂锅炉化学清洗导则》（DL/T 794—2012），当过热器、再热器垢量超过 $400g/m^2$ 时，可进行酸洗，利用停机检修期间联系有资质清洗单位对 1 号和 2 号锅炉再热器、过热器进行化学清洗。对于再热器、过热器进行酸洗时，应有防止晶间腐蚀、应力腐蚀和沉积物堵管的技术措施。同时，承担锅炉化学清洗的单位应具备相应的资质，严禁无证清洗。

针对其余问题，发电企业应加强在线化学仪表检修维护管理，健全在线化学仪表设备台账，做好仪表检修维护记录及定期检验、校验记录。加强在线化学仪表检修维护工作，保证在线化学仪表投入率、准确率。在进行酸碱类工作的地点，应配有冲洗水、毛巾、药棉及急救时中和用的溶液。

（六）燃料专业

（1）翻车机室出入门未上锁。

（2）3 号翻车机区域与扩建端预留安装位置处未进行有效隔离。

（3）8 号乙皮带液力偶合器防护罩存在缺陷，不能对液力偶合器进行全方位防护。

（4）未制订输煤系统火灾报警装置、喷淋装置试验周期。

（5）8 号乙皮带尾部电缆槽盒内积煤积粉。

（6）10 号皮带头部伸缩头下方电缆桥架积煤严重。

针对以上燃料专业所发现的问题，发电企业应不断强化燃料系统专项整治工作。翻车机、迁车台、重车牵车机、空车牵车机作业区域应按照规定装设护栏，设置出入门并上锁。完善输煤系统各转动皮带、滚筒、托辊、联轴器、液力偶合器、取样器等的护栏、护罩，液力偶合器防护罩应为实体围护。定期对输煤系统火灾报警装置、喷淋装置、水灭火装置、消防系统进行检查试验，保证消防水压力可靠，保证阀门开关灵活，保证消防水设施和系统始终处于完好投用状态。输煤现场应保持清洁，做好水冲洗工作，设备上不得有积煤积粉，及时清除输煤皮带及构架上下、电缆桥架、控制箱、电源箱的积煤积粉。

（七）环保专业

（1）1 号～4 号吸收塔区域未布置消防水系统，无消防水设施。

（2）1 号～4 号脱硫系统的事故喷淋系统只有一路工业水供水。

针对问题（1），发电企业应加强环保专业日常安全检查工作，及时排除隐患。依据《石灰石/石灰—石膏湿法烟气脱硫工程通用技术规范》（HJ 179—2018），脱硫工程的建（构）筑物的消防系统应符合《自动喷水灭火系统设计规范》（GB 50084）、《建筑设计防火规范》（GB 50016）、《建筑内部装修设计防火规范》（GB 50222）的有关规定。此外，在吸收塔内动火作业前，工作负责人应检查相应区域内的消防水系统、除雾器冲洗水系统在备用状态。

针对问题（2），取消烟气旁路后，脱硫系统的可用率等同于主机的可用率，对脱硫系统的安全稳定运行提出了更高要求，以减少脱硫系统的故障而导致整个电厂停机事故。依据《火力发电厂石灰石—石膏湿法烟气脱硫系统设计规程》（DL/T 5196—2016），一方面，吸收塔入口烟道设置事故高温烟气降温系统，在进入吸收塔的原烟气温度出现异常升高的情况或浆液循环泵因事故而全部停运时，启动吸收塔入口的事故喷淋系统，降低进入吸收塔的烟气温度，控制在吸收塔的允许温度范围内；另一方面，对于不设置脱硫旁路烟道，吸收塔所有浆液循环泵跳闸或入口烟气温度超温时，锅炉应引发主燃烧跳闸（MFT）。一般地，当脱硫区域停电或浆液循环泵故障停运时，锅炉主燃烧跳闸（MFT），引风机停止运行，如图 2-3 所示，建议通过两路事故喷淋系统开始向烟道喷水，水箱自动补水系统向水箱补水，喷淋 20min 后停止运行。

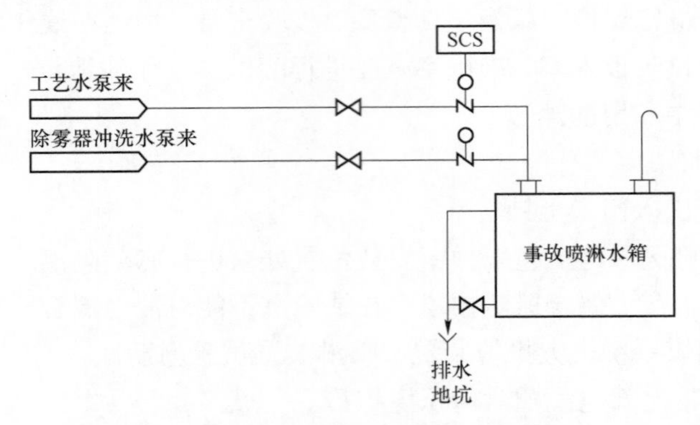

图 2-3　脱硫系统事故喷淋流程实例

第八节　1000MW 级燃煤发电机组案例

H 电厂现有 8 台机组，总装机容量为 4610MW。其中，一、二期为 4×335MW 机组，三期为 2×635MW 机组，四期为 2×1000MW 机组。一、二期工程四台机组相继于 1985—1989 年期间建成投产；三期工程两台机组于 1997 年先后投入运行；四期工程两台机组分别于 2006 年和 2007 年投产发电。企业在职职工 2494 人，平均年龄 42.8 岁，设置了厂长办公室、企划部、财务部、人力资源部、生产技术部、安全监察部、政工部、工会、保卫部、运行部、检修公司等部门。

一、安全管理

（一）安全目标管理

（1）电气队、汽机队的班组安全目标保证措施针对性和可操作性不强。

（2）锅炉队、汽机队、热工队、化检队所在车间和班组的安全目标项目与四级控制不符。

（3）安全评价年度内企业安全目标未实现。

（4）灰检队评价年度内安全目标未实现。

针对以上安全目标管理存在的问题，发电企业应以目标为中心，强化安全工作计划，落实安全保证措施，最终实现安全目标。一方面，从企业、部门、班组、个人四个层面进行安全目标控制，根据层层控制要求将安全生产目标分解到车间或部门、班组和个人，具体包括：①企业控制轻伤和内部统计事故，不发生重伤和一般设备、供热、火灾和水灾事故；②部门（车间）控制未遂和障碍，不发生轻伤和内部统计事故；③班组控制违章和异常，不发生未遂和障碍；④个人不发生违章。另一方面，各级要根据制定的安全生产目标，认真编制安全工作计划，有针对性地制订保证措施，同心发力，实现四个层级的安全目标。

（二）外包工程管理

（1）外包工程现场管理不到位，如 5 号机组二级塔北侧基坑开挖未设置安全围栏，3 号机组二级塔安全网不全，5 号机组环保技改现场 3 人未随身佩戴上岗证等。

（2）对外包工程旁站监理发现的问题，未进行处理和记录。

（3）承包商的应急预案无演练记录。

针对以上问题，发电企业作为发包方，应督促承包方加强自主管理，严密施工组织；同时，将外包单位视作“第二班组”，强化外包单位现场安全管理，狠抓现场风险防控，每日进行现场安全纠察，及时制止违章行为。对排查出的不符合项，要落实责任人、整改时间、整改标准、验收责任人，认真开展整改，并做好详细记录，形成闭环管理。此外，严格外包单位安全质量评价考核，有效保障外包单位人员生命安全与工程建设安全。

（三）不安全事件管理

（1）热工队对 1 号～3 号高压加热器疏水控制系统异常、高压加热器全部解列的不安全事件，其原因分析、措施落实情况资料不全。

（2）电气队不安全事件 5W2H“四不放过”处理单中“整改措施”栏，完成时间、验收人、监督人未签字。

（3）厂级的不安全事件未统计电气队“6630 开关零序电流保护跳闸”不安全事件。

针对以上不安全事件管理所暴露出来的一些问题，发电企业应严肃认真地开展不安全事件的调查、分析、考核和整改措施落实等各项工作，按照“谁检查、谁签字、谁负责”的原则，对整改或防范措施的落实情况进行逐条检查，对事故责任考核落实情况进行核查，把“四不放过”的原则落到实处。

（四）反事故措施和安全技术劳动保护措施（“两措”）

（1）生技部电气专业、部分检修车间反事故措施（“反措”）计划，“起止时间”大多为全年、机组运行期间或机组运行时等，未按月进行分解。

（2）查阅企业第二季度“反措”计划总结，对于未完成的项目所制订的防范措施不全面。

（3）燃检队第一、二、三季度的“反措”计划总结内容相同。

针对以上问题，发电企业应切实加强“两措”工作的执行和总结。一方面，在反事故措施计划编制时，结合企业实际，从消除重大缺陷、提高可靠性等角度出发，制订有时间节点、有实际需求的“反措”计划，并将“反措”计划纳入检修、技改计划，按月进行分解；另一方面，要强化“两措”计划执行的总结工作，其中“反措”内容要针对

"反措"计划逐条进行总结，对于未完成的项目要制订切实可行的防范措施。

（五）应急管理

（1）无应急预案培训记录。

（2）生技部、燃检队、锅炉队、化检队等未按规定时间进行应急预案演练。

（3）无应急预案演练效果评价。

针对以上应急管理所发现的问题，发电企业应着重加强应急预案培训和应急演练工作。建议每两年对企业所有应急预案演练一遍，每半年对重要场所的现场处置方案全面演练一遍。演练前，做好应急预案培训和演练准备工作，并保留记录；演练后，及时进行总结，对演练效果进行评价，对发现的问题和不足进行整改，同时对预案进行修订完善。

（六）安全检查与隐患排查

（1）车间、班组春季安全生产大检查（"春检"）发现问题的整改计划未闭环。

（2）公用系统分场查出的安全隐患无整改计划。

（3）未对隐患治理情况进行验证和评估。

针对以上问题，发电企业要加强安全生产检查和隐患排查治理，对查出的问题制订整改计划并监督执行，实现闭环管理。建立健全日常、定期、专项隐患排查治理工作机制，持续开展隐患排查治理，明确隐患排查的时限、范围、内容、频次和要求，分析存在的问题，安排并落实好所需费用，制订治理方案并予以实施。在事故隐患治理过程中，应采取相应的安全防范措施，防止事故发生。

（七）危化品及射线装置管理

（1）氨区泄漏报警装置已超过一年检定周期。

（2）未采用标准气体对氨气泄漏报警系统定期进行检查试验，无记录。

（3）氨罐降温喷淋报警温度规程要求（40℃）与实际设置（45℃）不一致，现场试验氨罐消防喷淋多个喷嘴堵塞。

（4）对液氨运输人员无安全交底记录。

（5）二期凝结水水汽处理酸碱计量间无通风装置，未配备酸碱中和急救药品。

（6）水化验室急救药箱内未配备常用的急救药品。

（7）水化验室药品柜内苦味酸和普通药品一起存放。

（8）未对从事X射线作业场所（铅房）定期进行检测、检验；X射线装置存放在生技部金属组内，未存放到专用仓库内，门口未设置明显的放射性标志；金属组存放的4台X射线装置已停用，未按规定办理停用手续。

针对问题（1）～问题（4），发电企业应定期组织开展氨区防雷接地、自动保护装置、压力容器和压力管道、氨气泄漏检测仪等有关设备以及安全附件的检测、试验工作，应每年在雷雨季前检测一次。运行值班人员应每月检查试验两次氨气监测报警系统是否正常。储罐应设有必要的安全自动装置，当储罐温度和压力超过设定值时启动降温喷淋系统；储罐压力和液位超过设定值时切断进料。消防喷淋应定期试验，发现喷嘴堵塞的，应及时处理。入厂前应检查承担运输液氨的运输单位必须具有危险化学品运输许可资质，运输液氨的槽车必须有押运员作业证、槽车使用证及准用证等资质证书。对液氨运输人员做好相关的安全交底。

针对问题（5）和问题（6），依据《防止电力生产事故的二十五项重点要求》（国能安全〔2014〕161 号），危险化学品专用仓库必须装设机械通风装置、冲洗水源及排水设施，并设专人管理，建立健全档案、台账，并有出入库登记；化学实验室必须装设通风和机械通风设备，应有自来水、消防器械、急救药箱、酸（碱）伤害急救中和用药、毛巾、肥皂等，防止发生中毒与窒息伤害事故。

针对问题（7），凡有毒性、易燃、致癌或有爆炸性的药品应储放在隔离的房间和保险柜内，或远离厂房的地方，并有专人负责保管。存放易爆物品、剧毒药品的保险柜应用两把锁，钥匙分别由两人保管。

针对问题（8），依据《放射性同位素与射线装置安全和防护管理办法》（中华人民共和国环境保护部令　第 18 号），使用放射性同位素与射线装置的单位，应按照国家环境监测规范，对相关场所进行辐射监测，并对监测数据的真实性、可靠性负责；不具备自行监测能力的，可以委托有资质许可的环境监测机构进行监测；生产、销售、使用、贮存放射性同位素与射线装置的场所，应按照国家有关规定设置明显的放射性标志，其入口处应按照国家有关安全和防护标准的要求，设置安全和防护设施以及必要的防护安全连锁、报警装置或者工作信号。

（八）职业健康管理

（1）岗位职业卫生操作规程仅有氨区的操作规程，缺少酸、碱等其他有职业危害岗位的操作规程。

（2）职业健康检查未涵盖全部接触职业危害作业的人员；职业健康监护档案不全。

（3）职业危害因素检测超过一年检测周期。

（4）补给水处理酸碱库内未设置通风装置。

（5）中水处理二氧化氯加药间排风扇失效，未安装泄漏报警装置。

（6）凝结水水汽处理酸碱库排风扇开关设置在酸碱罐下方，未设在安全区域。

针对问题（1）和问题（2），发电企业应依据《中华人民共和国职业病防治法》，完善岗位职业卫生操作规程，对从事接触职业病危害作业的劳动者，组织上岗前、在岗期间和离岗时的职业健康检查，并为劳动者建立职业健康监护档案，按照规定的期限妥善保存。

针对问题（3），依据《用人单位职业病危害因素定期检测管理规范》（安监总厅安健〔2015〕16 号），建立职业病危害因素定期检测制度，每年至少委托具备资质的职业卫生技术服务机构对其存在职业病危害因素的工作场所进行一次全面检测。

针对其他问题，发电企业按照相关规程，加强职业卫生安全设施检查与维护保养。一般地，有毒、有害气体的场所应设置通风措施，且通风系统的操作系统应处于安全区域，并定期检查维护，确保设施完好。

（九）消防安全管理

（1）消防安全管理责任制未明确专职消防队的职责。

（2）治安消防安全检查发现的问题无整改计划和整改措施。

（3）消防档案未及时更新，储罐概况、自动喷水灭火系统、火灾报警系统等内容与实际不符。

（4）防火重点部位清单中缺少蓄电池室、通信机房、柴油机室、氧气乙炔库等。

（5）6 号机蓄电池室、三期柴油机室、四期中水处理二氧化氯加药间等处的排风扇为非防爆型。

（6）三期、四期柴油机室未配备消防沙和泡沫灭火器或其他消防设施。

（7）一、二期锅炉本体燃烧器未设置消防喷淋。

（8）蓄电池室未配备二氧化碳灭火器。

（9）三期高消泵定期试验记录中未记录电流、压力等参数。

（10）火灾报警系统维护保养报告无签章。

（11）一、二、三期油泵房未布置感温火灾探测器，7 号、8 号柴油机室未布置感温火灾探测器，三期柴油机室未布置感烟和感温火灾探测器，一、二期锅炉本体燃烧器未布置感温火灾探测器。

针对以上问题，发电企业应组织修订完善企业消防安全管理责任制、消防档案等文件，按要求定期开展防火检查，及时消除火灾隐患，做好闭环整改。切实加强消防安全日常管理，该配置消防设施的应足额配备，并保证消防设施完好、可用。特别地，依据《电力设备典型消防规程》（DL 5027—2015），完善防火重点部位清单，蓄电池室、柴油发电机室等重点防火部位的电气设备必须是防爆型的，配备完善的消防设施，定期对各类消防设施进行检查与保养，禁止使用过期和性能不达标的消防器材。

（十）安全教育与培训

抽查企业新任命的厂级领导上岗前的安全和职业健康知识培训档案，安全教育培训缺少相关法律法规的内容。

针对以上这个问题，依据《生产经营单位安全培训规定》（国家安全生产监督管理总局令　第 80 号），发电企业主要负责人安全培训应包括下列内容：①国家安全生产方针、政策和有关安全生产的法律、法规、规章及标准；②安全生产管理基本知识、安全生产技术、安全生产专业知识；③重大危险源管理、重大事故防范、应急管理和救援组织以及事故调查处理的有关规定；④职业危害及其预防措施；⑤国内外先进的安全生产管理经验；⑥典型事故和应急救援案例分析；⑦其他需要培训的内容。据此，尽快组织对企业新任命的主要负责人开展相关培训，培训内容应符合要求，履行法定义务。

二、劳动安全与作业环境

（一）电气作业

（1）集控室电气安全用具“三证一书”不全，缺少产品许可证、产品鉴定合格证。

（2）一期集控室一只验电器编号与清册编号不一致；3 号炉脱硫改造施工现场一个磨光机、检修工具间的工器具无永久编号。

（3）3 号炉脱硫改造施工现场、柱塞泵房消防水管道检修现场的磨光机无随机同行的安全操作规程。

（4）3 号炉电除尘 B 侧检修电源箱、水源地升压泵房检修电源箱未安装剩余电流动作保护装置。

（5）电气检修队检修电源箱剩余电流动作保护装置未做特性试验。

（6）灰检队剩余电流动作保护装置特性试验记录与现场设备不符。

（7）现场部分检修电源箱无名称标志，部分外壳无接地线，部分接到电缆管上。

针对以上问题，发电企业应重视并不断改善电气作业安全生产工作。电气安全用具“三证一书”应齐全，电气安全用具编号与清册编号一致，工器具须有永久编号；手持、移动工器具要有随机同行的安全操作规程。检修电源箱应安装剩余电流动作保护装置，按规定对剩余电流动作保护装置做特性试验，并记录完整。现场检修电源箱、照明配电箱应有名称标志，外壳规范、可靠接地。

（二）高处作业

（1）3 号炉脱硫改造施工现场脚手架仅用单板铺设。

（2）供热首站脚手架无扫地杆，无供人上下的梯子。

（3）锅炉区域 3 号炉甲壁再入口输水管道脚手架、3 号炉电除尘 5m 平台脚手架无验收单。

（4）3 号机 0m、5 号炉 E 磨煤机处的移动平台轮子无锁紧装置。

针对以上问题，发电企业应严格高处作业及脚手架专项管理。脚手架禁止使用单板，配备供人员上下的梯子，地面处设置扫地杆。同时，认真执行脚手架验收制度，脚手架搭设完成，需经有关人员验收合格后，悬挂验收单，方可进行工作。此外，移动平台轮子锁紧装置应完好，梯子防滑装置齐全。

（三）起重作业

（1）6 号机循环泵房行车平台门未安装闭锁装置。

（2）5 号机循环泵房行车小钩卷扬机电动机对轮无防护罩。

（3）供热首站二层手拉葫芦无防脱钩装置。

（4）5 号机循环泵房地面堆放的钢丝绳、卡环未编号使用。

针对以上起重作业发现的问题，发电企业应强化起重设备安全装置的检查维护，确保起重作业过程安全防护到位。具体地，按规定和标准，配齐配全相关闭锁装置、防护罩、防脱钩装置等安全保护装置，加强日常检查、定期检验和检修维护，及时消除隐患，保证这些重要的安全装置可靠、有效。此外，卡环、钢丝绳作为起重设备的重要附件，需编号管理，符合使用要求。

（四）现场作业环境

（1）6 号炉磨煤机入口操作平台、8 号炉 A～F 磨煤机出入口操作平台等处的钢直梯踏棍间距超过 300mm。

（2）8 号炉磨煤机出入口操作平台等处的钢直梯护笼立杆少于 5 根。

（3）6 号炉炉顶步道距地面高度超过 20m，栏杆高度达不到 1200mm 的要求。

（4）1 号、2 号行车上部平台栏杆立柱间距超过 1000mm。

（5）供热首站盐罐加盐平台栏杆横杆间距超过 500mm。

（6）6 号机 A～C 循环泵出口蝶阀重锤下方无防护栏杆。

针对以上现场作业环境所反馈的问题，发电企业应进一步加强相关标准规范的学习，并按标准规范的要求落实安全防护措施，推进作业环境本质安全建设。坚持问题导向，从反违章工作的角度出发，针对现场存在的装置性违章，以避免违章、防止事故为目的，举一反三，及时排查并消除隐患，确保现场作业环境清洁卫生、安全可靠。

三、生产设备设施

（一）锅炉专业

（1）6 号炉炉膛燃烧器区域结焦严重。

（2）大面积更换换热管后未进行 7 号、8 号压力式除氧器超水压试验。

针对问题（1），发电企业应依据《防止电力生产事故的二十五项重点要求》（国能安全〔2014〕161 号），从锅炉炉膛的设计、选型到锅炉燃烧器的安装、检修和维护，以及氧量计、一氧化碳测量装置、风量测量装置和二次风门等锅炉燃烧监视调整重要设备的管理与维护，入炉煤的管理及煤质分析，优化运行等，多管齐下，加强锅炉设备安全运行维护，防止锅炉严重结焦。特别地，采用与锅炉相匹配的煤种，是防止炉膛结焦的重要措施，当煤种改变时，要进行变煤种燃烧调整试验。

针对问题（2），依据《电站锅炉压力容器检验规程》（DL 647—2004），在役压力容器在内外部检验合格后出现如下情况之一：①用焊接方法进行大面积修理；②停用两年以上重新使用；③移装；④无法进行内部检验，应进行超压水压试验。

超压水压试验压力值按下式确定，即

$$p_t = 1.25 p\sigma / \sigma_t$$

式中 p_t——超压试验压力，MPa；

p——设计压力，对于在用压力容器一般为最高工作压力，或容器铭牌上规定的最大允许工作压力；

σ——试验温度下材料的许用应力，MPa；

σ_t——设计温度下材料的许用应力，MPa。

特别注意的是，许用应力比（σ/σ_t）是容器的各部件中许用应力比最小的值。

（二）汽机专业

（1）7 号机主油箱油位低，存在安全隐患。

（2）转子技术档案不规范，内容不全面。

（3）2 号高压加热器、5 号低压加热器等压力容器超期未检。

针对问题（1），发电企业应严格润滑油管理，确保主油箱油位处于正常状态。

针对问题（2），依据《防止电力生产事故的二十五项重点要求》（国能安全〔2014〕161 号），建立转子技术档案，包括制造商提供的转子原始缺陷和材料特性等转子原始资料，历次转子检修检查资料，机组主要运行数据、运行累计时间、主要运行方式、冷热态启停次数、启停过程中的汽温汽压负荷变化率、超温超压运行累计时间、主要事故情况及原因和处理等。

压力容器定期检验，是指特种设备检验机构按照一定的时间周期，在压力容器停机时，根据相关规定对在用压力容器的安全状况进行符合性验证活动。按照检验方案制订、检验前的准备、检验实施、缺陷及问题的处理、检验结果汇总、出具检验报告的程序进行。针对问题（3），依据《固定式压力容器安全技术监察规程》（TSG 21—2016），金属压力容器一般于投用后 3 年内进行首次定期检验，以后的检验周期由检验机构根据压力容器的安全状况等级，按照以下要求确定：①安全状况等级为 1、2 级的，一般每 6 年检验一次；②安全状况等级为 3 级的，一般每 3～6 年检验一次；③安全状况等级为 4 级的，监控使用，其检验周期由检验机构确定，累计监控使用时间不得超过 3 年，在监控使用期间，使用单位应采取有效的监控措施；④安全状况等级为 5 级的，应对缺陷进行处理，否则不得继续使用。

（三）电气专业

（1）断路器电气预防性试验不规范，未进行断路器主触头导通接触电阻测试、合闸速度及分闸电压测试。

（2）7 号机 10kV 电缆夹层东墙侧有 50m×0.1m 左右的孔隙未封堵，南侧母线进入电缆夹层孔隙未封堵。

针对问题（1），发电企业应组织相关专业加强学习，特别是理解与掌握一些重要的试验规程，规范试验流程，应用试验方法，按标准完成试验项目。对预防性试验存在的问题，制订技术措施，完善测试项目，改进电气预防性试验记录模板，规范电气预防性试验工作。

针对问题（2），依据《防止电力生产事故的二十五项重点要求》（国能安全〔2014〕161 号），高压开关柜在安装后应对其一、二次电缆进线处采取有效封堵措施。因此，发电企业在采取安全防护措施前提下，尽快封堵电缆孔隙，并在电缆夹层进出的两侧设置足够的防火器材。

（四）环保专业

（1）现场检查发现，脱硫、脱硝改造时，未对尾部烟道负压承受能力重新进行核算。

（2）未对尾部烟道、风道、供氨管道等支吊架进行定期检验与调整。

（3）1 号、2 号炉 SCR 区域阻火器检修旁路未安装阻火器；现场发现，未装阻火器的机动车辆进入氨区。

针对问题（1），发电企业应要求施工方重新进行核算，必要时对强度不足部分进行重新加固。依据《防止电力生产事故的二十五项重点要求》（国能安全〔2014〕161 号），对于老机组进行脱硫、脱硝改造时，应高度重视改造方案的技术论证工作，要求改造方案应重新核算机组尾部烟道的负压承受能力，及时对强度不足部分进行重新加固。

针对问题（2），可结合锅炉四大管道支吊架检查，同步进行有关支吊架的检验与调整。依据《火力发电厂汽水管道与支吊架维修调整导则》（DL/T 616—2006），除主蒸汽管道、高低温再热蒸汽管道、高压给水管道等重要管道外的其他管道，根据日常目测和抽样检测的结果，确定是否对支吊架进行全面检查。当管道已经运行了 8 万 h 后，即使未发现明显问题，也应计划安排一次支吊架的全面检查。

针对问题（3），在氨/空气混合器前的气氨管道上设置阻火器，并设置阻火器检修旁路，阻火器为SS304不锈钢材质，以避免锈蚀带来的堵塞。依据《防止电力生产事故的二十五项重点要求》（国能安全〔2014〕161号），加强进入氨区车辆管理，严禁未装阻火器机动车辆进入火灾、爆炸危险区，运送物料的机动车辆必须正确行驶，不能发生任何故障和车祸。

第三章　燃机安全评价典型问题与对策

燃气－蒸汽联合循环发电技术对环境影响小，系统能源效率高，调峰灵活，特别适用于大中型经济发达城市用电。本章按照燃机的类型选取具有代表性的燃气－蒸汽联合循环发电机组6个案例。燃机类型包括重型燃机和应用于分布式能源站的航改型燃机，同时重型燃机主要来源于 GE 公司和三菱公司，包含了 GE 公司生产的 9E 型、6F 型、9F 型（A/B），三菱公司生产的 MF 型，较全面地体现了目前在役燃气－蒸汽联合循环发电机组所涉及的燃机类型。通过对所列 6 个案例开展安全评价，从安全管理、劳动安全与作业环境、生产设备设施三大方面入手，阐述安全评价发现的典型问题，并依据或参照相关法律法规标准规范，提出安全对策措施建议。

第一节　9E 型燃气–蒸汽联合循环机组案例

I 电厂是燃气–蒸汽联合循环发电厂，1987 年建成投产，后转制成为民营企业，几经变更。2010 年 6 月，成目前建制。一期两套燃气–蒸汽联合循环发电机组分别编号为：1 号燃机，2 号汽轮机，合称为 1/2 号机组；3 号燃机，4 号汽轮机，合称为 3/4 号机组。1/2 号机组、3/4 号机组于 2013 年 3 月先后顺利完成 72h+24h 试运，移交生产。燃气轮机是 GE 公司生产的 PG9171E 型燃气轮机，额定出力 123.4MW；蒸汽轮机额定功率 60MW。目前职工总人数 167 人，其中管理人员 72 人，运行人员 65 人，检修维护人员 30 人。

一、安全管理

（一）安全目标管理

（1）企业安全目标及保证措施未履行编、审、批手续。

（2）年度安全工作计划缺少工器具和安全用具管理等内容。

（3）生技部、设备部的安全目标和保证措施均为企业级的内容。

（4）生技部、设备部与班组签订的安全目标责任书中安全目标不符合四级控制的要求。

针对以上问题，发电企业应加强安全目标管理，做好安全工作计划和安全保证措施等支撑工作，实施四级控制，达成安全生产目标。具体地，科学合理制定企业的四级控制安全目标，即：①企业控制轻伤和内部统计事故，不发生重伤和一般设备、供热、火灾、水灾等四类事故；②部门（车间）控制未遂和障碍，不发生轻伤和内部统计事故；③班组控制违章和异常，不发生未遂和障碍；④个人不发生违章。另外，围绕安全目标，制订保障措施，编制切实可行的年度安全工作计划，明确具体项目和负责人、计划完成时间等，经审批后执行。通过个人、班组、部门（车间）、企业层层防控，落实保证措施，完成工作计划，一级保一级，最终实现企业的安全生产目标。

（二）安全生产责任制

（1）人力资源部职责不全，项目发展部只有部门主任的职责，财务部无财务员工岗位安全职责。

（2）安委会部分会议内容不属于安委会会议范畴，会议纪要未经企业第一责任者签发，且无第一责任者主持会议和讲话的内容。

（3）月度安全分析会参加人员不足。

（4）生技部、设备部月度安全分析会签到表长期复制使用，非每月都由本人签名。

针对以上问题，发电企业应切实加强主体责任落实，充分发挥安全生产责任制这一最基本、最核心的安全生产管理制度的安全保障作用。具体地，企业内部各部门、各岗位都应有明确的安全职责，实行安全生产逐级负责制。企业建立安全生产委员会（“安委会”），负责统一领导安全生产工作，研究决策安全生产的重大问题。安委会主任应由企业安全生产第一责任人担任，安委会应建立工作（含例会）制度。同时，每年应至少召开一次安委会会议，落实国家和上级有关安全生产的政策方针和精神要求，分析安全生产现状，研究部署安全生产工作。必要时可随时召开。此外，每月应召开安全生产分析会，综合分析安全生产形势，及时总结事故教训及安全生产管理上存在的薄弱环节，研究采取预防事故的对策。

（三）工作票和操作票（“两票”）

（1）同一工作负责人同时持两张工作票，且工作票没有对应的危险点分析。

（2）多份工作票危险点分析为“无票作业、其他伤害”，危险点分析流于形式。

（3）抽查现场某工作，实际工作增加三人，未在工作票上签名确认。

（4）操作票操作内容不同，但危险点、安全措施和注意事项完全一致。

针对以上“两票”所反映出来的问题，发电企业应强化“两票”制度落实和检查。特别是实施具体检修任务前，应认真扎实地分析、辨识工作任务全过程可能存在的危险点，实事求是，列出风险点，并制订风险控制措施，填入工作票。“两票”执行过程中，需要变更工作班成员时，须经工作负责人同意；同时，新加入人员必须进行工作任务和安全措施的学习培训，并签名确认。

（四）反事故措施和安全技术劳动保护措施（“两措”）

（1）安监、计划、工会等部门未参与制订反事故措施（“反措”）计划。

（2）反事故措施计划内容不符合要求，将“电瓶车、升降车的维护检查”“正确穿戴劳动防护用品”作为反事故措施项目。

（3）企业反事故措施计划未按季、按月进行分解，无完成情况记录。

针对以上问题，发电企业应切实加强“两措”计划的编制和分解工作。

对于“反措”计划编制，着重流程和内容，年度反事故措施计划由企业分管生产的领导组织，以生产技术部门为主，安监、工程（基建）、计划、工会等有关部门参加制订；具体内容应从改善设备、系统可靠性、消除重大设备缺陷、防止设备事故、环境事故等方面编制，项目内容具体、可行，需要资金投入且当年能完成。

对于“反措”计划分解，按季度、按月度进行分解，同时，安全监督管理部门监督反事故措施计划和安全技术劳动保护措施计划实施，督促各部门（车间）定期对完成情况进行书面总结，对存在的问题要及时向企业主管领导汇报，跟踪检查整改情况，完成一项验收一项，并进行效果评价。

（五）班组安全管理

（1）机务班安全日活动未记录活动时间，领导参加活动无讲话记录，也未进行评价。

（2）运行四值安全日活动无部门领导参加活动记录，无签到记录。

针对以上问题，发电企业应强化班组安全管理，解决安全生产管理的瓶颈问题。班组安全管理应充分利用“安全日活动”这个有效载体，各班（组）每周或每个轮值进行一次安全日活动，部门或车间领导应参加并检查活动情况，对活动情况进行书面点评。

同时，建议企业领导分头定期参加班组安全活动，至少每月一次，大力推动本质安全班组建设。

（六）外包工程管理

（1）外包工程及临时用工的主体管理部门不明确；企业主要职能部门未明确其有关职责。

（2）某承包单位安全生产许可证过期。

（3）某外包工程安全技术交底有代签名现象。

针对以上外包工程管理存在的问题，发电企业作为发包方，应加强外包管理。①重视建章立制，梳理外包管理制度，明确责任部门及职责。②强化过程监督与管控，对承包方的资质进行严格审查，确定其符合安全生产条件；开工前对承包方负责人、安全监督人员和工程技术人员进行相应工种和作业的安全培训，进行全面的安全技术交底，并应有完整的记录或资料。

（七）消防安全管理

（1）企业防火委员会组织机构文件中未包含防火办公室；义务消防队员名单不完善，生技部、运行部、保安未写明具体人员。

（2）消防责任制未结合企业实际制定，缺少生技部、设备部、运行部等部门的职责。

（3）未对水泵接合器、水喷淋系统进行试验。

（4）电动消防泵未投自动运行。

（5）集控室火灾报警系统显示 9 个故障点，集控室 2 个烟感探测器失效。

（6）变压器水喷淋系统处于手动控制状态。

针对问题（1）和问题（2），发电企业应依据《电力设备典型消防规程》（DL 5027—2015），建立健全防止火灾事故组织机构，健全消防工作制度，落实各级防火责任制，明确各部门消防安全责任，建立火灾隐患排查治理常态机制。

针对其余问题，依据《防止电力生产事故的二十五项重点要求》（国能安全〔2014〕161 号），加强防火组织与消防设施管理。消防水系统应定期检查、维护。正常工作状态下，不应将自动喷水灭火系统、防烟排烟系统和联动控制的防火卷帘分隔设施设置在手动控制状态。同时，依据《电力设备典型消防规程》（DL 5027—2015），配备完善的消防设施，定期对各类消防设施进行检查与保养，禁止使用过期和性能不达标的消防器材。

二、劳动安全与作业环境

（一）电气作业

（1）检修工具间存放的 1 台角磨砂轮机防护罩脱落。

（2）检修库房室内检修电源箱箱体未接地，6kV Ⅲ段开关室检修电源箱箱体未接地。

（3）化学水处理 0m（A 箱）、主厂房 0m（B 箱）、GIS 继电室、检修库房室内、化学卸酸碱区域、6kV Ⅲ段开关室检修电源箱箱门未上锁。

（4）检修电源箱剩余电流动作保护装置未进行手动按钮试验；卸酸碱区域检修电源

箱、检修工具间台钻室电源箱未进行动作特性试验。

针对问题（1）～问题（3），发电企业应组织加强电气工器具管理。电气工器具的防护装置，如防护罩、盖等，不得任意拆卸。现场检修电源箱、临时电源箱应上锁；电源箱箱体接地良好，接地、接零标志清晰。

针对问题（4），依据《剩余电流动作保护装置安装和运行》（GB/T 13955—2017），剩余电流动作保护装置（RCD）投入运行后，必须定期操作试验按钮，检查其动作特性是否正常。配置专用测试仪器，并定期进行动作特性试验。剩余电流动作保护装置（RCD）进行动作特性试验时，应使用经国家有关部门检测合格的专用测试设备，由专业人员进行，严禁利用相线直接对地短路或利用动物作为试验物的方法。

（二）安全带

（1）给水泵房现场存放的 1 条安全带未按规定进行静载试验。

（2）库房存放的 1 条安全带挂钩的钩舌咬口失效。

（3）检修工具间存放的 1 条安全带腰带损坏。

针对以上发现的安全带问题，发电企业应举一反三，着重检查劳动防护用品情况，专项整治，强化管理。安全带和专作固定安全带的绳索在使用前应进行外观检查，安全带挂钩的钩舌咬口平整不错位，保险装置完整可靠；腰带和保险带、绳应有足够的机械强度，材质应有耐磨性，并应定期（每隔 6 个月）按批次进行静载试验。

（三）起重设备

（1）综合水泵房 3t 电动葫芦与污泥脱水间二楼 3t 电动葫芦，人员离开未将电源断开。

（2）2 号炉给水泵房电动葫芦、综合水泵房电动葫芦、循环水泵房前池 2 台 5t 电动葫芦装设的起重量限制器不显示。

（3）汽机房 50t 行车吊钩，3 号机辅助间 1.5t 手动葫芦吊钩，检修工具间 1、1.5、5t 手动葫芦吊钩防脱装置损坏。

针对以上问题，发电企业应依据《起重机械安全技术监察规程—桥式起重机》（TSG Q0002—2008），强化起重设备的安全管理。起重机均须设置起重量限制器，当载荷超过规定的设定值时应能自动切断起升动力源。使用单位应对在用起重机进行定期的自行检查和日常维护保养，至少每月进行一次常规检查，每年进行一次全面检查，必要时进行试验验证，并且做出记录。根据设备工作的繁重程度和环境条件的恶劣程度，确定检查周期和增加检查内容。自行检查和日常维护保养发现异常情况，应及时进行处理。加强检查维护，确保起重设备吊钩防脱装置完好。同时，吊钩应设置防止吊重意外脱钩的闭锁装置，严禁使用铸造吊钩。

三、生产设备设施

（一）锅炉专业

（1）锅炉系统 2 号锅炉汽包、过热器和压力容器安全阀校验报告无安全阀回座压力记录。

（2）未对汽包、集中下降管、联箱、导汽管、排汽管等及其管座，各种疏放水管、空气管、取样管、压力表管、温度测点等及其管座进行检查和记录。

针对问题（1），发电企业按照《电力行业锅炉压力容器安全监督规程》（DL/T 612—2017），加强锅炉压力容器及其安全附件的安全管理。锅炉安全阀应使用安全阀在线定压仪进行校验调整。校验调整可以在机组启动或带负荷运行的过程中进行，宜在75%～80%额定压力下。使用安全阀在线定压仪应采取必要的技术措施，当安全阀校验的整定压力误差在相关允许偏差范围内（如锅炉本体整定压力大于7MPa时，整定压力偏差允许值为±1%），可以不做升压实跳试验。一般地，安全阀校验后其起座压力、回座压力、阀瓣开启高度应符合规定，并在锅炉技术登录簿或压力容器技术档案中记录。

针对问题（2），依据《火力发电厂金属技术监督规程》（DL/T 438—2016），凡金属监督范围内的锅炉、汽轮机承压管道和部件的焊接，应由具有相应资质的焊工担任。按照标准规范及相关技术协议，对汽包、集中下降管、联箱、主蒸汽管道、再热蒸汽管道、弯管、弯头、阀门、三通等大口径部件及其焊缝进行检查，及时发现和消除设备缺陷；对于易引起汽水两相流的疏水、空气等管道，应重点检查其与母管相连的角焊缝、母管开孔的内孔周围、弯头等部位的裂纹和冲刷。

（二）燃机专业

（1）3号燃机油箱无低油位跳机保护。

（2）3号燃机未在不同转子上安装转速监测装置。

针对以上问题，发电企业依据《防止电力生产事故的二十五项重点要求》（国能安全〔2014〕161号），做好防止燃气轮机轴瓦损坏事故的各项措施，采取措施设置主油箱油位低跳机保护，并采取三取二的方式；机组运行中发生油系统泄漏时，应申请停机处理，避免处理不当造成大量跑油，导致烧瓦。燃气轮机组轴系安装两套转速监测装置，并分别装设在不同的转子上，防止发生燃气轮机超速事故。

（三）汽机专业

（1）除氧器安全阀未进行每季一次排汽试验。

（2）2号、4号机除氧器未取得使用登记证。

（3）除氧器未按规定进行年度检查。

（4）两台机除氧器A侧安全阀整定值有误。应整定为0.55MPa，实际整定为0.65MPa，存在除氧器超压隐患。

针对问题（1）和问题（2），发电企业应对安全阀每季试排汽一次，并做好记录，保障除氧器安全阀安全可靠。压力容器投入使用必须按照相关规定办理注册登记手续，申领使用证。不按规定检验、申报注册的压力容器，严禁投入使用。

针对问题（3）和问题（4），依据《固定式压力容器安全技术监察规程》（TSG 21—2016），发电企业对所使用的压力容器每年至少进行一次年度检查；年度检查项目，至少包括压力容器安全管理情况、压力容器本体及其运行状况和压力容器安全附件检查等。此外，安全阀一般每年至少校验一次。校验及调整装置用压力表的精度不得低于1级。采取有效的安全防护措施后，对两台机除氧器A侧安全阀按定值重新整定。

（四）电气专业

（1）调压站至燃气模块架空输送管道，与输电铁塔相邻距离小于 0.5m，铁塔高度约为 25m（相当于独立避雷针）。

（2）架空燃气管道全线未设置防直雷击的接闪器，存在发生直雷击安全隐患。

（3）架空燃气管道管架接地点间距离 50m 左右。

针对问题（1），发电企业依据《建筑物防雷设计规范》（GB 50057—2010），做好建筑物防雷安全整治工作。独立接闪杆和架空接闪线或网的支柱及其接地装置，与被保护建筑物及与其有联系的管道、电缆等金属物之间的间隔距离，如图 3－1 所示，按以下计算方法进行计算，且不得小于 3m。

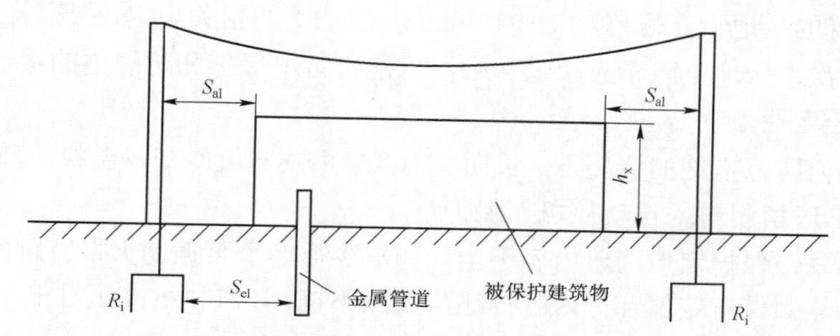

图 3－1 独立接闪杆和架空接闪线或网的支柱及其接地装置与被保护建筑物及与其有联系的管道、电缆等金属物之间的间隔距离

1）对于地上部分：

当 $h_x < 5R_i$ 时，$S_{al} \geqslant 0.4(R_i + 0.1h_x)$

当 $h_x \geqslant 5R_i$ 时，$S_{al} \geqslant 0.1(R_i + h_x)$

式中 S_{al}——空气中的间隔距离，m；

R_i——独立接闪杆、架空接闪线或网支柱接地装置的冲击接地电阻，Ω；

h_x——被保护建筑物或计算点的高度，m。

2）对于地下部分：

$$S_{el} \geqslant 0.4R_i$$

式中 S_{el}——地中的间隔距离，m。

针对问题（2），直击雷是闪击直接击于建（构）筑物、其他物体、大地或外部防雷装置上，产生电效应、热效应和机械力者。依据《建筑物防雷设计规范》（GB 50057—2010），以下防雷建筑物应设防直击雷的外部防雷装置，并采取防闪电电涌侵入的措施，包括：①第一类防雷建筑物；②还未采取防闪电感应措施的第二类防雷建筑物；③制造、使用或贮存火炸药及其制品的危险建筑物，且电火花不易引起爆炸或不致造成巨大破坏和人身伤亡者；④具有 1 区或 21 区爆炸危险场所的建筑物，且电火花不易引起爆炸或不致造成巨大破坏和人身伤亡者；⑤具有 2 区或 22 区爆炸危险场所的建筑物。此外，依据《交流电气装置的过电压保护和绝缘配合设计规范》（GB/T 50064—2014），下列设施应设直击雷保护装置：①屋外配电装置，包括组合导线和母线廊道；②火力发电厂的烟囱、冷却塔和输煤系统的高建筑物（地面转运站、输煤栈桥和输煤筒仓）；③油处理室、燃油泵房、露天油罐及其架空管道、装卸油台、易燃材料仓库；④乙炔发生站、制氢站、露天氢气罐、氢气罐储存室、天然气调压站、天然气架空管道及其露天贮罐；⑤多雷区的牵引站。因此，发电企业天然气架空管道设施应设防直击雷保护装置。

针对问题（3），依据《交流电气装置的过电压保护和绝缘配合设计规范》（GB/T 50064—2014），发电厂和变电站有爆炸危险且爆炸后可能波及发电厂和变电站内主设备或严重影响发供电的建（构）筑物（如制氢站、露天氢气储罐、氢气罐储存室、易燃油泵房、露天易燃油储罐、厂区内的架空易燃油管道、装卸油台和天然气管道及露天天然气储罐等），架空管道每隔20～25m应接地一次，接地电阻不应超过30Ω。另外，根据《交流电气装置的接地设计规范》（GB/T 50065—2011）的相关规定，架空管道每隔20～25m应接地一次，接地电阻不应超过30Ω，以落实雷电保护和防静电的接地措施。

（五）热控专业

（1）无任何防范措施的情况下，长期取消“燃机发电机冷却风温机侧和励侧的温度偏差大于15°F时机组进入自动停机”保护。

（2）热工联锁保护定值清册内容不全，如缺少循环水泵振动大报警跳闸定值。

（3）热工联锁保护定值部分内容描述与实际不符，如汽轮机高压缸上下缸金属温度差高Ⅱ值“停机”，实际为“报警”。

（4）部分热工定值不是提供一个数值，而是一个数值范围，如EH油压低于（11.2±0.2）MPa。

（5）保护定值清册没有组织专业会审。

针对问题（1），发电企业应依据《防止电力生产事故的二十五项重点要求》（国能安全〔2014〕161号），若发生热工保护装置（系统，包括一次检测设备）故障，开具工作票，经批准后方可处理。锅炉炉膛压力、全炉膛灭火、汽包水位（直流炉断水）和汽轮机超速、轴向位移、机组振动、低油压等重要保护装置在机组运行中严禁退出，当其发生故障被迫退出运行时，应制订可靠的安全措施，并在8h内恢复；其他保护装置被迫退出运行时，应在24h内恢复。

针对其他问题，全面梳理修编热工报警、联锁与保护定值清册，运行及机务主设备专业负责提供定值及定值来源，热控专业负责汇总，生技部负责召集热控、机务、电气、运行等有关专业技术人员进行专业会审，经审批后下发执行。

（六）化学专业

（1）有毒、致癌、有挥发性等物品未在专用仓库内储存，也未装在保险柜内，而是存放在化验室药品库内，且未实行双账管理的保管制度。

（2）化学除盐水处理间的酸碱存储库、酸碱计量间，锅炉加药间等处未配毛巾、药棉及急救时中和用的溶液。

针对以上问题，发电企业应按照《防止电力生产事故的二十五项重点要求》（国能安全〔2014〕161号）的有关规定，加强危险化学品管理。危险化学品应在具有“危险化学品经营许可证”的商店购买，不得购买无厂家标志、无生产日期、无安全说明书和安全标签的“三无”危险化学品。有毒、致癌、有挥发性等物品必须储藏在隔离房间和保险柜内，保险柜应装设双锁，并双人、双账管理，装设电子监控设备，并挂“当心中毒”警示牌。化学实验室必须装设通风和机械通风设备，应有自来水、消防器械、急救药箱、酸（碱）伤害急救中和用药、毛巾、肥皂等。

（七）供热专业

南线热网通过人员密集区域的管道保温锈蚀严重。

针对以上这个问题，发电企业依据《城镇供热管网工程施工及验收规范》（CJJ 28—2014）的有关要求，加强保温材料进场前的检查、施工过程中的妥善保管、按设计工艺施工及日常保养维护，确保保温材料的品种、规格、性能等符合设计和环保的要求。同时，保温产品应具有质量合格证明文件。一般地，供热管道及其附件均应有完好的保温结构，保温外壳完整、无缺损。

第二节　6F 型燃气 – 蒸汽联合循环机组案例

J 厂装机容量为 2×185MW，其中燃气轮机 2 台、汽轮机 2 台、发电机 4 台、余热锅炉 2 台，两台燃气轮机是由 GE 公司生产的 PG6111F 型燃气轮机。第一台套（1×185MW）燃气 – 蒸汽联合循环机组于 2006 年 8 月正式开工，2010 年 4 月完成 72h+24h 满负荷运行。第二台套（1×185MW）燃气 – 蒸汽联合循环机组于 2012 年 12 月正式开工，2015 年 4 月完成 72h+24h 满负荷运行。公司在职员工 157 人。设置了总经理工作部、计划物资部、市场营销部、人力资源部、财务资产部、生产技术部、安全监察部、纪检审计部、政治工作部、运行部、维护部等部门。

一、安全管理

（一）安全目标管理

维护部和电控班制订下发的年度安全工作计划，无保证措施，无针对性，可操作性不强。

针对以上问题，各部门、班组应根据企业下发的安全目标、保证措施和工作计划，结合本部门、班组实际，制订年度安全目标、保证措施和安全工作计划，并认真履行编、审、批手续。安全工作计划的制订应结合安全目标和保证措施，做到有针对性，其中每项工作应落实责任人，明确完成时间，做到切实可行。

（二）安全生产管理制度

（1）现行有效安全规程制度清单缺少建设项目安全设施“三同时”管理标准、特殊危险作业安全管理标准。

（2）动火作业安全管理标准关于二级动火区域的规定不全。

（3）一级动火测定现场可燃性气体、易燃液体可燃蒸气含量的时间间隔过长。

针对以上安全生产管理制度所暴露出来的问题，发电企业应严格执行国家颁发的有关安全生产法律法规、标准、规定、规程、制度、措施等，并保证制度的一致性和合规性。同时，及时根据上级下发的各项管理标准和文件精神，结合企业实际，制定修订适合、有效的安全生产管理标准或补充规定，且不得与上级规定相抵触，不得低于上级规定要求。

（三）不安全事件管理

（1）3 号发电机定子接地故障不安全事件，未落实相关防范措施，未对相关人员开展反事故措施培训。

（2）A 增压机油压低跳闸不安全事件，未对相关责任人进行处理。

针对以上问题，发电企业应制定、完善不安全事件（含障碍、异常、未遂等）管理制度，做好不安全事件管理。不安全事件事故调查处理落实“依法依规、实事求是、科学严谨、注重实效”原则，做到“四不放过”，在原因分析的基础上，对相关责任人进行处理，同时按照“谁检查、谁签字、谁负责”的要求，对整改措施的落实情况进行逐条检查，对事故防范措施的落实情况进行核实和验收，确保每项防范措施落到实处，对该受教育人的接受教育情况和重新考试上岗情况进行确认，防止类似事故再次发生。

（四）工作票和操作票（“两票”）

（1）未对公布的工作票签发人、工作负责人、工作许可人和单独巡视高压设备人员进行专门的考试。

（2）未对动火资格人进行专门的考试。

（3）现场抽检某工作负责人未携带工作票，工作班成员 2 人，实际现场工作成员有 3 人。

（4）抽检某一级动火工作票，缺少开工前检测天然气浓度和过程检测天然气浓度记录。

（5）允许开工动火的天然气浓度要求不统一，分别是 15%、5%、20%。

（6）抽检部分工作票，危险点分析和预控措施无针对性，如危险点为“机械伤害、物体打击”等；危险点分析未针对某工作项目易燃易爆、有限空间等情况展开。

针对以上问题，发电企业应加强有关“两票”安全生产管理制度、标准、规范的培训学习和考试，进一步提高员工（包括外包工程、长协队伍人员）对“两票”工作重要性的认识，并通过考试考核，促使有关人员熟练掌握“两票”制度的有关内容，并严格执行。同时，加强“两票”执行过程的监督检查，督促工作人员严格执行相关标准和“两票”管理规定，规范“两票”管理，杜绝无票作业。

（五）季节性安全检查

（1）部门（车间）未对班组的春、秋季安全生产大检查（“春秋检”）活动开展复查和验收。

（2）年度秋季安全生产大检查（“秋检”）整改计划未完成的项目未及时办理延期手续，完成闭环的项目缺少支撑材料，个别显示“完成”的项目实际未完成。

针对以上问题，发电企业各部门应及时对所辖班组春秋检工作开展情况进行复查和验收。此外，通过季节性安全检查发现的问题，认真分析原因，制订整改计划，对已落实整改措施的项目实行验收和闭环管理，对因客观原因不能按时完成整改的需办理延期手续，并经企业相关领导批准后实施。

（六）外包工程管理

（1）某外包工程安全生产管理协议缺少签字页。

（2）缺少入场人员名单清册和特种作业人员名单清册。

（3）缺少对入场人员的安全技术交底记录。

（4）缺少对施工人员入场安全培训及考试记录。

（5）缺少承包期间人员变动情况记录。

（6）缺少法人代表对现场工程负责人的委托书。

针对以上外包工程管理发现的问题，发电企业应进一步加强相关方管理，将承包商纳入企业统一管理体系，建立健全长协队伍人员、特种作业人员名单清册和档案，加强特种作业人员持证上岗监督。承包单位新入场人员必须严格履行培训、考试、安全技术交底等程序。特别地，要充分发挥好“安全生产管理协议”这一法定举措，明确双方安全职责，强化自身管理，有效监督检查，切实保障安全生产。

（七）危化品管理

（1）存放硫酸、盐酸的储藏室内无照明和通风设施，其中7瓶硫酸无厂家标志、生产日期、安全标签等内容。

（2）化学水分析室未安装紧急洗眼装置，未配备防护眼镜、急救药箱和酸碱中和急救药品。

（3）1号炉炉内加药间未配备急救用的稀硼酸。

（4）化学水分析室无“注意通风”“当心中毒”“当心腐蚀”等警示标志。

（5）化学仓库中的冰乙酸、冰醋酸未建立出入库台账。

针对以上问题，发电企业应依据《防止电力生产事故的二十五项重点要求》（国能安全〔2014〕161号）有关规定，做好危险化学品安全管理。源头上，危险化学品应在具有“危险化学品经营许可证”的商店购买，不得购买无厂家标志、无生产日期、无安全说明书和安全标签的“三无”危险化学品。储存中，危险化学品专用仓库必须装设机械通风装置、冲洗水源及排水设施，有消防器械、急救药箱、酸（碱）伤害急救中和用药、毛巾、肥皂等，设置警示标志，并设专人管理。此外，对企业所有危险化学品应建立健全档案、台账，并有出入库登记。

（八）职业健康管理

（1）职业健康管理规定中缺少档案管理、职业危害申报、防护用品管理等方面的内容。

（2）企业与员工签订的“生产岗位职业危害告知书”中未明确职业危害的后果及待遇等内容，部分告知书员工未签字。

（3）未向当地主管部门进行职业危害申报。

针对问题（1），发电企业应依据《工作场所职业卫生监督管理规定》（国家安全生

产监督管理总局令　第47号），建立、健全各项职业卫生管理制度和操作规程，主要包括：①职业病危害防治责任制度；②职业病危害警示与告知制度；③职业病危害项目申报制度；④职业病防治宣传教育培训制度；⑤职业病防护设施维护检修制度；⑥职业病防护用品管理制度；⑦职业病危害监测及评价管理制度；⑧建设项目职业卫生“三同时”管理制度；⑨劳动者职业健康监护及其档案管理制度；⑩职业病危害事故处置与报告制度；⑪职业病危害应急救援与管理制度；⑫岗位职业卫生操作规程；⑬法律、法规、规章规定的其他职业病防治制度。

针对问题（2），依据《中华人民共和国职业病防治法》，在劳动合同（或聘用合同）中，将工作过程中可能产生的职业病危害及其后果、职业病防护措施和待遇等如实告知劳动者，如果因工作岗位或者工作内容变更，从事与所订立劳动合同中未告知的存在职业病危害的作业时，应及时告知从业人员，并协商变更原劳动合同相关条款。

针对问题（3），依据《用人单位职业病危害因素定期检测管理规范》（安监总厅安健〔2015〕16号），发电企业应要求职业卫生技术服务机构及时提供定期检测报告，定期检测报告经企业主要负责人审阅签字后归档。同时，在收到定期检测报告后一个月之内，应将定期检测结果向所在地安全生产监督管理部门报告。特别值得注意的是，发电企业应及时在工作场所公告栏向劳动者公布定期检测结果和相应的防护措施。

（九）消防安全管理

（1）防火责任制中未明确防火委员会、各部门、消防专责等的职责。

（2）物资库房后围墙处存放的氧气瓶、乙炔瓶，无遮挡阳光和防倒措施，无防护帽，防震胶圈不全，空瓶满瓶未进行区分，附近无“禁止烟火”安全标志，未配备灭火器材。

（3）消防设施台账中缺少喷淋系统和气体灭火系统的配置情况。

（4）二期增压机室厂房最高处未安装可燃气体探测仪。

针对问题（1）～问题（3），发电企业应依据《电力设备典型消防规程》（DL 5027—2015），修订完善防火责任制，明确各级职责，健全消防档案，对现场消防设施记录在册，开展每日防火巡查工作，加强月度防火检查，完善检查内容，并做好相关记录。通过检查，及时消除现场消防安全隐患。此外，定期对各类消防设施进行检查与保养，完善消防泵定期试验记录，禁止使用过期和性能不达标的消防器材。

针对问题（4），依据《石油化工可燃气体和有毒气体检测报警设计标准》（GB/T 50493—2019），可燃气体和有毒气体探测器的检测点，根据气体的理化性质、释放源的特性，生产场地布置、地理条件、环境气候、探测器的特点、检测报警可靠性要求、操作巡检路线等因素进行综合分析，选择可燃气体及有毒气体容易积聚、便于采样检测和仪表维护之处布置。检测可燃气体和有毒气体时，探测器探头应靠近释放源，且在气体、蒸气易于聚集的地点。比空气轻的可燃气体或有毒气体释放源处于封闭或局部通风不良的半敞开厂房内，除应在释放源上方设置检（探）测器外，还应在厂房内最高点气体易于积聚处设置可燃气体或有毒气体检（探）测器。

二、劳动安全与作业环境

（一）电气作业

（1）集控室电气安全用具“三证一书”不全，验电器、绝缘手套、绝缘靴缺少产品许可证、产品鉴定合格证，本体上无编号。

（2）1号炉汽包层、化学1号澄清池上部电缆盘单相设备未采用三芯电缆。

（3）集控室接地线编号与存放位置编号不一致，接地线号牌未固定，且与检验合格证上编号不符。

（4）化学水泵间检修电源箱无剩余电流动作保护装置。

（5）控制楼4m、4号机4m、汽轮机房8m等处的检修电源箱剩余电流动作保护装置无检验标志。

（6）4号机高温架间轴流风机就地电源箱、汽机房行车电源箱外壳无接地线。

针对以上问题，发电企业应加强电气安全工器具维护，保证“三证一书”齐全，工器具本体要有编号，电气单相设备采用三芯电缆。集控室接地线编号与存放位置编号一致，接地线号牌固定，且与检验合格证上编号相符。现场所有的检修电源箱需安装剩余电流动作保护装置，配备剩余电流动作保护装置测试仪，按规定对检修电源箱剩余电流动作保护装置做特性试验，并做好记录。此外，电源箱外壳须可靠接地。

（二）高处作业

（1）1号炉汽包层现场1条安全带无检验合格证。

（2）安全带在用品与报废品混放。

（3）1号发电机出口母线柜门处移动平台栏杆高度达不到1200mm的要求。

（4）现场1部人字梯缺少防滑装置。

针对以上问题，发电企业应加强高处作业安全防护及相关设施检验维护。具体地，安全带需定期检验，并张贴检验合格证，在用品与报废品分开存放。按照相关规定，生产现场高处移动平台设置不低于1200mm栏杆，梯脚防滑装置齐全、可靠。

（三）起重作业

（1）1号燃机行车大车一侧限位装置失灵，止挡器未安装止挡块；小车一侧限位尺碰不到限位开关，一侧止挡块撞碎，另一侧止挡块撞掉。

（2）3号燃机行车司机室空调不能启动，照明不亮，警铃声音小。

（3）1号炉给水泵房电动葫芦、4号机开式泵电动葫芦无起重量限制器。

（4）1号、3号炉给水泵房电动葫芦，消防水泵房电动葫芦，4号机开式泵电动葫芦止挡器无缓冲装置；现场电动葫芦手操器未放在固定位置。

针对以上起重设备存在的问题，发电企业应依据《起重机械安全技术监察规程—桥式起重机》（TSG Q0002—2008）等相关标准，采取技术措施，保证限位装置、止挡器、止挡块、缓冲装置、起重量限制器等安全装置齐全、可靠、有效，确保起重司机室空调、照明、警铃等设备完好、可用。对于电动葫芦，其手操器应规范放置在固定位置。

（四）机械作业

（1）化学 2 号澄清池搅拌机对轮无防护网。

（2）4 号机开式、闭式循环水泵对轮防护罩无旋转方向。

（3）热机班砂轮机无托架，附近未张贴安全操作规程。

针对以上问题，发电企业应按照相关标准，在化学 2 号澄清池搅拌机对轮处安装防护网，在 4 号机开式、闭式循环水泵对轮处安装符合要求的防护罩，并在对轮防护罩上标注旋转方向。砂轮机需安装托架，并在附近张贴安全操作规程。

（五）作业环境

（1）4 号机高压主蒸汽跨管路楼梯无扶手。

（2）1 号燃机行车楼梯扶手立杆间距超过 1000mm。

（3）2 号机 4m 低压辅汽供热电动门操作平台无栏杆。

（4）4 号机轴封风机平台栏杆横杆间距超过 500mm。

针对以上作业环境所发现的问题，发电企业应更加重视作业环境的安全管理，以建设本质安全的作业环境为目标，学习掌握相关标准规范，并应用到企业的安全建设中。同时，结合日常安全检查，对诸如此类的作业环境装置性违章，制订整改计划，落实整改措施，及时消除隐患，加强安全防护。

三、生产设备设施

（一）锅炉专业

（1）锅炉防磨防爆检查工作未做到逢停必查。

（2）锅炉系统 1 号、3 号锅炉汽包及过热器和压力容器安全阀报告未归档。

针对问题（1），发电企业应依据《防止火电厂锅炉四管爆漏技术导则》（能源电〔1992〕1069 号），根据实际情况制订防磨防爆措施，认真组织检查锅炉四管（水冷壁、过热器、再热器、省煤器）并做好记录，检查的重点部位包括：①锅炉受热面经常受机械和飞灰磨损部位；②易因膨胀不畅而拉裂的部位；③受水力或蒸汽吹灰器的水汽流冲击的管子及水冷壁或包墙管上开孔装吹灰器部位的邻近管子；④屏式过热器、高温过热器和高温再热器等有经常超温记录的管子。

针对问题（2），发电企业依据《电力行业锅炉压力容器安全监督规程》（DL/T 612—2017），逐台建立锅炉、压力容器安全技术档案，内容包括受压部件元件有关安装、运行、检修、改造、检验及事故等重大事项，并实行动态管理。

（二）燃机专业

（1）1 号、3 号燃气轮机及其辅助系统的设备，调压站、增压站及前置模块等天然气管道的部分法兰未安装跨接线。

（2）1 号前置模块区域未设置凝液收集装置。

（3）燃机天然气调压站、增压站及前置模块区域，护栏入口处未设置相关警示标识。

针对问题（1），发电企业应按照《防止电力生产事故的二十五项重点要求》（国能安全〔2014〕161 号），采取各项防止天然气系统着火爆炸事故的安全措施。天然气区域应有防止静电荷产生和集聚的措施，并设有可靠的防静电接地装置。连接管道的法兰连接处，设金属跨接线（绝缘管道除外），当法兰用 5 副以上的螺栓连接时，法兰可不用金属线跨接，但必须构成电气通路。

针对问题（2），按相关标准，采取安全技术措施，设置凝液收集装置。具体来讲，天然气凝液是从天然气中回收的且未经稳定处理的液体烃类混合物的总称，一般包括乙烷、液化石油气和稳定轻烃成分，依据《天然气凝液回收设计规范》（SY/T 0077—2019），凝液回收装置的操作范围除设计任务书另有规定外，一般取设计处理量的 80%～120%。若原料气的组成波动较大，应对关键参数进行核算。根据具体情况经济合理地确定装置的收率。回收乙烷及更重烃类的装置，乙烷的收率宜为 50%～85%。回收丙烷及更重烃类的装置，其丙烷收率宜为 50%～90%。压缩机的各级出口气体中若含有润滑油，宜在冷却器前设置润滑油分离器。各级分离器都应有自动排液措施，凝液应回收，不得就地排放。凝液的处理方法可以是降压加热闪蒸法、逐级返回闪蒸法、提馏法或打入脱丁烷塔等，应通过技术经济比较后选用。一般地，这几种主要方法的原理和使用场合如下：①降压加热闪蒸法适用于凝液中乙烷及更轻的组分较少的场合，回收丙烷及更重烃类的组分，减压后分别进入一个三相分离器，被加热到适当温度后分出凝结水，气体返回压缩机进气分离器，烃类凝液送到脱丙烷塔（或脱丁烷塔）进行分离。混合凝液在分离器中的停留时间不宜小于 15min。②逐级返回闪蒸法是在原料气较贫、分离器分出的凝液较少时，后级分离器分出的凝液排入前级分离器，将凝液集中到压缩机入口分离器中。入口分离器应采用三相闪蒸分离器，烃类凝液送到脱丙烷塔（或脱丁烷塔）进一步处理。③提馏法对各级分离器分出的凝液，在分出水后送到提馏塔，脱除乙烷及更轻的组分。塔顶气体返回压缩机，塔底烃类凝液送到脱丙烷塔（或脱丁烷塔）进行分馏。如果乙烷含量较大，返回压缩机不经济时，可在提馏塔只脱除甲烷，塔底凝液经脱水后送到脱乙烷塔。

针对问题（3），划定燃气区域，在燃气区域设置栅栏或隔断，栅栏门关闭上锁，并设置“未经许可　不得入内”“禁止烟火”等明显的警告标志牌和相应的燃气消防安全管理制度，入口处同时装设静电释放器。

（三）汽机专业

（1）2 号汽轮机油系统部分水平管道阀门竖直安装。

（2）2 号、4 号汽轮发电机组转速测量装置均集中在汽轮机转子上。

针对问题（1），发电企业应依据《电力建设施工技术规范　第 3 部分：汽轮发电机组》（DL 5190.3—2012），油管道阀门应为钢质明杆阀门，不得采用反向阀门且开关方向有明确标识，阀门门杆应水平或向下布置。

针对问题（2），依据《防止电力生产事故的二十五项重点要求》（国能安全〔2014〕161 号），汽轮发电机组轴系应安装两套转速监测装置，并分别装设在不同的转子上，防止汽轮机超速事故。同时，各种超速保护均应正常投入运行，超速保护不能可靠动作时，禁止机组运行。

（四）电气专业

（1）一期、二期 6kV 开关柜“五防”功能不完备，接地开关机械闭锁为常规闭锁装置，在开关柜后门无明显分、合标志，如果接地开关机械闭锁装置失灵，有误入带电间隔的隐患。

（2）1 号～4 号主变压器中性点只有一根接地引下线。

（3）1 号～4 号发电机未安装绝缘局部过热检测装置。

针对问题（1），发电企业应加强电气“五防”安全管理。高压电气设备应具备防止误分、合断路器，防止带负荷分、合隔离开关，防止带电挂（合）接地线（接地开关），防止带地线送电，防止误入带电间隔等（“五防”）功能。依据《防止电力生产事故的二十五项重点要求》（国能安全〔2014〕161 号），加强防误闭锁装置的运行和维护管理，确保防误闭锁装置正常运行。闭锁装置的解锁钥匙必须按照有关规定严格管理。隔离开关与其所配装的接地开关间应配有可靠的机械闭锁，机械闭锁应有足够的强度。一般地，对选用常规闭锁技术无法满足防误要求的设备，宜加装带电显示装置达到防误要求，加装独立锁或在柜后门装有接地开关分、合的明显标志的可靠机械闭锁装置。同时，加强带电显示闭锁装置的运行维护，保证其与柜门间强制闭锁的运行可靠性。防误操作闭锁装置或带电显示装置失灵应作为严重缺陷尽快予以消除。

针对问题（2），依据《防止电力生产事故的二十五项重点要求》（国能安全〔2014〕161 号），变压器中性点应有两根与主接地网不同地点连接的接地引下线，且每根接地引下线均应符合热稳定的要求。

针对问题（3），为有效防止发电机局部过热，发电企业应尽快组织在 1 号～4 号发电机上安装绝缘局部过热检测装置。同时，依据《防止电力生产事故的二十五项重点要求》（国能安全〔2014〕161 号），发电机绝缘过热监测器发生报警时，运行人员应及时记录并上报发电机运行工况及电气和非电量运行参数，不得盲目将报警信号复位或随意降低监测仪检测灵敏度。经检查确认非监测仪器误报，应取样进行色谱分析，必要时停机进行消缺处理。

（五）热控专业

（1）第一套机组只有一路直流电源接入热控系统，造成 ETS、DEH 等热控直流用户单电源运行。

（2）第一套、第二套机组辅助车间热控电源均只有一路交流电源接入热控系统，造成循环水泵 DCS 远程站及锅炉补给水 DCS 远程站等热控用户单电源运行。

（3）2 号、4 号机组“振动、温度”保护采用单点保护。

针对问题（1）与问题（2），发电企业应依据《火力发电厂热工电源及气源系统设计技术规程》（DL/T 5455—2012），重要负荷采用双路电源供电，备用电源宜采用自动投入方式。两路电源宜分别来自厂用电源系统的不同母线段。具体地，机组分散控制系统（DCS）、汽轮机数字电液控制系统（DEH），应各有两路电源，其中一路应引自交流不间断电源，另一路可引自交流保安电源或第二套交流不间断电源。当汽轮机数字电液控制系统（DEH）与机组分散控制系统（DCS）采用相同硬件时，也可统一设置电源系统。多台机组公用分散控制系统（DCS）应有两路电源，宜分别引自不同机组的交流不间断电源。当工作电源故障需及时切换至另一路电源时，宜设自动切换装置，切换时间满足用电设备安全运行的需要。

针对问题（3），依据《防止电力生产事故的二十五项重点要求》（国能安全〔2014〕161 号），所有重要的主、辅机保护都应采用“三取二”的逻辑判断方式，保护信号应遵循从取样点到输入模件全程相对独立的原则，确因系统原因测点数量不够，应有防保护误动措施。同时，主机及主要辅机保护逻辑设计合理，符合工艺及控制要求，逻辑执行时序、相关保护的配合时间配置合理，防止由于取样延迟等时间参数设置不当而导致的保护失灵。

（六）化学专业

（1）化学药品库未设置电子监控设备。

（2）化学药品库一人管理，未实现化学药品的双人收发保管制度。

（3）盐酸、硫酸等危险化学药品存放在楼梯下面的小贮藏间内，无通风、冲洗水源及排水设施，且未设置任何安全警示标志。

（4）水处理酸碱罐区围堰电缆井处未封堵。

（5）预处理凝聚剂加药泵处无围堰。

针对以上问题，发电企业应高度重视和加强化学专业安全管理。具体地，化学药品库应设置电子监控设备，实施双人收发保管制度；盐酸、硫酸等危险化学药品须设法移出楼梯下面的贮藏间，妥善存放，注意通风，并设置安全警示标识；水处理酸碱罐区围堰电缆井全部封堵；预处理凝聚剂加药泵处设置不低于 15cm 的围堰。

第三节 9FA 型燃气–蒸汽联合循环机组案例

K厂现有6套STAG 109FA型9F级燃气–蒸汽联合循环机组，总装机容量2415MW。1 号、2 号、3 号机单机功率 390MW，分别于 2005 年 8 月、11 月、12 月投产运行。7 号、8 号、9 号机单机功率为 415MW，分别于 2012 年 9 月、2013 年 8 月、2013 年 12 月投产运行。现有职工 755 人。设办公室（法律事务部）、政治工作部、财务资产部、人力资源部、计划营销部、监察审计部（纪委办）、工会办公室、安全保卫部、生产技术部、前期办公室、物资部、发电部、电热部、热机部、后勤综合部 15 个部门。

一、安全管理

（一）规程制度管理

（1）企业现行法律法规有效清单缺少地方相关法规。

（2）现行法律法规规章制度有效清单中有已过期失效的标准。

（3）安全教育培训制度未引用国家相关法律法规。

（4）安全教育培训制度未明确教育培训归口管理部门。

针对以上规程制度方面存在的问题，发电企业应建立获取、识别、更新法律法规和其他要求的渠道，定期从国家执法部门和相关网站咨询或认证机构获取相关法律法规、标准和其他要求的最新版本，并定期评价对适用性的遵守情况，企业主要负责人负责组织对安全生产规章制度合规性进行评价和修订，各职能部门负责传达给员工并遵照执行，不断提高安全生产法治水平。对于企业安全教育培训制度，编制时应学习、研究国家层面及各级主管部门的相关要求，引用必要的法律法规，同时制度中应明确企业的归口管理部门，使制度管理责任到位，制度执行更具有可操作性。

（二）工作票和操作票（“两票”）

（1）抽检某二级动火工作票安全措施要求每 2h 测量可燃气体，工作 2 天未见测量记录。

（2）抽检 3 号机组电子室改造工作的工作票不在现场。

（3）抽检某些工作票存在工作负责人代签名现象。

（4）抽检某一级动火工作票消防负责人、安全监督负责人为同一人。

针对以上问题，发电企业应严格执行工作票和操作票制度，一方面要做好作业前危险点分析和安全技术交底，签名确认，杜绝代签名现象；另一方面要对“两票”执行过程进行监督检查，及时发现问题，及时整改，确保“两票”安全管理措施落实到位。此外，工作票应有工作负责人保存在工作现场，以便检查和管理。

（三）外包工程管理

（1）某安全生产管理协议未明确承包单位现场安全管理第一责任人。

（2）承包商项目负责人缺少企业法人委托证明资料。

（3）外包单位施工人员现场未佩戴标志。

针对以上问题，发电企业作为发包单位，应与承包方签订安全生产管理协议，具体规定发包方与承包方各自应承担的安全责任，明确项目现场安全管理第一责任人；特别地，外包单位施工人员现场要佩戴标志，有利于现场安全监督检查。此外，承包单位现场项目负责人作为承包单位代表，按照相关法定程序，应有企业法人代表的授权权限、期限等委托证明材料。

（四）班组安全管理

（1）电热部电气一次班班前会交清安全措施不全。

（2）电热部电气一次班安全日活动存在签名不及时、补学记录不全现象。

针对以上问题，发电企业应持续加强班组安全管理和安全型班组建设。一方面，班组班前会结合当班运行方式和工作任务，做好危险点分析，布置安全措施，制订应急处置措施，交代注意事项；另一方面，班组每周进行一次安全日活动，活动内容应联系实际，有针对性，可操作性强，并做好记录，最关键的是能通过安全日活动取得安全型班组建设的实质成效。

二、劳动安全与作业环境

（一）电气作业

（1）3 号机电子室内施工用的电源盘无剩余电流动作保护装置。

（2）综合楼检修电源箱无剩余电流动作保护装置，外壳未接地。

（3）化水楼等处配电箱内剩余电流动作保护装置无定期试验合格证。

（4）2 号炉检修电源箱接出的临时电源未架空，地面敷设电缆未采取防碾压措施。

（5）3 号余热锅炉北侧脚手架上搭接的临时电源未采取绝缘措施。

针对问题（1）～问题（3），发电企业应依据《剩余电流动作保护装置安装和运行》（GB/T 13955—2017），属于Ⅰ类的移动式电气设备及手持式电动工具、生产用的电气设备、临时用电的电气设备等必须安装剩余电流动作保护装置（RCD）。同时，加强剩余电流动作保护装置（RCD）的运行和管理，如定期检验、建立动作记录、检查动作特性等。

针对问题（4），依据《电业安全工作规程　第 1 部分：热力和机械》（GB 26164.1—2010），敷设临时低压电源线路，应使用绝缘导线。临时电源线一般应架空布置，室内架空高度应大于 2.5m，室外大于 4m，跨越道路时应大于 6m；若需放在地面上，应做好防止碾压的措施。

针对问题（5），生产现场临时电源一定要采取绝缘措施，保证人身安全。

（二）安全工器具

（1）安全工器具试验合格证缺少工器具名称、编号等内容。

（2）7 号机电子室内一绝缘梯无检验合格证。

针对以上问题，发电企业应持续加强安全工器具的管理，特别是定期检验试验工作。安全工器具试验合格后，应由试验人员出具试验报告，并粘贴“试验合格证”标签，注明工器具名称、编号、试验人、试验日期及下次试验日期。试验合格证粘贴部位应遵循醒目、不易脱落、不影响使用性能的原则，当出现脱落、损坏、字迹不清等情况时，应及时联系试验人员重新补发试验合格证。

（三）脚手架

（1）3 号中压主汽门处脚手架使用前未验收，抽检钢管厚度为 3mm。

（2）现场部分脚手架应设剪刀撑的，未设剪刀撑。

（3）一期循环水泵房 3 号 A、B 循环水泵检修用脚手架扫地杆离地超过 200mm。

（4）调压站区域脚手架同步内隔一根立杆的两个相隔接头在高度方向错开的距离远小于 500mm。

针对以上问题，发电企业应制订整改方案，做好脚手架安全专项治理工作。一般地，搭设的脚手架先经搭设部门（单位）自检合格，再由有关部门验收合格，并签发合格证后方可使用。每次工作前，应组织检查所用脚手架的状况，如有缺陷禁止使用。依据《建筑施工扣件式钢管脚手架安全技术规范》（JGJ 130—2011），脚手架钢管应采用 Q235 普通钢管，尺寸宜采用$\phi 48.3\times 3.6$ 钢管；同时，每根钢管的最大质量不应大于 25.8kg。高度在24m及以上的双排脚手架应在外侧立面连续设置剪刀撑；高度在24m以下的单、双排脚手架，均必须在外侧立面两端、转角及中间间隔不超过15m的立面上，各设置一道剪刀撑，并应由底至顶连续设置。纵向扫地杆应采用直角扣件固定在距钢管底端不大于200mm处的立杆上，横向扫地杆采用直角扣件固定在紧靠纵向扫地杆下方的立杆上。当立杆采用对接接长时，立杆的对接扣件应交错布置，两根相邻立杆的接头不应设置在同步内，同步内隔一根立杆的两个相隔接头在高度方向错开的距离不宜小于500mm，各接头中心至主节点的距离不宜大于步距的1/3；当立杆采用搭接接长时，搭接长度不应小于1m，并采用不少于2个旋转扣件固定，端部扣件盖板的边缘至杆端距离不应小于100mm。

（四）起重作业

（1）2号、3号机15t行车司机室登上桥架的舱口无闭锁装置。

（2）2号、3号机100t/20t行车司机室通往桥架门闭锁装置被解除。

（3）1号机屋顶风机电动葫芦无起重量限制器。

（4）一期GIS室内双轨吊、一期氢站电动葫芦额定起重量标志不清。

针对问题（1）和问题（2），发电企业应依据《起重机械安全规程　第1部分：总则》（GB 6067.1—2010），做好起重作业的安全防护工作。进入桥式起重机和门式起重机的门及从司机室登上桥架的舱口门，应能连锁保护。当门打开时，应断开由于机构动作可能会对人员造成危害的机构电源。司机室与进入通道有相对运动时，进入司机室的通道口应设连锁保护；当通道口的门打开时，应断开由于机构动作可能对人员造成危险的机构电源。

针对问题（3），依据《起重机械安全规程　第1部分：总则》（GB 6067.1—2010），设置防超载的起重量限制器。对于动力驱动的1t及以上无倾覆危险的起重机械应装设起重量限制器。对于有倾覆危险的且在一定的幅度变化范围内额定起重量不变化的起重机械也应装设起重量限制器。

针对问题（4），依据《电业安全工作规程　第1部分：热力和机械》（GB 26164.1—2010），起重机械和起重工具的工作负荷不准超过铭牌规定。没有制造厂铭牌的各种起重机具，应经查算，并做载荷试验后，方准使用。

（五）有限空间作业

3号炉高压汽包、低压汽包内打磨作业过程中，人员、工器具未进行出入登记，未按规定进行含氧量检测并记录。

针对以上问题，发电企业应对进入容器的人员和物品进行登记，并在进入前和作业过程严格进行含氧量检测。同时，在关闭容器、槽箱的人孔门以前，应清点人员和工具，确认人员已撤离、工器具和材料已撤出后，方可关闭。具体地，进入容器、槽箱内部进行检查、清洗和检修工作，必须经过企业运行值班负责人的许可并办理工作票手续。工作前，应加强通风，但严禁向内部输送氧气。进入前，应检测有无有毒有害气体，并测量容器内氧浓度、温度是否符合要求，氧气浓度应保持在19.5%～21%内，否则不得进入。施工过程中，按相关标准规定的时间间隔进行监测，一旦发现指标不合格，应立即撤出作业人员，再行通风和检测。

（六）作业环境

（1）启动锅炉房、燃机一期集控楼梯间、化学凝剂加药间、燃机二期循环水加药房等生产现场照明存在不同程度的缺陷。

（2）化水集控室未设置事故照明。

（3）一期供氢站内照明开关为非防爆型。

（4）7 号机凝汽器进水阀门坑平台直梯口无防护。

（5）燃机一期至二期补水泵处水池盖板打开后，设置的临时护栏立杆间距超过1000mm。

（6）1 号余热锅炉汽包层钢平台及办公楼外部的楼梯锈蚀严重。

发电企业应强化现场作业环境的安全管理。

针对问题（1）和问题（2），依据《电业安全工作规程 第 1 部分：热力和机械》（GB 26164.1—2010），工作场所必须设有符合规定照度的照明。主控制室、重要表计（如水位计等）、主要楼梯、通道等地点，还必须设有事故照明。工作地点还应配有应急照明。此外，高度低于 2.5m 的电缆夹层、隧道应采取安全电压供电。

针对问题（3），依据《爆炸危险环境电力装置设计规范》（GB 50058—2014），制（供）氢室和机组的供氢站采用防爆型电气装置。

针对问题（4）和问题（5），依据《固定式钢梯及平台安全要求 第 3 部分：工业防护栏杆及钢平台》（GB 4053.3—2009），当距基准面高度大于或等于 2m 并小于 20m 的平台、通道及作业场所的防护栏杆高度应不低于 1050mm；在距基准面高度不小于 20m 的平台、通道及作业场所的防护栏杆高度应不低于 1200mm。

针对问题（6），依据《固定式钢梯及平台安全要求 第 2 部分：钢斜梯》（GB 4053.2—2009），根据钢斜梯使用场合及环境条件，对梯子进行合适的防锈及防腐涂装。钢斜梯安装后，应对其至少涂一层底漆和一层（或多层）面漆或采用等效的防锈防腐涂装。此外，设计时应使钢斜梯积留湿气最小，以减少梯子的锈蚀和腐蚀。

三、生产设备设施

（一）锅炉专业

（1）压缩空气储气罐安全阀无定期校验记录。

（2）启停炉时，未进行汽包水位的实际传动试验。

针对问题（1），发电企业应依据《防止电力生产事故的二十五项重点要求》（国能安全〔2014〕161 号），对各种压力容器安全阀定期进行校验，防止承压设备超压。

针对问题（2），为防止锅炉满水和缺水事故，锅炉汽包水位保护在锅炉启动前和停炉前应进行实际传动校检，用上水方法进行高水位保护试验、用排污门放水的方法进行低水位保护试验，严禁用信号短接方法进行模拟传动替代。

（二）燃机专业

（1）一级动火范围缺少热通道、排气扩散段内部区域。

（2）7 号～9 号燃机的前置模块、调压站区域放散竖管顶端装设了弯管，且没有阻火器。

针对问题（1），按照《电力设备典型消防规程》（DL 5027—2015）规定，根据火灾危险性、发生火灾损失及影响等因素将动火级别分为一级动火、二级动火两个级别。火灾危险性很大，发生火灾造成后果很严重的部位、场所或设备应为一级动火区。一级动火区以外的防火重点部位、场所或设备及禁火区域应为二级动火区。

针对问题（2），放散管出口高度应比附近建筑物屋面高出 2m 以上，且总高度不低于 10m，满足排放出去的燃气不至被吸入附近建筑物室内和通风装置内，严禁在放散竖管顶端装设弯管，并设阻火器。

（三）汽机专业

（1）二期 8 号机真空严密性试验为 294Pa/min，未实现最佳背压运行工况。

（2）未测量主汽门、调节汽门关闭时间。

针对问题（1），发电企业应依据《凝汽器与真空系统运行维护导则》（DL/T 932—2019），对于机组容量大于 100MW 的，机组真空下降速度控制在 0.27kPa/min 以下。真空严密性指标不合格时，应及时进行运行中检漏，或者利用停机机会灌水检漏；凝汽器压力大于测量工况下设计值 15%以上时，应进行凝汽器传热特性试验，试验测量项目至少包括凝汽器压力、冷却水进口温度、冷却水出口温度、凝结水含氧量、真空严密性、循环冷却水流量、热负荷、凝汽器清洁系数、传热系数等。

以凝汽器最佳运行背压为目标函数，其变量包括凝汽器压力、冷却水温度和冷却水流量。在一定的机组负荷及冷却水温度条件下，机组功率增量与冷端设备耗功增量之差值为最大时的凝汽器压力即为机组最佳运行背压。

$$F(P_t, t_w, G_a, G_w) = \Delta P_t - \Delta P_p$$

$$\frac{\partial F}{\partial G_w} = 0$$

式中 P_t——机组负荷；

t_w——循环冷却水进水温度；

G_a——抽空气量；

G_w——循环冷却水流量；

ΔP_t——机组功率增量；

ΔP_p——冷端设备耗功增量。

当机组负荷、循环水冷却水进水温度、抽空气量一定时，通过迭代方法得出凝汽器最佳运行压力。

针对问题（2），依据《防止电力生产事故的二十五项重点要求》（国能安全〔2014〕161 号），坚持按规程要求进行汽门关闭时间测试、抽汽止回门关闭时间测试、汽门严密性试验、超速保护试验、阀门活动试验，防止因其关闭迟缓，导致机组发生超速事故。

（四）电气专业

（1）一期燃机发电机–变压器组电气量保护 A 屏和 B 屏都同时出口动作于断路器的两个跳闸线圈。

（2）一期网控楼保护屏柜内的接地铜排与等电位接地母线用 1.5mm^2 的黄绿接地导线与盘内接地铜排相连。

针对问题（1），发电企业应依据《防止电力生产事故的二十五项重点要求》（国能安全〔2014〕161 号），采取措施使有关断路器的选型与保护双重化配置相适应，220kV 及以上断路器必须具备双跳闸线圈机构。两套保护装置的跳闸回路应与断路器的两个跳闸线圈分别一一对应，防止继电保护事故。

针对问题（2），依据《继电保护和安全自动装置技术规程》（GB/T 14285—2006），为人身和设备安全及电磁兼容要求，在发电厂和变电站的开关场内及建筑物外，应设置符合有关标准要求的直接接地网。对继电保护及有关设备，为减缓高频电磁干扰的耦合，装设静态保护和控制装置的屏柜地面下宜用截面不小于 100mm^2 的接地铜排直接连接构成等电位接地母线。接地母线应首末可靠连接成环网，并用截面积不小于 50mm^2、不少于 4 根铜排与厂、站的接地网直接连接。屏柜上装置的接地端子应用截面积不小于 4mm^2 的多股铜线和接地铜排相连。接地铜排应用截面积不小于 50mm^2 的铜排与地面下的等电位接地母线相连。

（五）热控专业

（1）一期液压油压力开关和压力变送器共用一个取样管。

（2）7 号机组高压给水泵润滑油三个压力开关共用一个取样管。

（3）热工联锁报警值及保护定值清册未按每两年核查修订一次的标准执行。

针对问题（1）和问题（2），发电企业应依据《防止电力生产事故的二十五项重点要求》（国能安全〔2014〕161 号），按照所有重要的主、辅机保护都应采用“三取二”的逻辑判断方式，以及保护信号应遵循从取样点到输入模件全程相对独立的原则，保证重要的油压取样点相对独立。如果确因系统原因测点数量不够，还应制订防保护误动措施。同时，根据所处位置和环境，重要控制、保护信号的取样装置应有防堵、防震、防漏、防冻、防雨、防抖动等措施。另外，触发机组跳闸的保护信号的开关量仪表和变送器应单独设置，当确有困难而需与其他系统合用时，其信号应首先进入保护系统。

针对问题（3），依据《火力发电厂热工自动化系统检修运行维护规程》（DL/T 774—2015），发电企业技术管理部门组织有关技术人员会审热工报警和保护、联锁定值，经过企业主管领导批准后，汇编成册。每两年核查修订一次，并及时归档保存核查修订报告。同时，报警、保护、联锁定值和逻辑、系统需进行修改或改进时，应严格执行规定的修改程序；修改后的定值清册、图纸、组态文件备份和修改过程资料，应在 15 天内归档保存。

第四节 9FB 型燃气－蒸汽联合循环机组案例

L 电厂规划建设 4 套 F 级燃气－蒸汽联合循环机组，一期工程建设 2 套，装机容量 852MW，所配燃气轮机为美国 GE 公司生产的 PG9371FB 型燃气轮机，采用一拖一配 F 级燃气轮机抽凝汽轮机。一期工程采用西气东输一期天然气作为燃料，两套机组分别于 2017 年 9 月、10 月完成 168h 试运转，进入商业运行。单台机组额定供热 175t/h，具备中低压双压供热能力，年供热量可达 315 万 GJ，供电量可达 42.6 亿 kW·h 的能力。公司在职职工 119 人。设置有办公室、党建工作部、安监保卫部、维护部、运行部、人力资源部、计划物资部、市场营销部、财务资产部、生产技术部、项目发展办公室。

一、安全管理

（一）汲取事故教训专项工作

（1）未结合企业实际制订汲取事故教训专项方案及整改措施。

（2）各部门未制订活动方案及措施计划。

（3）班组无汲取事故教训专题学习记录。

针对以上问题，发电企业应结合实际，采取领导宣讲、专题讲座、学习讨论等多种形式，认真学习分析事故报告等相关材料，对照各级安全生产责任制落实工作，增强安全生产守法意识与事故红线意识，守土有责，守土尽责，促进企业各级领导和工作人员安全生产主体责任得到有效落实，知敬畏、存戒惧、守底线，充分发挥好事故警示教育作用。

（二）工作票和操作票（“两票”）

（1）单独巡视电气高压设备资格人员未经过考试。

（2）工作票中工作班成员、安全措施确认代签名现象严重。

针对问题（1），发电企业每年应对工作票签发人、工作负责人、工作许可人和单独巡视高压设备人员进行培训，经考试合格后，以正式文件公布合格人员名单。

针对问题（2），一方面，实施具体检修任务前，工作票签发人或者工作负责人组织从防止人身伤害、设备损坏、环境污染等方面认真分析、辨识工作任务全过程可能存在的危险点，并有针对性地制订风险管控措施；另一方面，全体工作班成员都要参加危险点分析和安全措施学习，并签字确认，明确知晓风险点，并掌握其安全措施及应急处置措施。

（三）不安全事件管理

（1）3 号炉高蒸邻炉加热联络管泄漏事件未按照“四不放过”进行处理。

（2）2 号汽机润滑油泵 2B 误启动事件，热控人员未与运行联系，未经值长同意，未办理有关批准手续，在机组运行中进行逻辑修改，未按照“四不放过”程序进行处理。

针对以上不安全事件管理暴露出来的突出问题，发电企业应切实转变作风，以“四不放过”的原则严肃处理不安全事件，推动安全生产工作从事后调查处理向事前预防、源头治理转变。事故调查工作必须实事求是、尊重科学，做到“事故原因未查清不放过，责任人员未处理不放过，整改措施未落实不放过，有关人员未受到教育不放过”。及时准确地查清事故原因，查明事故性质和责任，对事故责任者提出处理意见，总结事故教训，提出整改措施，同时监督处理决定和防范措施“双落地”。

（四）安全教育与培训

（1）新进厂员工三级安全教育培训学时为16小时，小于24学时。

（2）企业主要负责人未经安全相关培训取证。

（3）5名新进员工无三级安全教育记录。

（4）企业特种作业人员清册缺少长期外委队伍特种作业人员。

针对问题（1）～问题（3），发电企业应依据《生产经营单位安全培训规定》（国家安全生产监督管理总局令　第80号），持续做好安全教育培训工作。新上岗的从业人员，岗前安全培训时间不得少于24学时。发电企业主要负责人和安全生产管理人员应接受安全培训，具备与所从事的生产经营活动相适应的安全生产知识和管理能力。主要负责人和安全生产管理人员初次安全培训时间不得少于32学时。每年再培训时间不得少于12学时。特种作业人员，必须按照国家有关法律、法规的规定接受专门的安全培训，经考核合格，取得特种作业操作资格证书后，方可上岗作业。企业新入厂的生产人员，必须经厂、车间和班组三级安全教育，经安全考试合格后方可进入生产现场工作。同时，具备安全培训条件的发电企业，应以自主培训为主；可以委托具备安全培训条件的机构，对从业人员进行安全培训。不具备安全培训条件的发电企业，应委托具备安全培训条件的机构，对从业人员进行安全培训，保证安全培训的责任仍由本单位负责。

针对问题（4），依据《中华人民共和国特种设备安全法》，特种设备安全管理人员、检测人员和作业人员应按照国家有关规定取得相应资格，方可从事相关工作。一般地，发电企业应建立特种设备安全管理人员、检测人员和作业人员清册，便于管理。

（五）应急管理

（1）缺少成立专（兼）职应急救援队伍的文件。

（2）燃料供应紧缺事件应急预案未履行编、审、批手续。

（3）无应急培训计划，无“防汛应急演练”演练记录。

（4）铁锹、编织袋、雨衣等应急物资的配备不能满足要求。

（5）应急疏散场地未设置标志。

针对问题（1）～问题（4），发电企业应依据《关于深入开展电力企业应急能力建设评估工作的通知》（国能综安全〔2016〕542号），按照《发电企业应急能力建设评估规范（试行）》，开展应急能力评估，做好应急管理工作。①针对应急队伍建设，发电企业应将专（兼）职应急队伍建设，纳入企业应急体系建设规划；有重大危险源的单位，应建立专职安全生产应急救援队伍；暂时不具备建立专职应急救援队条件的单位，应与当地的相关专业应急救援机构建立应急救援机制。同时，建立专（兼）职应急队伍名单。

②针对应急预案，发电企业应按照国家和行业有关要求，结合企业风险评估结果和企业组织结构，资源配置情况，编制企业应急预案。应急预案编制完成后，应按有关要求组织应急预案评审，评审合格后由企业主要负责人签发实施。③针对应急培训，发电企业应建立应急培训与考核制度，建立应急培训教育档案；将应急培训纳入企业安全生产培训工作计划，统筹组织实施，并依据企业应急培训需求制订培训大纲和具体课件。每年至少组织进行一次应急预案培训。④针对应急演练，发电企业应制订应急预案3～5年演练规划和年度演练计划；根据企业风险防控重点，每年应至少组织一次综合应急演练或专项应急预案演练；每半年应至少组织一次现场处置方案演练。针对演练的目的和内容，确定演练方案和评估方案，演练实施中包括演练条件、演练启动、先期处置、信息报告、预案启动、应急响应、演练结束等内容，并留有记录。⑤针对应急物资，发电企业应按规定建立应急设施，配备应急装备，储备应急物资，并进行经常性的检查、维护和保养，确保其完好、可靠；做到专项管理和使用；账、卡、物要相符；配备应急物资数量能满足应急需要。

针对问题（5），发电企业应按照《发电企业安全生产标准化规范及达标评级标准》（电监安全〔2011〕23号）有关标志标识的要求，保证应急疏散指示标志和应急疏散场地标识明显。

（六）消防安全管理

（1）部分重点防火部位未制订灭火预案。

（2）未制定消防泵定期试验制度。

（3）柴油消防泵无试验记录。

（4）消防水压力下降较快，未经审批使用消防水的情况严重。

（5）变压器水喷淋系统出水总阀被关闭。

针对以上问题，发电企业应按照《电力设备典型消防规程》（DL 5027—2015），加强消防安全管理。在建章立制方面，要有明确的火灾应急救援预案、消防设施定期检验试验制度等，并严格执行。在设备维护保养方面，通过强化日常检查和检修，保证生产现场消防设施处于正常工作状态，若消防设施出现故障，应及时通知企业有关部门，尽快组织修复。不得损坏、挪用或者擅自拆除、停用消防设施、器材。因工作需要临时停用消防设施或移动消防器材的，应采取临时措施和事先报告企业消防管理部门，并得到企业消防安全责任人的批准，工作完毕后及时恢复。

（七）外协用工和外委工程管理（“两外”）

（1）未单独制定企业外协用工和外包工程管理制度。

（2）对于外协用工和外包工程管理不规范，如资质审查不严，项目验收流于形式等。

针对以上“两外”问题，随着社会经济不断发展，市场分工体系不断完善以及现代企业经营管理的需要，发电企业的部分业务逐步交予“两外”去完成，“自主经营＋部分外委”的管控模式已成为现代企业管理的常态。同时，发电企业应该清醒地认识到外协用工与外委工程是当前安全管理领域的薄弱环节，应围绕“两外”全过程管理这一条主线，坚持以人为本，强化风险管控，重点把好十五个关口，从而有力保障“两外”安全稳定向好。十五个关口具体如下：

1）制度关。发电企业应结合自身实际，建立健全本企业的外委工程和外协用工安全管理实施细则，明确各部门各岗位职责，做到凡事有章可循，持续改进，加强和规范“两外”安全管理。

2）责任关。强化“两外”安全管理的主体责任，将“两外”安全管理纳入本企业安全管控体系，统一协调、管理各承包单位、分包单位在本单位的安全生产活动，统一监督、管理在本单位劳动的外协用工。

3）立项关。在可行性研究阶段或项目立项申请阶段，根据项目规模及实际情况，开展项目全过程的安全风险辨识和评估，进行安全预评价或安全综合分析（安全技术方案），估算安全费用，编制安全费用计划。

4）准入关。严把外委单位投标准入关和外协用工入厂关。针对外委工程，严格投标单位资质审查，要着重审查营业执照、资质证书、法人代表资格证书、机构代码证、安全生产许可证（年检材料）、是否列入“黑名单”等；在项目招投标阶段，根据项目风险等级及安全信用分值权重，在技术评分中计算投标单位的安全信用分值，否则评标无效。针对外协用工，重点检查雇佣关系合法证明和体检合格证明，不得有职业禁忌证，入厂前必须经过严格的安全教育培训和安全技术交底，考核合格或获得批准，并有良好的安全信用分值，方可准入。

5）安全协议关。依据合同与承包单位签订安全生产管理协议，安全生产管理协议至少应包括工程概况、安全责任、安全投入和资金保障、安全设施和施工条件、隐患排查与治理、安全教育与培训、事故应急救援、安全检查与考评、违约责任等内容，明确各自的安全生产方面的权利、义务。两个以上作业队伍在同一作业区域内进行作业活动时，组织并督促不同作业队伍相互之间签订安全生产管理协议，明确各自的安全生产、职业卫生管理职责和采取的有效措施，并指定专人进行检查与协调。

6）教育培训关。结合本单位实际情况，采取多媒体、体验式等丰富的方式方法，组织对外委工程雇佣工人、本单位外协用工进行入厂前的安全教育培训并考试，合格后核发安全上岗证，作为入厂凭证。同时，有必要时，可开展岗中安全教育培训，进一步增强安全技能。

7）策划组织关。督促承包单位建立项目部，实行项目经理负责制，指导、监督、检查和考核项目部。同时，监督承包单位按国家相关规定建立健全安全生产监督网络，设立安全生产监督管理机构或配备符合要求的专（兼）职安全生产管理人员。对于重大项目，如外委工程项目有三个及以上承包单位，同时工地施工人员总数超过 100 人或连续工期超过 180 天，建议组建工程项目安全生产委员会，并设置安委会办公室。

8）施工准备关。对承包单位资质材料进行复核，着重审查设立的项目部机构及配备的技术人员、安全管理人员是否与招标时的内容相符，主要施工器械设备、安全设施是否已按报备清单到位，需编制安全技术措施的作业项目是否已编制相关方案，施工人员是否与报备名单一致，是否按要求缴纳安全生产责任保险（工伤保险或一定保额的商业险或人身意外伤害险），并抽查作业人员安全教育培训情况。

9）技术交底关。对外委工程和外协用工开工前必须进行整体安全技术交底，并应有完整的交底记录。在有危险性的生产区域工作的外委工程项目，如可能发生火灾、爆炸、触电、高处坠落、中毒、窒息、机械伤害、烧烫伤等容易引起人身伤害和设备事故的场所，还应进行专门的安全技术交底。

10）现场监督关。加强对外委工程和外协用工的现场安全监督管理。针对外协工程，重点督查安全组织策划执行、安全管理制度和安全责任制落实、安全培训、安全费用使用情况、安全文明施工、反违章作业、风险分级管控和隐患排查治理、应急预案演练等情况，并下发督查情况通报。针对外协用工，重点检查监督遵守安全生产和职业卫生规章制度、操作规程，杜绝违章指挥、违规作业和违反劳动纪律，并按照有关规定正确佩戴、使用、维护、保养和检查个体防护装备及用品，明确外协作业人员活动范围和作业内容，禁止跨区域超范围作业。

11）加班监督关。针对外委工程，严格执行定额工期，不得随意压缩合同约定工期。如工期确需调整，应对安全影响进行论证和评估，提出相应的施工组织措施和安全保障措施。针对外协用工，确需加班抢修，须提出书面申请，获得批准，采取相应措施，并加强监护后，方可作业。

12）监护关。长期承担本单位检修、维护、施工、安装任务的承包单位的有关人员，经培训、考核合格并书面公布后，担任相关工作的工作票签发人、工作负责人，但由本单位正式员工监护。临时劳务派遣人员、技术服务（厂家）人员进行设备系统检修、维护、消缺工作时，在有经验的员工带领和监护下进行，并做好安全措施。禁止在没有监护的条件下指派临时劳务派遣人员、技术服务（厂家）人员单独从事有危险的工作。

13）应急关。危险性的生产区域工作或工程项目，组织承包单位制订专门的安全措施方案和应急预案，并与本单位应急预案相衔接。发布外委工程生产安全事故应急预案，明确参建单位应急管理职责、分工等内容，配备必要的应急救援器材、设备，并组织培训和演练。

14）验收关。编制外委工程安全验收项目、标准和计划，并严格执行，实行“谁验收、谁签字、谁负责”。

15）安全信用关。制定本企业外委工程和外协用工安全信用评估细则，并根据细则对承包单位在投标、设计、施工、验收等全过程进行安全信用评估，对外协用工进行从入场到出场的全过程安全信用评估，以使用于招投标、评标和实施“黑名单”制度等动态管理。

二、劳动安全与作业环境

（一）电气作业

（1）电气检修班未配备剩余电流动作保护装置测试仪器。

（2）2号机6m中压抽汽管处检修现场电源线盘剩余电流动作保护装置损坏。

（3）尿素间检修电源箱接地线接在箱体支架上。

针对问题（1）和问题（2），发电企业应依据《剩余电流动作保护装置安装和运行》

（GB/T 13955—2017），配置专用测试仪器，检验剩余电流动作保护装置在运行中的动作特性及其变化；对已发现的有故障的剩余电流动作保护装置（RCD）应立即更换。同时，专用测试设备应经国家有关部门检测合格。

针对问题（3），检修电源箱及其附件必须保持完好，不得有破损；电源箱箱体应规范接地，良好接地。

（二）脚手架

（1）办公楼后景观施工现场搭设的脚手架扫地杆不符合要求，离地高度为700mm，标准为200mm。

（2）办公楼后景观施工现场搭设脚手架人员无资质，未佩戴安全帽。

（3）3号燃机本体上、检修物资楼、办公楼后景观施工现场搭设的脚手架安全警示标识不全，气焊作业过程中无人看守。

针对问题（1），发电企业应依据《建筑施工安全检查标准》（JGJ 59—2011），做好建筑施工安全检查工作。脚手架架体应在距立杆底端高度不大于200mm处放置纵、横向扫地杆，并应用直角扣件固定在立杆上，横向扫地杆应设置在纵向扫地杆的下方。

针对问题（2），发电企业应按照《建筑施工扣件式钢管脚手架安全技术规范》（JGJ 130—2011）的要求，确保扣件钢管脚手架安装与拆除人员是经考核合格的专业架子工，并持证上岗。同时，在作业过程中，搭拆脚手架人员必须戴安全帽，系安全带，穿防滑鞋。此外，当有六级强风及以上风、浓雾、雨或雪天气时，应停止脚手架搭设与拆除作业。

针对问题（3），依据《建筑施工扣件式钢管脚手架安全技术规范》（JGJ 130—2011），搭拆脚手架时，地面应设围栏和警戒标志，并应派专人看守，严禁非操作人员入内。另外，在脚手架上进行电、气焊作业时，应有防火措施和专人看守。

（三）起重设备

（1）1号、3号燃机房，2号、4号汽机房桥式起重机司机室小门连锁装置用铁丝捆绑。

（2）1号、3号燃机房105t/20t桥式起重机，2号、4号汽机房85t/20t桥式起重机，以及中央水泵房32t/5t桥式起重机，司机室未配置灭火器。

（3）3号炉给水泵间电动葫芦、尿素间电动葫芦、1号炉炉顶电动葫芦、1号炉给水泵间2台电动葫芦未装设起重量限制器。

（4）3号燃机房20t桥吊吊钩防脱装置损坏。

针对以上问题，发电企业需加强起重设备检查维护和安全管理。具体地，桥式起重机、门式起重机的司机室门和舱口门应设连锁保护装置，当门打开时，起重机的运行机构不能开动；司机室设在运动部分时，进入司机室的通道口，应设连锁保护装置，当通道口的门打开时，起重机的运动机构不能开动。起重机上应备有灭火装置，驾驶室内应铺橡胶绝缘垫，严禁存放易燃物品。电动葫芦要设置起重量限制器，以免超载使用损坏设备。此外，尽快组织修复或更换桥吊吊钩防脱装置，保证其应有的安全防护作用。

（四）电梯

（1）1 号和 3 号锅炉、办公楼、职工宿舍电梯未经有资质部门检验合格。

（2）缺少电梯安全使用规定和定期检验维护制度。

针对以上电梯存在的问题，发电企业应特别重视和持续强化这种特种设备的安全管理工作。生产厂房装设的电梯作为一种机电类特种设备，在使用前应经有关部门检验合格，取得使用登记证。同时，建立健全电梯安全使用规定和定期检验维护制度，并设专责负责管理。

三、生产设备设施

（一）锅炉专业

（1）未定期对汽包水位计进行零位校验。

（2）从事承压部件焊接、热处理、无损检测的工作人员及锅监师未持证上岗。

针对问题（1），发电企业应依据《防止电力生产事故的二十五项重点要求》（国能安全〔2014〕161 号），按相关规程要求定期对汽包水位计进行零位校验，核对各汽包水位测量装置间的示值偏差，当偏差大于 30mm 时，应立即汇报，并查明原因予以消除；当不能保证两种类型水位计正常运行时，必须停炉处理。

针对问题（2），依据《电力行业锅炉压力容器安全监督规程》（DL/T 612—2017），从事锅炉、压力容器及汽水管道的运行、检验、焊接、热处理、无损检测、理化检验，以及水处理人员、水分析人员、化学清洗人员应按国家和行业有关规定，经过安全、技术等培训，并取得相应的证书。同时，锅炉压力容器安全监督管理工程师应由电力行业锅炉压力容器安全监督管理委员会按照相关规定进行培训、考核、发证，持证上岗。

（二）燃机专业

（1）1 号、3 号燃气轮机组轴系未安装两套转速监测装置。

（2）未定期对天然气系统进行火灾爆炸风险评估。

针对问题（1），发电企业应依据《防止电力生产事故的二十五项重点要求》（国能安全〔2014〕161 号），为防止燃气轮机超速事故，在燃气轮机组轴系上安装两套转速监测装置，并分别装设在不同的转子上。

针对问题（2），天然气系统区域应建立严格的防火防爆制度，生产区与办公区应有明显的分界标志，并设有“严禁烟火”等醒目的防火标志；定期对天然气系统进行火灾、爆炸风险评估，对可能出现的危险及影响应制订和落实风险防控措施，并完善防火、防爆应急救援预案。

（三）汽机专业

（1）2 号、4 号机均未配置足够容量的润滑油储能器（或高位油箱）。

（2）进入同一疏水联箱的疏水，辅汽轴封供汽疏水接在高压调门疏水之前（远离扩容器为前），同时疏水时将导致疏水受阻不畅。

针对问题（1），发电企业应依据《防止电力生产事故的二十五项重点要求》（国能安全〔2014〕161 号），为防止汽轮机轴瓦损坏事故，在未设计安装润滑油储能器的机组上补设，并在机组大修期间完成安装和冲洗，具备投用条件，否则不得启动。

针对问题（2），疏水系统应保证疏水畅通，疏水联箱的标高应高于凝汽器热水井最高点标高，高、低压疏水联箱应分开，疏水管应按压力顺序接入联箱，并向低压侧倾斜45°。

（四）电气专业

（1）GIS装置与主接地网连接点集中在一侧（进线侧），不能满足均压要求。

（2）综合管架上敷设的氢气管道，用碳钢U形卡与橡胶垫固定不锈钢氢气管道，橡胶垫已老化脱落，碳钢U形卡已与不锈钢管道直接接触。

针对问题（1），发电企业应依据《电气装置安装工程　接地装置施工及验收规范》（GB 50169—2016），做好电气装置检查、验收工作。发电厂、变电站GIS的接地应符合设计及制造厂的要求，GIS基座上的每一根接地母线，应采用分设其两端且不少于4根的接地线与发电厂或变电站的接地装置连接。同时，接地线应与GIS区域环形接地母线连接。如果接地母线较长时，母线中部应另设接地线，并连接至接地网。

针对问题（2），依据《发电厂油气管道设计规程》（DL/T 5204—2016）有关支吊架设置的规定，不锈钢管道不应直接与碳钢管部焊接或接触，宜在不锈钢管道与管部之间设不锈钢垫板或非金属材料隔垫。

（五）热控专业

（1）2号、4号汽轮机主油箱油位低保护仅采用二取一判断逻辑。

（2）未建立热工计量台账。

（3）部分表计超期服役。

（4）无热工仪表及控制装置定期检验和抽检检验计划。

针对问题（1），发电企业应按照《防止电力生产事故的二十五项重点要求》（国能安全〔2014〕161号），设置主油箱油位低跳机保护，采用测量可靠、稳定性好的液位测量方法，并采取三取二的方式，保护动作值应考虑机组跳闸后的惰走时间。机组运行中发生油系统泄漏时，应申请停机处理，避免处理不当造成大量跑油，导致烧瓦。同时，油位计、油压表、油温表及相关的信号装置，必须按要求装设齐全、指示正确，并定期进行校验。

针对其余问题，建立健全企业热工仪表计量台账（清册），制定热工仪表及控制装置定期检验和抽检检验管理制度，定期下发计量表计送检、周检及抽检计划，并严格按照计划对表计进行检验，保证热控仪表有效使用。

（六）化学专业

（1）危险化学品专用仓库未设置通风、冲洗排水等安全设施。

（2）锅炉化学加药间内有个专门存放液氨瓶的溶氨间，其氨管道系统及储存场所未设置警示标志。

针对以上问题，发电企业应依据《防止电力生产事故的二十五项重点要求》（国能安全〔2014〕161号），强化危险化学品安全管理。危险化学品专用仓库必须装设机械通风装置、冲洗水源及排水设施。加强氨区作业环境的安全管理，氨区应设置“剧毒危险！易燃易爆危险！”等安全警示标志牌。

（七）供热专业

（1）围墙外供热母管地上跨越河道位置与 220kV 电力电缆交叉处金属部分未设置独立接地点，未对自然接地测量接地电阻。

（2）2 号、4 号中压及低压供热母管安全阀无调试记录。

（3）电磁安全阀未定期做电气热工回路试验。

针对问题（1），发电企业应依据《城镇供热管网设计规范》（CJJ 34—2010），在地上敷设的供热管道同架空输电线或电气化铁路交叉时，管道的金属部分，包括交叉点两侧 5m 范围内钢筋混凝土结构的钢筋，都应接地，且接地电阻不应大于 10Ω。

针对问题（2），按照《城镇供热管网工程施工及验收规范》（CJJ 28—2014），安全阀在安装前，应送有检测资质的单位按设计要求进行调校；安全阀的开启压力和回座压力应符合设计规定值，安全阀最终调校后，在工作压力下不得泄漏；安全阀调校合格后应对安全阀调整试验进行记录。

针对问题（3），依据《电力行业锅炉压力容器安全监督规程》（DL/T 612—2017）的规定，电磁安全阀和动力驱动泄放阀电气热工回路试验每季度进行一次。

第五节　MF 型燃气–蒸汽联合循环机组案例

M 厂成立于 2012 年 11 月，两台机组分别于 2015 年 9 月、12 月顺利通过 168h 试验并投入商业运行，投产发电。一期工程用地 178 亩，装机规模为三菱 2 套 M701F4 型燃气–蒸汽联合循环机组，采用一拖一单轴布置，单机容量为 480.25MW，是目前国内同类型机组中单机容量最大的热电联产机组。公司在职员工 134 人，设置了总经理工作部、财务资产部、党群工作部（含工会、团青）、计划营销部、质量安全监察部、生产技术部、设备维护部、设备物资部、运行部等 9 个部门。

一、安全管理

（一）安全目标管理

（1）企业制订的年度安全目标保证措施可操作性不强。

（2）安全工作计划未结合安全目标和保证措施制订。

（3）抽查设备维护部制订的年度安全目标，部分条款无针对性。

（4）运行一值制定的班组目标不符合四级控制要求。

针对以上问题，发电企业应结合实际制订安全生产目标，并根据四级控制要求（企业、部门、班组、个人）将企业安全生产目标分解到部门、班组和个人。为了实现安全目标，企业应有针对性地制订保证措施和安全工作计划，以扎扎实实的措施保障安全目标，以精准施策的工作计划达成安全目标。同时，部门、班组根据企业下发的安全目标、保证措施和工作计划，结合本部门、班组、专业实际，制订年度安全目标、保证措施和安全工作计划，并认真履行编、审、批手续，落实安全生产逐级负责制。

（二）安全生产管理制度

（1）安全生产管理制度缺少安全检查管理制度、建设项目安全设施“三同时”管理制度等。

（2）企业制定的安全管理标准中引用了过期的标准。

（3）未正式下文公布有效规程制度清单。

（4）设备维护部未结合本部门实际制定部门安全生产管理制度。

（5）班组未配备企业的安全生产管理标准、检修规程及其他相关资料。

针对以上安全生产规章制度方面的问题，发电企业应专题研究，重点部署，围绕制度建设，补充必备的制度规程，完善应有的内容，确保制度有效、适用，能够指导企业安全生产各方面工作。具体来讲，根据国家、行业发布的最新政策与标准规范，结合企业实际及时制定（修订）安全生产管理制度，履行编、审、批程序；及时下文公布企业有效规程制度清单，并按清单配齐各岗位相关的安全生产规程制度。另外，部门根据企业安全生产管理标准要求，结合部门实际制定部门安全生产管理制度，履行编、审、批程序，及时发放到每个岗位。

（三）外包工程管理

（1）外包队伍的资质备案资料不全，缺少社保机构提供的工伤保险参保及缴费证明、电气工器具清册等。

（2）人员清册与现场实际人员不符。

（3）特种作业人员清册与实际不符。

针对外包工程管理所发现的问题，发电企业应有针对性地集中力量进行专项整治，切实提高外包工程管理水平。①应健全完善承包商管理制度，突出过程管控。②不打折扣地执行制度，从事前、事中、事后全过程加强监督管理，及时排查问题。重点审查资质和监察施工现场，对排查出的不符合项，落实责任人、整改时间、整改标准、验收责任人，认真开展整改，并做好详细记录，形成闭环管理。

（四）反违章管理

（1）企业“反违章”活动开展不力。

（2）部门违章档案记录不全。

针对以上问题，发电企业应高度重视和不断强化反违章工作。反违章应坚持预防与查处“两手抓、两手硬”，通过源头治理、教育培训、完善制度等措施预防违章，有针对性地开展“反违章”活动，努力消除各种习惯性违章。同时，健全完善部门违章档案，如实记录各级人员的违章及考核情况，并作为安全绩效评价的重要依据。

（五）应急管理

（1）未正式下文成立企业安全生产应急管理机构。

（2）企业突发事件综合应急预案未明确发布预警信息的流程和渠道。

（3）应急演练计划实施漏项。

（4）缺少现场处置方案演练计划及记录。

针对以上问题，发电企业应建立健全应急管理体系，科学有效设置应急管理机构。对于应急预案，结合实际，科学制订，其中综合应急预案需明确企业发布预警信息的流程和渠道。对于应急演练，编制切合实际、操作性强、项目全面的演练计划，认真落实，并及时监督检查计划落实情况。此外，建议每半年对现场处置方案全面演练一遍，做好记录、评价和改进，确保应急演练取得实效。

（六）危化品管理

（1）化学酸碱计量间无机械通风装置，无酸碱中和急救药剂；水分析室内的酸碱急救中和药剂无配置时间。

（2）化学药品室门口无“注意通风”“当心中毒”“当心腐蚀”等安全警示标志；水分析室门口无“注意通风”安全警示标志。

（3）化学药品室未采用防爆照明，未安装监控设备，未配备消防器材。

（4）化学药品室未建立药品台账。

针对以上问题，发电企业应按照《防止电力生产事故的二十五项重点要求》（国能安全〔2014〕161号）有关规定，不断强化危险化学品安全管理。危险化学品专用仓库必须装设机械通风装置、冲洗水源及排水设施，配备自来水、消防器械、急救药箱、酸（碱）伤害急救中和用药、毛巾、肥皂等应急救援用品，同时在显著地方设置安全警示标志。存储有危险化学品的场所应采用防爆型电气设备，安装监控系统，并配备必需的消防器材。此外，对于危险化学药品管理，应建立健全危化品台账，并有出入库登记，确保台账与实际相符。

（七）职业健康管理

（1）未建立新进员工的职业健康监护档案；历次职业健康体检报告未存入员工职业健康监护档案。

（2）生技部每月开展的职业危害因素监测记录未存入企业职业卫生档案。

（3）供热首站、给水泵、循环水泵等处噪声超标。

（4）二氧化氯发生间氯和二氧化氯浓度超标。

（5）二氧化氯加药间排风扇开关未安装在室外。

（6）水分析室缺少紧急洗眼装置。

（7）六氟化硫（SF_6）开关室内的六氟化硫（SF_6）气体泄漏检测仪无定期校验记录。

针对问题（1），发电企业应依据《用人单位职业健康监护监督管理办法》（国家安全生产监督管理总局令　第49号），建立健全员工职业健康监护档案，并妥善保存。职业健康监护档案主要包括：①劳动者姓名、性别、年龄、籍贯、婚姻、文化程度、嗜好等情况；②劳动者职业史、既往病史和职业病危害接触史；③历次职业健康检查结果及处理情况；④职业病诊疗资料；⑤需要存入职业健康监护档案的其他有关资料。

针对问题（2），发电企业应依据《工作场所职业卫生监督管理规定》（国家安全生产监督管理总局令　第47号），建立、健全企业职业卫生档案，主要包括：①职业病防治责任制文件；②职业卫生管理规章制度、操作规程；③工作场所职业病危害因素种类清单、岗位分布及作业人员接触情况等资料；④职业病防护设施、应急救援设施基本信息，以及其配置、使用、维护、检修与更换等记录；⑤工作场所职业病危害因素检测、评价报告与记录；⑥职业病防护用品配备、发放、维护与更换等记录；⑦主要负责人、职业卫生管理人员和职业病危害严重工作岗位的劳动者等相关人员职业卫生培训资料；⑧职业病危害事故报告与应急处置记录；⑨劳动者职业健康检查结果汇总资料，存在职业禁忌证、职业健康损害或者职业病的劳动者处理和安置情况记录；⑩建设项目职业卫生“三同时”有关技术资料，以及其备案、审核、审查或者验收等有关回执或者批复文件；⑪职业卫生安全许可证申领、职业病危害项目申报等有关回执或者批复文件；⑫其他有关职业卫生管理的资料或者文件。

针对问题（3），依据《噪声职业病危害风险管理指南》（WS/T 754—2016），通过对生产过程的噪声职业暴露情况调查，分析劳动者职业暴露的特点，当劳动者职业暴露的噪声强度等效声级（指 8h/d 或 40h/w 噪声暴露等效声级）大于或等于 80dB（A）时，应进行噪声职业暴露评估，并对噪声暴露所致听力损失进行定量风险评价，按噪声暴露所致听力损失的风险评价结果对噪声职业病危害风险进行分级，并指导采取相应的噪声职业病危害风险管理对策。

针对其余问题，加强职业健康管理，在易产生有毒、有害气体的场所应设置通风措施，且通风系统的操作系统应处于安全区域，定期检查维护，确保设施完好。在有腐蚀性物质的生产场所设置符合要求的紧急洗眼装置和安全淋浴器。六氟化硫（SF_6）气体泄漏检测仪每年进行检验、标定和维护。

（八）消防安全管理

（1）尚未取得消防验收批复文件。

（2）集控室灭火器过期；正压式空气呼吸器，一台阀门漏气，另一台压力偏低（23MPa），现场未张贴使用方法。

（3）未制订防止消防设施勿动、拒动的措施。

（4）防火重点部位未明确责任单位和责任人。

（5）防火重点部位清单中缺少柴油发电机室、天然气前置模块和档案室等。

（6）柴油发电机室电话为非防爆型，储氢站一配电箱内开关为非防爆型。

（7）调压站、燃机厂房、储氢站等处安装的固定式可燃气体探测仪无定期校验记录。

针对问题（1），发电企业应按相关流程，积极与当地主管部门联系，依法依规取得消防验收批复文件。

针对问题（2）和问题（3），依据《防止电力生产事故的二十五项重点要求》（国能安全〔2014〕161 号），及时消除集控室消防设施隐患，配备完善的消防设施，定期对各类消防设施进行检查与保养，禁止使用过期和性能不达标消防器材。此外，值班人员（含门卫人员）应经专门培训，并能熟练操作厂站内各种消防设施；制订具有防止消防设施误动、拒动的措施。

针对问题（4）～问题（6），依据《电力设备典型消防规程》（DL 5027—2015），完善防火重点部位清单，明确责任人和责任单位，同时重点防火部位应悬挂防火重点部位标志牌和管理规定。此外，储氢站、柴油发电机室等重点防火部位的电气设备必须是防爆型产品。

针对问题（7），加强对燃气泄漏探测器的定期维护，每季度进行一次校验，确保测量可靠，防止发生因测量偏差拒报而发生火灾爆炸。

二、劳动安全与作业环境

（一）电气作业

（1）绝缘手套、绝缘靴、验电器缺少产品鉴定合格证及产品许可证。

（2）绝缘靴、绝缘手套试验合格证及清册中无编号。

（3）循环泵房检修电源箱、化学水泵间检修电源箱、取水泵房电源箱无剩余电流动作保护装置。

（4）无剩余电流动作保护装置测试仪器。

针对以上问题，发电企业应加强劳动防护物品和电气工器具的安全管理。绝缘手套、绝缘靴、验电器应有产品鉴定合格证、产品许可证，确保“三证一书”齐全，同时编号编册，统一管理。检修电源箱应安装剩余电流动作保护装置，配备剩余电流动作保护装置测试仪，并按要求对检修电源箱、电源盘上的剩余电流动作保护装置做特性试验，确保剩余电流动作保护装置可靠有效。

（二）高处作业

（1）化学 1 号酸储罐脚手架、1B 号燃气加热器脚手架、1 号炉中压旁路蒸汽管道脚手架平台无护板。

（2）化学制水间、1 号机再热蒸汽冷段去锅炉弯头处的移动脚手架平台无栏杆。

（3）1 号炉中压旁路蒸汽管道脚手架上有探头板，临空面无腰杆。

（4）1 号机小修现场部分安全带无检验合格证。

（5）合格品和报废品安全带堆放在一个箱内。

（6）1 条安全带有烫伤痕迹仍在使用。

针对以上问题，发电企业应按照相关标准，集中整治，及时消除生产现场脚手架和安全带的安全隐患。具体地，脚手架平台要有不低于 1050mm 的栏杆，下部设 180mm 的护板。脚手架上不能有单板、浮板、探头板，临空面要有腰杆。同时，合格的安全带要张贴检验合格证，及时更换有烫伤痕迹或有损坏的安全带，合格品和报废品不能混放，并规范摆放。

（三）起重作业

（1）1 号燃气锅炉房送风机电动葫芦、循环水前池电动葫芦，1 号及 2 号机 1A、1B 开式和闭式泵等电动葫芦无起重量限制器。

（2）1 号、2 号余热锅炉炉顶电动葫芦止挡器无缓冲装置。

（3）化学水泵间电动葫芦吊钩无防脱钩装置。

针对以上问题，发电企业应依据《起重机械安全监察规定》（国家质量监督检验检疫总局令　第 92 号），加强起重机械安全监察工作，强化检查维护。对起重机械的主要受力结构件、安全附件、安全保护装置、运行机构、控制系统等进行日常维护保养，确保起重设备起重量限制器、缓冲装置、吊钩防脱钩装置等安全装置有效投入，出现故障或者发生异常情况，及时消除故障和事故隐患后，方可重新投入使用，从而防止和减少起重机械事故，保障人身和财产安全。此外，起重机械定期检验周期最长不超过 2 年，不同类别的起重机械检验周期按照相应安全技术规范执行。

（四）机械作业

（1）化学澄清池 1 号刮泥机链条无防护罩。

（2）化学 1 号、2 号污泥泵，2 号机两台闭式水泵，1 号、2 号机机力通风塔风机等对轮防护罩上未标注旋转方向。

针对以上问题，发电企业要加强机械作业方面的隐患排查治理工作。按照相关标准，生产现场的转动设备危险部位应加装防护罩，转动设备对轮防护罩还应标注旋转方向。

（五）作业环境

（1）化学 PCF 过滤器钢直梯，1 号、2 号澄清池钢直梯踏棍间距超过 300mm。

（2）化学活性炭过滤器阀门操作平台钢直梯、1 号机凝补水阀门操作平台钢直梯、1B 号燃气加热器上部等钢直梯护笼立杆少于 5 根。

（3）主厂房两台行车司机室门口平台栏杆立杆间距超过 100mm。

针对以上作业环境暴露出来的问题，发电企业应持续强化作业环境安全管理，增强学习标准规范，并不打折扣地落实标准规范要求。针对现场目前存在的装置性违章，集中力量进行整治，组织相关专业和人员制订整改方案和具体计划，督促落实整改措施，加强过程监督检查，保证装置符合标准要求。

三、生产设备设施

（一）锅炉专业

（1）锅炉防磨防爆检查工作未做到逢停必查。

（2）1 号、2 号炉汽包，过热器和再热器安全阀由无安全阀校验资格单位出具检验报告。

针对问题（1），发电企业应按照《防止火电厂锅炉四管爆漏技术导则》（能源电〔1992〕1069 号）的相关要求，加强检查余热锅炉过热器、再热器，并制订行之有效的、有针对性的防磨防爆措施。

针对问题（2），依据《锅炉安全技术监察规程》（TSG G0001—2012），检验检测机构应严格按照核准的范围从事锅炉的检验检测工作，检验检测人员应取得相应的特种设备检验检测人员证书。同时，依据《安全阀安全技术监察规程》（TSG ZF001—2006），具备条件的安全阀使用单位，可以自行进行安全阀的校验工作。没有校验能力的使用单位，可以委托有安全阀校验资格的检验检测单位进行。此外，进行在用设备检验、安全阀使用单位自行进行安全阀校验时，应将校验报告提交负责该设备检验的检验检测机构。

（二）燃机专业

（1）天然气前置模块、调压站、FGH 等压力容器由无资质单位进行校验。

（2）新安装的天然气旁路未进行打压试验。

（3）未按规定对全厂可燃气体探头进行定期校验。

针对问题（1），发电企业应依据《防止电力生产事故的二十五项重点要求》（国能安全〔2014〕161 号），加强对压力容器的管理，不仅要满足特种设备的法律法规技术性条款的要求，而且还要满足有关特种设备在法律法规程序上的要求。定期检验有效期届满前 1 个月，应向压力容器检测检验机构提出定期检验要求。同时，各种压力容器安全阀应定期进行校验。

针对问题（2），按燃气管理制度要求，做好燃气系统日常巡检、维护与检修工作。新安装或检修后的管道或设备应进行系统打压试验，确保燃气系统的严密性。

针对问题（3），为了防止发生因测量偏差拒报而发生火灾爆炸，要加强对燃气泄漏探测器的定期维护，每季度进行一次校验，确保测量可靠。

（三）汽机专业

（1）疏水扩容器、高中低压旁路气动增压阀储气罐未定期检验。

（2）汽机本体疏水扩容器、高低压旁路等安全阀由无资质单位进行检验。

针对以上问题，发电企业按照《电站锅炉压力容器检验规程》（DL 647—2004），做好在役压力容器及其安全附件的定期检验工作。外部检验每年至少一次。内外部检验，结合机组大修进行；安全状况等级为 1～2 级的，每 2 个大修间隔进行一次（不超过 6 年）；安全状况等级为 3 级的，每次大修进行一次（不超过 3 年）；安全状况等级为 4 级的，根据检验报告所规定的日期进行。超压水压试验，每两次内外部检验期内，至少进行一次。有以下情况之一的，还需缩短检验间隔时间：①投运后首次内外部检验周期一般为 3 年；②材料焊接性能较差，且在制造时曾多次返修；③运行中发现严重缺陷或筒壁受冲刷壁厚严重减薄；④进行技术改造变更原设计参数；⑤使用期达 20 年以上，经技术鉴定确认不能按正常检验周期使用；⑥材料有应力腐蚀情况；⑦停止使用时间超过 2 年；⑧经缺陷安全评定合格后继续使用；⑨检验员认为应该缩短周期的。锅检机构从事在役压力容器定期检验前，应根据压力容器设备安全状况编制检验大纲，明确现场检验项目和容器检验前准备工作，发电企业应提供压力容器的技术资料、图纸等。一般地，发电企业应利用机组检修期间分批、定期委托有资质检验检测机构对压力容器及安全附件进行检验。

（四）电气专业

（1）直流动力 220V 阀控蓄电池组及充电装置，采用一组蓄电池对一组充电装置，不满足反事故措施要求。

（2）1 号、2 号发电机长期停运期间的防护不到位，缺少防止发电机大轴弯曲措施及发电机定子、转子线圈绝缘防潮措施。

针对问题（1），发电企业应依据《防止电力生产事故的二十五项重点要求》（国能安全〔2014〕161 号），对发电厂动力、UPS 及应急电源用直流系统，按主控单元，采用三台充电、浮充电装置，两组蓄电池组的供电方式；每组蓄电池和充电机分别接于一段直流母线上，第三台充电装置（备用充电装置）可在两段母线之间切换，任一工作充电装置退出运行时，手动投入第三台充电装置；其标称电压采用 220V；直流电源的供电质量应满足动力、UPS 及应急电源的运行要求。

针对问题（2），对长期停运的发电机应制订相应安全技术措施，防止发电机大轴弯曲，保证发电机定子、转子线圈绝缘防潮。

（五）热控专业

（1）主要辅机动作跳闸信号未采用三选二逻辑判断。

（2）电子设备间温度多次超过 28℃。

针对问题（1），发电企业应依据《火力发电厂热工自动化系统可靠性评估技术导则》（DL/T 261—2012），对联锁主保护动作的主要辅机动作跳闸信号以及 MFT、ETS、GTS 等主保护动作跳闸，采用三选二逻辑判断或同等判断功能配置的开关量信号。其中，炉膛保护信号取自两侧时，宜采用四选二判断逻辑，即每侧都采取二选一信号，组成四选二。

针对问题（2），依据《火力发电厂热工自动化系统检修运行维护规程》（DL/T 774—2015）有关计算机监控系统环境指标的规定，控制发电企业的电子设备室、工程师室、和控制室内的环境温度为 15～28℃，且温度变化率不大于 5℃/h。

（六）化学专业

（1）在线氢气纯度仪、露点仪、化学实验室水、油分析仪器等未进行定期校验。

（2）统计机组在线仪表准确率为 89.6%。

针对问题（1），发电企业应依据《发电厂在线化学仪表检验规程》（DL/T 677—2018），编制检验计划，按照检验规程要求的检验周期定期做好检验、标定、清洗、更换等维护工作，表计运行初期适当加大校验力度，保证其准确性。

针对问题（2），依据《化学监督导则》（DL/T 246—2015），按照在线化学仪表配备率、投入率、准确率（“三率”）统计方法及报表的规定，正确计算、统计“配备率、投入率、准确率”。其中，仪表不正确小时数的统计按正常与异常两种情况进行处理。在正常情况下，按化学仪表检验规程的最短检验周期，当仪表检验超差时，计为整个周期为不正确运行小时；在异常情况下，当运行或检修人员发现仪表数据异常，经检验仪表确实超差，则以发现时刻起，追溯到上次检验的时日，将此时间段统计为不正确运行小时数。

第六节　航改型燃机分布式能源站案例

N 厂为分布式能源站，建有两台 LM2500+G4 航改型燃气轮机发电机组和一台 25MW 抽凝式蒸汽轮机发电机组，总装机容量为 87MW，工程于 2012 年 5 月开工建设，

2014 年 5 月完成机组 72h+24h 整体调试，2015 年 3 月正式投产。公司在职员工 119 人，设置了综合管理部（法律事务部）、计划经营部、财务资产部、战略开发部、市场营销部、政治工作部、安全生产部、运行维护车间等部门。

一、安全管理

（一）安全目标管理

（1）企业安全生产目标不符合四级控制要求。

（2）安全生产部、运行维护车间、综合管理部制订的部门安全生产目标不符合四级控制要求。

（3）运行班组和检修维护班组与班员签订的安全生产责任书中个人目标不符合四级控制要求。

针对以上问题，发电企业应将安全目标管理放在安全管理工作的重要位置，自上而下逐级制订安全目标，个人保班组，班组保部门（车间），部门（车间）保企业，各级均应采取各方面措施保障安全目标实现。具体的四级控制包括：①企业级要控制轻伤和内部统计事故，不发生重伤和一般设备、供热、火灾和水灾事故；②部门（车间）级要控制未遂和障碍，不发生轻伤和内部统计事故；③班组级要控制违章和异常，不发生未遂和障碍；④个人级要不发生违章。

（二）安全生产管理制度

（1）安全生产管理制度引用了过期的标准规范。

（2）部分标准缺少规范性引用文件。

（3）企业现行关于天然气管道系统二级动火作业范围的界定为 10～20m，不符合上级单位安全距离要求为周围 30m 的规定。

针对问题（1）和问题（2），发电企业应及时修编安全生产规章制度，响应最新的相关政策，引用现行有效的标准规范。特别地，国家、行业强制性标准该引用的应引用，行业推荐性标准结合单位实际，宜引用的尽量引用，保障各项规章制度有效、适用。

针对问题（3），发电企业要及时根据上级下发的各项管理标准和文件精神，制定适合企业的安全生产管理标准或补充规定，且不得与上级规定相抵触，同时不得低于上级规定要求。按照相关程序，尽快组织修订动火作业管理制度，并严格执行。

（三）工作票和操作票（“两票”）

（1）抽查某动火工作票，缺少现场可燃气体、易燃液体的可燃气体含量浓度具体数据。

（2）抽检 220V 直流系统 2 号充电柜模块检修工作票，其工作条件为不停电，应为停电。

（3）抽检汽水取样间加装摄像头热控工作票，无安全措施和安全注意事项。

针对以上“两票”存在的问题，发电企业一方面要加强有关“两票”安全生产管理制度、标准的培训、学习和考试考核，促使有关人员熟练掌握制度标准的具体内涵与执行程序；另一方面，要加强“两票”执行过程的监督检查，立行立改，督促工作人员严格执行“两票”安全规定和管理标准。

（四）安全教育与培训

（1）年度培训计划未按月进行分解并实施。

（2）上年度培训未评估、总结。

（3）未开展班组长安全教育和培训工作。

针对以上安全教育培训管理所反馈的问题，发电企业应依据《企业安全生产标准化基本规范》（GB/T 33000—2016），制订、实施安全教育培训计划，如实记录全体从业人员的安全教育和培训情况，建立安全教育培训档案和从业人员个人安全教育培训档案，并对培训效果进行评估和改进。一般地，对年度教育培训计划进行分解，依据安全教育培训计划逐级制订部门、班组安全教育培训计划，并分解落实。班组、部门和企业做好安全教育培训记录，建立安全教育培训档案，实施分级管理，并对培训效果进行评估和改进。同时，依据《生产经营单位安全培训规定》（国家安全生产监督管理总局令　第80号），发电企业主要负责人负责组织制订并实施安全培训计划，并将安全培训工作纳入企业年度工作计划，同时保证安全培训工作所需资金。

（五）应急管理

（1）无应急预案3～5年演练规划和年度演练计划。

（2）部门、班组专项应急预案及现场处置方案缺项。

（3）未与社会应急机构签订应急救援协议（如消防、医疗等单位）。

（4）应急预案未及时组织评定，未按规定向上级单位、能源监管局和政府有关部门备案。

针对问题（1），发电企业组织制订应急预案3～5年演练规划和年度演练计划。演练计划应包含演练目的，演练项目名称、类型（形式）、主要内容、演练类型、参演人员、计划完成时间、演练经费概算等。

针对问题（2），发电企业应督促、指导各部门、车间、班组，结合实际，及时修编完善专项应急预案和现场处置方案，符合应急需求。

针对问题（3），依法建立专（兼）职应急救援队伍，或与邻近专职救援队签订救援协议，满足应急救援需要。

针对问题（4），按要求对应急预案进行评审，并按规定向上级单位、能源监管局和政府有关部门备案。

（六）安全生产诚信体系建设

（1）未制定以主要负责人为第一责任人的安全生产诚信承诺和评价管理制度。

（2）未建立劳务用工、安全技术培训、安全技术服务单位（个人）等范围的安全生产诚信“黑名单”制度。

针对以上问题，发电企业应按照《国务院安全生产委员会关于加强企业安全生产诚信体系建设的指导意见》（安委〔2014〕8号）的要求，建立安全生产诚信评价和管理制度，开展安全生产诚信评价。同时，建立安全生产诚信“黑名单”制度，以不良信用记录作为企业安全生产诚信“黑名单”的主要判定依据。通过依法依规、诚实守信加强安全生产工作，实现由“要我安全向我要安全、我保安全”转变，建立完善持续改进的安全生产工作机制，实现科学发展、安全发展。

（七）危化品管理

（1）危险化学品的双人收发、双人保管制度执行不严格。

（2）化学药品台账中盐酸数量（0 瓶）与实物（6 瓶）不一致。

（3）台账中未登记苦味酸和丙酮。

（4）缺少危险化学药品定期检查记录。

针对以上问题，发电企业应持续加强和改进危险化学品安全管理。①凡有毒性、易燃、致癌或有爆炸性的药品应储放在隔离的房间和保险柜内，或远离厂房的地方，并有专人负责保管；②存放易爆物品、剧毒药品的保险柜应用两把锁，钥匙分别由两人保管；③建立完善危险化学品台账，实时更新记录，保证与实际相符；④危险化学品入库后应采取适当的养护措施，在储存期间应定期检查，一旦发现有品质变化、包装破损、渗漏、稳定剂短缺等，及时处理。

（八）职业健康管理

（1）未委托第三方机构进行职业危害因素检测。

（2）冷却水泵、凝汽器、汽轮机等 10 个作业点噪声强度超标。

（3）未在作业现场公布职业危害因素检测结果。

（4）职业病危害告知书缺少酸、碱、联氨等职业危害因素。

（5）化学运行药品库、原水加药间、化学加药间等处未设置相应危化品的职业危害告知牌。

针对问题（1）～问题（3），发电企业应依据《用人单位职业病危害因素定期检测管理规范》（安监总厅安健〔2015〕16 号），建立职业病危害因素定期检测制度，每年至少委托具备资质的职业卫生技术服务机构对其存在职业病危害因素的工作场所进行一次全面检测。同时，应及时在工作场所公告栏向劳动者公布定期检测结果和相应的防护措施。

针对问题（4）和问题（5），依据《中华人民共和国职业病防治法》，对产生严重职业病危害的作业岗位，在其醒目位置，设置警示标识和中文警示说明，详细描述产生职业病危害的种类、后果、预防及应急救治措施等内容。

（九）消防安全管理

（1）未建立喷淋系统和气体灭火系统的台账。

（2）溴化锂室和化学运行药品库未配备消防器材。

（3）蓄电池室未配备 CO_2 灭火器。

（4）缺少消防泵定期试验制度。

（5）集控室火灾报警系统主机显示 22 个火警未消除，声光报警器存在故障。

（6）机务检修库房存放的氧气瓶和乙炔瓶存在漆色不清、无防护帽、防震胶圈不全等问题，现场无“禁止烟火”安全标志，未配备消防器材。

（7）天然气调压站电子间可燃气体报警器有报警未消除，报警信号未接到集控室。

（8）天然气调压站加装顶棚后，棚顶为全封闭状态，未设置可燃气体探测器。

针对问题（1）～问题（6），依据《防止电力生产事故的二十五项重点要求》（国能安全〔2014〕161 号），健全消防工作制度，落实各级防火责任制，定期开展消防安全检查。配备完善的消防设施，定期对各类消防设施进行检查与保养，完善消防泵定期试验记录，禁止使用过期和性能不达标的消防器材。同时，依据《电力设备典型消防规程》（DL 5027—2015）和《火力发电企业生产安全设施配置》（DL/T 1123—2009），配齐配全各类消防器材，并保证消防器材可靠使用。

针对问题（7），依据《火灾自动报警系统设计规范》（GB 50116—2013），可燃气体报警控制器的报警信息和故障信息，应在消防控制室图形显示装置或起集中控制功能的火灾报警控制器上显示，但该类信息与火灾报警信息的显示应有区别。

针对问题（8），发电企业应依据《石油化工可燃气体和有毒气体检测报警设计标准》（GB/T 50493—2019），释放源处于封闭式厂房或局部通风不良的半敞开厂房内，可燃气体探测器距其所覆盖范围内的任一释放源的水平距离不宜大于 5m；有毒气体探测器距其所覆盖范围内的任一释放源的水平距离不宜大于 2m。比空气轻的可燃气体或有毒气体释放源处于封闭或局部通风不良的半敞开厂房内，除应在释放源上方设置检（探）测器外，还应在厂房内最高点气体易于积聚处设置可燃气体或有毒气体检（探）测器。一般地，为了进一步保障安全，建议天然气调压站顶棚采取开孔、四周镂空等防止天然气积聚的措施。

二、劳动安全与作业环境

（一）电气作业

（1）集控室的绝缘靴及绝缘手套缺少产品许可证、产品鉴定合格证和说明书。

（2）集控室的验电器缺少产品许可证、产品鉴定合格证。

（3）集控室 110kV 接地线存放位置无编号。

（4）运维车间机务班工器具试验合格证无编号。

（5）1 号炉 6 号、7 号检修电源箱，以及 2 号炉 9 号检修电源箱、运维车间机务班库房内检修电源箱无剩余电流动作保护装置。

（6）未配备剩余电流动作保护装置测试仪。

（7）未对现场检修电源箱、电缆盘剩余电流动作保护装置做特性试验。

（8）运维部机务班库房检修电源箱、物资库房电动葫芦电源箱无名称标志。

（9）1 号炉 6 号、7 号检修电源箱，2 号炉 9 号检修电源箱外壳无接地线。

针对问题（1）和问题（2），发电企业应加强安全工器具管理，电气安全用具“三证一书”齐全，性能可靠。

针对问题（3）和问题（4），建立和完善电气工器具清册，统计的工器具应与实物相符，清册中编号与实物编号一致，试验合格证编号与工器具本体编号相符。

针对问题（5）～问题（7），制定剩余电流动作保护装置管理规定，配备剩余电流动作保护装置测试仪。确保所有检修电源箱安装剩余电流动作保护装置，并按规定对检修电源箱、电缆盘剩余电流动作保护装置做特性试验，同时做好记录。

针对问题（8）和问题（9），制定临时电源管理规定，生产现场检修电源箱应有名称标志，箱门上锁。同时，电源箱外壳要可靠接地。

（二）高处作业

（1）未制定脚手架搭设使用管理规定。

（2）运维车间机务班库房内安全带在用品与报废品混放。

针对以上问题，发电企业应组织制定脚手架搭设使用管理规定，经审批后下发执行。此外，加强安全带等劳动防护用品管理，安全带在用品与报废品分开存放，并及时处理报废品。

（三）作业环境

（1）1 号、2 号炉给水泵出口门检修平台无爬梯。

（2）天然气管路构架二处钢直梯踏棍间距超过 300mm。

（3）化学 1 号及 2 号除盐水箱钢直梯、超滤水箱钢直梯、清水箱等处钢直梯护笼立杆少于 5 根。

（4）110kV 构架爬梯无护笼。

（5）循环水冷却塔内步道栏杆高度仅 630mm。

（6）汽机房行车上部平台栏杆立杆间距超过 1000mm。

（7）化学清洗水箱楼梯平台栏杆横杆间距超过 500mm。

（8）1 号炉汽包房外步道栏杆焊口未做防腐处理。

针对以上作业环境罗列的问题及类似问题，发电企业应集中力量，专题研究，制订方案，精准实施，开展一次全厂专项治理活动。通过安全生产大检查和隐患大排查，按照标准规范的要求，集中整治现场作业环境的不符合项，整改一项验收一项，验收合格后投入使用。同时，加强日常的监督检查和维护保养，及时消缺，确保安全防护措施持续有效。

三、生产设备设施

（一）锅炉专业

（1）1 号余热锅炉高压汽包上、下壁温差超标。

（2）1 号、2 号余热锅炉超过一年未进行外部检验。

针对问题（1），发电企业应严格按照运行规程进行科学运行，汽包锅炉应严格控制汽包壁温差，上、下壁温差不超过 40℃。

针对问题（2），依据《电力行业锅炉压力容器安全监督规程》（DL/T 612—2017）的规定，锅炉定期检验包括运行状态下的外部检验、停炉状态下的内部检验和水压试验，其中外部检验每年不少于一次。锅炉外部检验的主要内容包括：①锅炉各项安全管理制度执行情况；②锅炉安全设施；③锅炉运转情况；④锅炉炉墙、密封、保温情况；⑤锅炉各种阀门密封情况；⑥锅炉承重构件；⑦锅炉本体、汽水管道膨胀状况及膨胀指示器；⑧锅炉管道布置情况；⑨安全附件、测量装置、安全保护装置；⑩设备、阀门铭牌，管道标记；⑪运行人员资格。余热锅炉应结合实际情况，有效开展外部检验。

（二）燃机专业

（1）1号、2号燃气轮机区域护栏未接地，无静电释放器，无火种收集箱。

（2）燃机孔窥检查相关管理制度不完善。

针对问题（1），发电企业应依据《防止电力生产事故的二十五项重点要求》（国能安全〔2014〕161号），做好防止燃气轮机燃气系统泄漏爆炸事故的各项安全措施。燃气系统区域应设置静电释放器、火种收集箱，区域护栏可靠接地，进入区域前应先消除静电，必须穿防静电工作服，严禁携带火种、通信设备和电子产品。同时，严禁在燃气泄漏现场违规操作，消缺时必须使用专用铜制工具，防止处理事故中产生静电火花引起爆炸。

针对问题（2），组织制定燃机孔窥检查管理制度，对燃机压气机、燃烧室、透平动叶及透平喷嘴隔板定期进行孔探检查，严格进行规范的周期性孔探，并制订科学、合理的检修策略。其中，对于压气机，应重点检查异物损伤、积垢、腐蚀、叶顶磨损、叶顶间隙、叶片叶根磨损松动、垫片脱出等情况；对于透平动叶，应重点检查异物打击、腐蚀、涂层脱落、磨损、裂纹、叶顶间隙、掉块等，必要时取垢样分析或做无损探伤。同时，建立孔探档案，鉴定热通道及压气机部件质量状况，追踪缺陷发展趋势，作为调整燃机检修周期、订购相应备件的依据。

（三）汽机专业

（1）3号汽轮发电机组润滑油系统无蓄能装置。

（2）3号汽轮机停运期间未采取有效的汽轮机及其系统的防锈保养措施。

针对问题（1），发电企业应依据《防止电力生产事故的二十五项重点要求》（国能安全〔2014〕161号），配制或设计足够容量的润滑油储能器（如高位油箱），一旦润滑油泵及系统发生故障，储能器能够保证机组安全停机，不发生轴瓦烧坏、轴颈磨损。机组启动前，润滑油储能器及其系统必须具备投用条件，否则不得启动。对于未设计安装润滑油储能器的机组，应补设并在机组大修期间完成安装和冲洗，具备投用条件。

针对问题（2），依据《火力发电厂停（备）用热力设备防锈蚀导则》（DL/T 956—2017），热力设备停（备）用期间应采取有效的防锈蚀保护措施。发电企业应根据实际情况制定热力设备防锈蚀保护工作制度和监督制度，明确分工和责任。加强热力设备停（备）用期间的化学监督，防止汽轮机、凝汽器（包括空冷岛）等热力设备发生停用腐蚀。此外，发电企业还要对防锈效果进行评价，总结经验，不断改进。

（四）电气专业

（1）1号～3号主变压器中性点只有一根接地引下线。

（2）3号汽轮发电机转子过电压保护定值未整定计算。

（3）缺少电测计量仪表试验室和标准器具。

针对问题（1），发电企业应依据《防止电力生产事故的二十五项重点要求》（国能安全〔2014〕161号），保证变压器中性点有两根与主接地网不同地点连接的接地引下线，且每根接地引下线均应符合热稳定校核的要求。重要设备及设备架构等宜有两根与主接地网不同地点连接的接地引下线，且每根接地引下线均应符合热稳定校核的要求。

针对问题（2），依据《同步电机励磁系统大、中型同步发电机励磁系统技术要求》（GB/T 7409.3—2007），同步发电机励磁回路应装设转子过电压保护，保护发电机转子和励磁装置本身。因此，发电企业应尽快组织相关专业人员整定计算转子过电压保护定值，使转子过电压保护有效、可靠。

针对问题（3），依据《中华人民共和国计量法实施细则》（中华人民共和国国务院令 第698号），发电企业应配备与其生产、科研、经营管理相适应的计量检测设施，制定具体的检定管理办法和规章制度，规定企业管理的计量器具明细目录及相应的检定周期，保证使用的非强制检定的计量器具定期检定。对计量标准器具的使用，应符合：①经计量检定合格；②具有正常工作所需要的环境条件；③具有称职的保存、维护、使用人员；④具有完善的管理制度。

（五）热控专业

（1）汽机主保护润滑油压力低的取样管只有一根；无润滑油压力低动作不平衡报警。

（2）转速跳机保护仅有单点信号，且无防止单点信号误动措施。

（3）无热控计量标准室。

针对问题（1），涉及机组安全的重要设备应有独立于分散控制系统的硬接线操作回路，依据《防止电力生产事故的二十五项重点要求》（国能安全〔2014〕161号），将汽轮机润滑油压力低信号直接送入事故润滑油泵电气启动回路，确保在没有分散控制系统（DCS）控制的情况下能够自动启动，保证汽轮机的安全。同时，按照“所有重要的主、辅机保护都应采用‘三取二’的逻辑判断方式”的原则，增加润滑油压力低保护的取样管，实现主保护仪表管路全程冗余配制的要求，增加润滑油压力低动作不平衡报警。

针对问题（2），依据《火力发电厂热工自动化系统可靠性评估技术导则》（DL/T 261—2012），对于数字式电液调节系统（DEH）跳机信号，应有三路直接至汽轮机危急跳闸系统（ETS），并采用三取二判断逻辑，如只能送出两路信号至汽轮机危急跳闸系统（ETS），应采用“二取一”逻辑动作，跳闸汽轮机。同时，用于机组和主要辅机跳闸的输入信号，应通过硬接线直接接入对应保护单元的输入通道。不同系统间的重要联锁与控制信号，除通信连接外还应硬接线连接并冗余配置。

针对问题（3），依据《火力发电厂试验、修配设备及建筑面积配置导则》（DL/T 5004—2010），建设仪表与控制试验室，试验室位置应远离振动大、灰尘多、噪声大、潮湿或有强磁场干扰的场所，试验室地面宜为混凝土或地砖结构，墙壁应装有防潮层。除恒温源间、现场维修间和备品保管间外，仪表与控制试验室应设置空气调节装置。标准仪表间应恒温、恒湿，避免强阳光照射。仪表与控制试验室的标准计量仪器和设备配置，应满足对发电企业控制设备和仪表进行检定、校准和检验、调试与维修的需要，符合三级试验室的标准要求。具体的设备配置，按照试验室职能定位与发电企业配置的控制设备、仪表的校准或检验的实际需要选择配置。

第四章　水电站安全评价典型问题与对策

水能是一种取之不尽、用之不竭、可再生的清洁能源。水力发电可提供廉价电力，还能控制洪水泛滥、提供灌溉用水、改善河流航运，有关工程同时改善该地区的交通、电力供应和经济，发展旅游业及水产养殖。本章选取了 6 个具有代表性的水电站案例进行安全评价，主要集中在我国西南及东南流域，也包括了地处“一带一路”沿线的海外水电站。这些案例涵盖了梯级水电站、多场站水电站、日调节式水电站、季调节式水电站及年调节式水电站，较全面地体现了目前在役水电站的类型。从安全管理、劳动安全与作业环境、生产设备设施三个方面进行安全评价，阐述发现的典型问题，并依据或参照相关法律法规标准规范，提出安全对策措施建议。

第一节　两级梯级水电站（海外）案例

O 电厂地处海外，为当地最大的水电项目，由相距约 8km 的上、下水电站两个梯级组成，上下两级水电站均采用混合式开发，上水电站装机 2×103MW，下水电站装机 2×66MW，总装机容量 338MW。上下两级水电站主要功能是引水发电，无灌溉、供水及通航等方面的要求，多年平均发电量 11.99 亿 kW·h。2010 年 4 月开工，2010 年 12 月截流，首台机组于 2013 年 7 月具备并网发电条件，最后一台机组于 2013 年 12 月投产发电。

一、安全管理

（一）安全目标管理

（1）企业、部门、班组、个人的安全目标不符合四级控制要求，未做到分级控制。

（2）未明确运行操作员、副值、主值等岗位的安全职责。

针对问题（1），发电企业应从企业、部门（车间）、班组、个人四级管控入手，制订四级控制安全目标，即：在企业层面，控制轻伤和内部统计事故，不发生重伤和一般设备、供热、火灾和水灾事故；在部门（车间）层面，控制未遂和障碍，不发生轻伤和内部统计事故；在班组层面，控制违章和异常，不发生未遂和障碍；在个人层面，不发生违章。层层加码，传递责任，分级控制，实现目标。

针对问题（2），进一步完善、明确企业各级各岗位的安全职责，全面落实安全生产责任制。

（二）安全风险管控

（1）未针对当地存在的大坝防汛、地质灾害、部分主设备故障、电网薄弱、使用大量当地用工等风险开展风险评估和分级管控。

（2）厂内多处塌方、落石位置，未见相关风险提示及遇险处置措施。

针对以上问题，发电企业应对存在的大坝防汛、地质灾害、部分主设备故障、电网薄弱及使用大量当地用工等风险，全面开展风险辨识和分级，制订管控措施，并严格落实。隐患消除前，在相关区域设置安全警示和风险告知牌，强化危险源监测和预测，加强巡视，尤其是防汛期间，及时掌握地质灾害点的发展变化，发现险情及时通报并采取相关措施，严防事故发生。

（三）安全检查与隐患排查治理

（1）年度春季安全生产大检查（“春检”）计划和检查表无审批手续。

（2）班组年度春检检查表项目不全，未落实计划完成时间和责任人。

（3）班组秋季安全生产大检查（“秋检”）总结的整改计划项目数、实际完成整改数与实际不符。

（4）安全督查整改项目到期未完成而无延期手续。

针对以上问题，发电企业应加强安全检查与隐患排查治理工作。安全检查前，企业、部门、班组应编制检查计划，明确检查时间、检查项目、重点内容、检查方式和责任人，并依据有关安全生产的法律、法规、规程制度，逐级编写安全检查表，明确检查项目内容、标准要求，经审批后执行。安全检查后，根据检查反馈意见和发现的问题，分析原因，举一反三查找类似隐患，制订整改措施，落实治理资金、时限和责任人。对于无法按时完成整改的项目，应及时办理延期手续，经企业相关领导批准后实施。同时，安全监督管理部门应加强监督整改计划的落实情况，督促相关责任部门、责任人按时完成整改与验收，形成闭环管理。

（四）工作票和操作票（“两票”）

（1）未公布继电保护措施票、一级和二级动火工作票的工作项目清单。

（2）抽检部分工作票，危险点分析不准确。

（3）抽检某工作票，未对需要落实的各项安全措施进行确认。

针对问题（1），发电企业应组织制订需要执行继电保护措施票、一级动火工作票和二级动火工作票的工作项目一览表，并经企业主管生产的领导（或总工程师）批准后执行。

针对问题（2）和问题（3），开展危险点辨识和风险评价相关知识培训，让作业人员熟练掌握危险点辨识和风险评估方法。危险点分析应从物的不安全状态、人的不安全行为、作业环境的缺陷等方面进行全面辨识，同时制订并落实安全防范措施和应急处置措施。

（五）外委工程安全管理

（1）缺少施工人员身份证信息、施工人员工伤保险证明、体检信息等资料。

（2）部分特种作业操作证过期。

（3）企业特殊作业安全知识考试未将外籍特种作业人员纳入。

针对以上问题，发电企业应加强承包商资质审查，建立健全外委工程档案。严格审查外包工程特种作业人员资质，确保特种作业操作证在有效期内，并持证上岗。加强外籍特种作业人员培训管理，将外籍特种作业人员纳入企业特种作业人员行列统一协调、管理。

（六）安全培训管理

（1）新进员工未进行入厂三级安全教育。

（2）班组级培训内容缺少有关事故案例等。

针对安全教育培训方面发现的问题，发电企业应转变思想，高度重视安全教育培训，并将其作为促进安全生产管理的重要手段。新入厂的生产人员（含实习、代培人员），必须经厂、车间（部门）和班组三级安全教育，经安全考试合格后方可进入生产现场工作。班组安全教育内容至少包括岗位安全操作规程、岗位之间工作衔接配合的安全与职业卫生事项、有关事故案例等。特别地，新入职或工作岗位调整生产人员或新工艺、新技术、新设备、新材料、新产品（五新）应用时，根据相关要求及时进行安全培训，并经考核合格后上岗。

（七）反事故措施和安全技术劳动保护措施（“两措”）

（1）年度“反措”计划缺少《防止电力生产事故的二十五项重点要求》的相关内容。

（2）年度“反措”计划未 100%完成。

针对问题（1），发电企业“反措”计划应根据上级颁发的反事故技术措施、《防止电力生产事故的二十五项重点要求》等，结合企业实际需消除的重大缺陷、提高设备可靠性的技术改进措施以及事故防范对策进行编制。

针对问题（2），对于部分完成的项目，相关责任人应进行分步验收，完成一项验收一项，确保各项“反措”计划落实到位；无法按期完成的项目，需采取安全措施，加强防护，并说明原因和办理延期手续。

（八）应急管理

（1）专项应急预案与综合应急预案衔接不够。

（2）应急物资一栏表与现场实际配置不符。

（3）未做到每年至少一次综合应急演练或专项应急预案演练。

针对以上问题，应急管理作为安全生产的重要组成部分，发电企业应做好做优相关工作。综合应急预案、专项应急预案、现场处置方案应有效衔接，包括分级、预警、组织机构、响应、报告等。现场的应急物资应与预案中的应急物资一一对应。发电企业应根据本企业的风险防控重点，每年应至少组织一次综合应急演练或专项应急预案演练。

（九）职业健康管理

（1）职业健康管理制度不完善。

（2）新入厂拟从事电工作业人员未开展职业健康体检。

针对问题（1），发电企业应依据《中华人民共和国职业病防治法》，建立、健全职业卫生管理制度和操作规程，并在醒目位置设置公告栏，公布有关职业病防治的规章制度、操作规程。一般地，企业职业健康管理制度包括：①职业安全健康劳动卫生管理制度；②职业病危害警示与告知制度；③职业病危害因素检测评价制度；④职业卫生“三同时”管理制度；⑤职业病防护设施维护检修管理制度；⑥职业病危害应急救援与管理制度；⑦职业病危害事故处置与报告制度；⑧职业卫生宣传教育培训制度；⑨职业卫生奖惩制度；⑩职业病的防护用品管理制度；⑪职业病危害项目申报制度等。

针对问题（2），依据《职业健康监护技术规范》（GBZ 188—2014），对接触职业危害因素的作业人员开展包括上岗前、在岗期间及离岗时的职业健康体检。对于新入厂从业人员进行健康检查的主要目的是发现有无职业禁忌证，建立接触职业病危害因素人员的基础健康档案。主要包括两类人员：①拟从事接触职业病危害因素作业的新录用人员，包括转岗到该种作业岗位的人员；②拟从事有特殊健康要求作业的人员，如高处作业、电工作业、职业机动车驾驶作业等。上岗前健康检查为强制性职业健康检查，要在开始从事有害作业前完成。

二、劳动安全与作业环境

(一)安全工器具

(1) 上坝、下坝、下水电站等处存放的部分绝缘手套、验电器本体无编号。

(2) 上水电站和下水电站携带型短路接地线编号存在重复的现象。

(3) 安全工器具合格证缺少工器具名称。

(4) 上坝、下坝值班室绝缘手套未放在专用支架上。

(5) 上坝、下坝携带型短路接地线无编号牌。

针对以上问题，发电企业应加强安全工器具的日常检查和安全管理。各类安全工器具应做到定置管理，工器具编号应具有唯一性、永久性，标识部位应醒目、不易脱落。橡胶类绝缘工器具应放在避光的橱柜内，橡胶层间撒上滑石粉，绝缘手套应套在木手或专用支架上。绝缘安全工器具应存放在温度－15～35℃、相对湿度 5%～80%的干燥通风的工具室（柜）内。每组接地线应编号，并且存放在固定地点。

(二)电气作业

(1) 下水电站机械班仓库手枪钻无检验合格证，无随机同行的安全操作规程。

(2) 下水电站蝶阀层瓷砖切割作业使用的角磨机无防护罩。

(3) 上水电站安装现场检修工具存放处 2 个移动电源盘插头只接了两相。

(4) 上水电站及下水电站渗漏排水泵、检修排水泵、中压空压机等电动机外壳接地不规范。

(5) 上水电站及下水电站蝶阀层检修动力箱 220V 插座开关无剩余电流动作保护装置。

(6) 上水电站机修间配电盘车床、刨床、铣床开关剩余电流动作保护装置无试验合格证。

(7) 下水电站蝶阀层瓷砖切割作业使用的临时电源未架空。

针对问题（1），发电企业应做好电气工器具的安全管理工作。电气工器具应由专人保管，每 6 个月测量一次绝缘，绝缘不合格或电线破损的不应使用。不合格的电气工具和用具不准存放在生产现场。

针对问题（2），转动机械的转动部分必须装防护罩或其他安全防护装置。

针对问题（3），电气工器具的塑料外壳应防止磕碰，禁止与油类及其他溶剂接触。手持和移动电动工具的电源线必须采用三芯（单相工具）或四芯（三相工具）多股铜芯橡皮护套软电缆或护套软线，并不应有接头；其中，绿/黄双色线在任何情况下只能用作保护接地或接零线。

针对问题（4），电源箱箱体接地良好，接地、接零标志清晰，分级配置剩余电流动作保护装置，宜采用插座式接线方式，方便使用。

针对问题（5）和问题（6），配电箱及其附件必须保持完好，不得有破损，临时用电回路应装设合适的剩余电流动作保护装置。同时，剩余电流动作保护装置应定期检验合格。

针对问题（7），临时电源线一般应架空布置，室内架空高度大于 2.5m，室外大于 4m，跨越道路时大于 6m；若需放在地面上，应做好防止碾压的措施。对埋地敷设的电缆线线路应设有走向标志和安全标志，电缆埋地深度不应小于 0.7m，穿越公路时应加设防护套管。

（三）脚手架

上水电站蝶阀层 1 号蝶阀处搭设的脚手架未悬挂验收合格证，无供人员上下的梯子，无扫地杆，工作面栏杆高度不足 1200mm，栏杆底部无护板。

针对以上问题，发电企业应加强脚手架安全专项管理。搭设脚手架时，在脚手架工作面的外侧，应设 1200mm 高的栏杆，并在其下部加设 180mm 高的护板。脚手架必须设置纵横相连的扫地杆，必要时设置剪刀杆。脚手架应装有牢固的梯子，以便工作人员上下和运送材料。上下脚手架应走斜道或梯子，不应沿绳、脚手架立杆、栏杆或借构筑物攀爬。搭设好的脚手架，应经验收合格后挂牌使用，未经验收禁止使用。使用脚手架的工作负责人每天上架前，必须进行脚手架整体检查。

（四）起重作业

（1）现场检查，上水电站施工现场吊装作业多人同时指挥。

（2）上水电站桥式起重机通往上部平台门闭锁装置被解除。

（3）10t 电动葫芦行程终端无限位装置。

（4）下电站机械班仓库手拉葫芦存在无铭牌、检验合格证过期、防脱钩装置损坏、报废品和合格品混放等情况。

针对问题（1），发电企业应依据《防止电力生产事故的二十五项重点要求》（国能安全〔2014〕161 号），采取各种行之有效的安全措施，防止起重伤害事故。吊装作业必须设专人指挥，指挥人员不得兼做司索（挂钩）以及其他工作，应认真观察起重作业周围环境，确保信号正确无误，严禁违章指挥或指挥信号不规范。

针对其余问题，各式起重机应根据规定安装设置闭锁装置、限位装置、防脱钩装置、过卷扬限制器、过负荷限制器、起重臂俯仰限制器、行程限制器、连锁开关等安全装置以及移动旋转和升降机构的刹车装置。各式起重设备应有铭牌标志，定期检验，张贴合格证。同时，加强设备仓库管理，报废品和合格品分开存放，规范摆放，并及时处理报废品。

（五）作业环境

（1）下水电站 230kV 升压站母线龙门架爬梯无护笼。

（2）上水电站通往 GIS 楼顶直梯护笼部分开焊，竖筋少于 5 根。

（3）上坝泄洪放空洞启闭机室直梯踏棍间距超过 300mm，护笼竖筋少于 5 根。

（4）上坝综合楼、下水电站 230kV 升压站等处地沟盖板不全。

（5）上坝、下坝坝顶栏杆立柱间距大于 1000mm。

（6）上坝进水口事故门控制室楼梯扶手栏杆无横杆。

（7）上坝、下坝柴油机房油箱室排风扇为非防爆型。

发电企业应持续重视和不断强化作业环境安全管理。

针对问题（1），厂房外墙等处设置的固定爬梯必须牢固可靠，梯段高度超过3000mm的钢直梯宜设置安全护笼。

针对问题（2）和问题（3），依据《固定式钢梯及平台安全要求　第1部分：钢直梯》（GB 4053.1—2009），护笼宜采用圆形结构，应包括一张水平笼箍和至少5根立杆。

针对问题（4），依据《电业安全工作规程　第1部分：热力和机械》（GB 26164.1—2010），工作场所的井、坑、孔、洞或沟道，必须覆以与地面齐平的坚固的盖板，盖板上的把手不得高于盖板平面。一般地，在一些较大的孔、洞口上还应加装部分横梁，使盖板承受力符合规范要求。主要通道上的盖板，应经计算而专门制作，必要时还应设置警示牌。临时打开的孔、洞应做好防护措施。作业区域的升降口、吊装孔、楼梯、平台及步道等有坠落危险处必须有防护栏杆和护板（踢脚板）。

针对问题（5）和问题（6），依据《固定式钢梯及平台安全要求　第3部分：工业防护栏杆及钢平台》（GB 4053.3—2009），当平台、通道和作业场所距离基准面高度小于2m时，防护栏杆高度应不低于900mm；当距离基准面高度大于或等于2m并小于20m的平台、通道及作业场所的防护栏杆高度不低于1050mm；离地高度大于或等于20m防护栏杆高度不低于1200mm；护板（踢脚板）顶部在平台地面之上高度不低于100mm，其底部距地面应不大于10mm；防护栏杆端部应设置立柱，或确保与建筑物或其他固定结构牢固连接，立柱间距应不大于1000mm。

针对问题（7），依据《发电厂供暖通风与空气调节设计规范》（DL/T 5035—2016），柴油发电机室、油箱间的通风机和电动百叶窗的电动机及电动执行机构应为防爆型。同时，电动机应直接连接，并采用保安电源作为备用电源。

三、生产设备设施

（一）电气专业

（1）上水电站GIS室1号主变压器2号气室间隔C相波纹管处有气体泄漏点，使气室六氟化硫（SF_6）气体压力降低。

（2）下水电站22kV配电室开关柜、TV柜不具备“五防”功能。

（3）通信室内（含蓄电池）照明为非防爆型。

（4）厂房基坑层只设置了2套水位信号器。

针对问题（1），发电企业应持续改进电气设备检查维护和安全管理。六氟化硫（SF_6）断路器定期进行微水含量和泄漏检测。异常处理时，六氟化硫（SF_6）气体必须回收。六氟化硫（SF_6）断路器设备压力异常时，必须查明原因，补气前后做好记录。

针对问题（2），开关柜必须具备“防止误分、合断路器；防止带负荷分、合隔离开关；防止带电挂（合）接地线（接地开关）；防止带地线送电；防止误入带电间隔”功能，简称“五防”功能。严防“五防”功能不完善的开关柜投入使用，已运行的“五防”功能不完善的开关柜应加强运行管理，并尽快完善改造。

针对问题（3），依据《电力系统用蓄电池直流电源装置运行与维护技术规程》（DL/T 724—2000），防酸蓄电池室的照明，应使用防爆灯，并至少有一个接在事故照明母线上，开关、插座、熔断器应安装在蓄电池室外。因此，含蓄电池的通信室内，照明应使用防爆灯。

针对问题(4)，为了防水淹厂房系统，依据《水力发电厂自动化设计技术规范》(NB/T 35004—2013)，厂房最低层（含操作廊道）设置不少于3套水位信号器。每套水位信号器至少包括2对触头输出。当水位达到第一上限时报警，当同时有2套水位信号器第二上限信号动作时，作用于紧急事故停机并发水淹厂房报警信号，启动厂房事故广播系统。此外，抽水蓄能机组还需关闭尾水闸门。

（二）水轮机及附属设备专业

（1）上水电站1号机两台接力器端盖漏油严重。

（2）下水电站4号机调速器主配压阀下阀盘单侧下半部拉伤、划痕。

针对以上问题，发电企业应加强水轮机本体及其附属设备的检查维护。对于接力器端盖漏油，尽快拆卸接力器端盖查明原因，更换盘根。对于主配压阀缺陷，利用检修期间，对主配压阀、衬套及复中弹簧进行检查，消除缺陷，并修磨阀盘。

（三）发电机与励磁系统专业

（1）上、下水电站集电环室碳粉较多，碳粉收集装置吸收不充分。

（2）上、下水电站机组集电环室温度偏高。

针对以上问题，发电企业应依据《立式水轮发电机检修技术规程》（DL/T 817—2014），加强集电环及励磁引线的检修工作。检修后，应符合以下要求：①集电环表面应光滑无麻点，无刷印或沟纹；②刷架刷握及绝缘支柱应完好，固定牢靠，绝缘电阻测试满足相关规定，刷握距离集电环表面应有2～3mm间隙，刷握应垂直对正集电环，弹性良好；③电刷与集电环的接触面，不应小于电刷截面的75%，弹簧压力均匀，电刷与刷握壁间应有0.01～0.2mm间隙，电刷在刷握里滑动灵活，同一刷架上每个电刷压力调整一致；④更新电刷应与原电刷型号一致；⑤励磁引线及电缆应完好无损，绝缘电阻应符合相关规定，接头连接牢固，固定夹板完好。

（四）水库及水工建筑物专业

（1）大坝竣工验收后未进行安全鉴定及评价，未按大坝安全注册管理方式进行自查对照。

（2）堆石坝下游左岸巡检公路严重塌方。

针对问题（1），海外发电企业虽然不能进行大坝安全注册，但大坝安全注册管理方式作为一项监督和管理大坝运行的有效手段，企业仍需按大坝安全注册管理方式进行自查整改。

针对问题（2），抓紧修复塌方路段，汛期加强防地质灾害监测，并落实防范措施与应急管理。

第二节　两场站水电站案例

P 电厂下辖 A、B 两座水电站，为立式反击式水轮机，总装机容量 350MW，其中 A 水电站水库正常蓄水位 868.00m，死水位 845.00m，总库容 2.765 亿 m^3，调节库容 1.355 亿 m^3，水库具有季调节能力，总装机容量 200MW（2×100MW）；B 水电站水库正常蓄水位 719.00m，死水位 709.00m，总库容 0.774 亿 m^3，调节库容 0.188 1 亿 m^3，属日调节水库，总装机容量 150MW（2×75MW）。现有正式职工 116 人，设置生产技术部、安全监察部、计划发展部、财务资产部、政治工作部、人力资源部、水工水务部、办公室、工会办公室。

一、安全管理

（一）组织机构和人员

（1）未正式发布企业安全生产委员会的工作规定。

（2）A 水电站未配置专兼职安全专工。

（3）个人目标责任书未列入接受安全教育培训等内容。

针对问题（1），发电企业应及时正式发布安全生产委员会工作规定，并严格实施。

针对问题（2），依据《中华人民共和国安全生产法》，从业人员超过 100 人的，应设置安全生产管理机构或者配备专职安全生产管理人员；从业人员在 100 人以下的，应配备专职或者兼职的安全生产管理人员，A 水电站应按照规定配置专兼职安全生产管理人员。

针对问题（3），遵守安全生产规章制度和接受安全教育培训是从业人员的权利和义务，应在个人目标责任书中予以明确。

（二）安全生产责任制

（1）未发布企业董事长的安全生产职责。

（2）查看运维班组某次安全活动中学习上级事故通报快报记录，未结合自身业务有针对性地提出反事故措施计划，未在下一次活动上反馈落实情况。

针对问题（1），发电企业应强化落实安全生产责任制，特别是企业“一把手”的安全生产责任重大，更有以上率下的示范作用，应依法依规予以明确。企业主要负责人安全生产职责修订完善后，履行编、审、批手续正式发布。

针对问题（2），对人身伤亡事故通报学习后，要按照反事故措施要求，结合自身业务实际和设备特点，提出防止同类事故的措施计划，布置实施，并在下次活动中反馈落实情况。

（三）安全例行工作

（1）日常隐患排查治理工作分级分类不规范，如将一般缺陷列入隐患管理。

（2）安全检查工作流于形式；安全网例会纪要未以正式文件发布。

针对问题（1），依据《电力安全隐患监督管理暂行规定》（电监安全〔2013〕5号）的定义，根据隐患的危害程度将隐患分为重大隐患和一般隐患，其中重大隐患分为Ⅰ级重大隐患和Ⅱ级重大隐患。具体地，重大隐患是指可能造成一般以上人身伤亡事故、电力安全事故，直接经济损失100万元以上的电力设备事故和其他对社会造成较大影响事故的隐患；而一般隐患是指可能造成电力安全事件，直接经济损失10万元以上、100万元以下的电力设备事故，人身轻伤和其他对社会造成影响事故的隐患。因此，发电企业应明确安全隐患的分级分类标准，规范隐患排查治理工作，采用安全检查、安全评价、安全生产标准化、设备点检、技术监督、重点危险源评估等不同方式进行隐患排查，建立隐患监督管理的长效机制。

针对问题（2），发电企业应高度重视安全检查工作，加强组织，压实责任；对日常检查发现的严重不符合项进行专项管理；每月以正式文件的形式发布安全网例会会议纪要。

（四）反事故措施和安全技术劳动保护措施（“两措”）

（1）安全技术劳动保护措施（“安措”）计划项目无立项依据。

（2）“两措”计划总结评价不规范。

针对问题（1），发电企业安全技术劳动保护措施计划应根据国家、行业颁发的有关标准，从改善劳动条件、防止伤亡事故、预防职业病等方面进行编制。基建项目安全施工措施应根据施工项目的具体情况，从作业方法、施工机具、工业卫生、作业环境等方面进行编制。

针对问题（2），安全监督管理部门监督企业反事故措施计划和安全技术劳动保护措施计划实施，督促各责任部门（车间）定期对完成情况进行书面总结，对存在的问题及时向企业主管领导汇报，跟踪检查整改情况，完成一项验收一项，并进行效果评价。“两措”计划总结应从项目完成率、资金使用率、项目实施效果等方面进行综合评价总结。

（五）安全教育与培训

（1）员工安全培训档案未及时更新。

（2）安全教育培训总结不及时，效果评价不全面。

（3）对违章人员未进行重新学习考试合格后上岗。

针对以上问题，发电企业应依据《企业安全生产标准化基本规范》（GB/T 33000—2016），建立健全安全教育培训制度，明确企业主管部门，如实记录全体从业人员的安全教育和培训情况，建立安全教育培训档案和从业人员个人安全教育培训档案，并对培训效果进行评估和改进。一般地，安全培训项目实施完成后，及时更新参与的员工安全培训档案；及时总结安全教育培训工作，从项目立项、员工参与度、知识和技能提升情况等方面进行总结。此外，对违章人员除了进行经济处罚或其他处罚外，还要进行该类违章相关的安全规章制度学习，考试合格后上岗。

（六）安全风险管控

（1）风险持续改进和评价要求不全，执行不到位。

（2）未确定风险辨识方法、分级、评价、培训、登记等工作。

针对问题（1），发电企业每年至少进行一次风险控制措施的有效性评估和控制措施改进手段评价，按照“计划（Plan）、执行（Do）、检查（Check）、处理（Act）”即“PDCA”进行循环管理，持续改进。

针对问题（2），按照风险管理要求，落实风险全过程管理，全面开展风险辨识、风险分级、风险控制、风险评估及改进，健全完善风险分级管控的长效机制。

（七）重大危险源及危化品管理

（1）危化品存放仓库负责人无相关安全培训与考试的记录。

（2）储存氧气等危化品库房无专用库房、专人管理。

（3）危险物品存放与管理不规范。

针对问题（1），每年对危化品仓库相关管理人员，进行有关危化品法律法规及安全技术知识的培训与考试，并将相关材料存档。

针对问题（2），发电企业应依据《危险化学品安全管理条例》（中华人民共和国国务院令　第 645 号），不断改进和强化重大危险源和危险化学品安全管理。危险化学品应储存在专用仓库、专用场地或者专用储存室（统称专用仓库）内，并由专人负责管理；剧毒化学品以及储存数量构成重大危险源的其他危险化学品，应在专用仓库内单独存放，并实行双人收发、双人保管制度。

针对问题（3），按照危化品管理要求，规范库房消防、通风、通信、安防等硬件设施，并实行专人管理。危险化学品的储存方式、方法及储存数量应符合国家标准或者国家有关规定，按种类、特性分类储存，并在每一物品上标明物资名称、规格和注意事项等。对剧毒化学品以及储存数量构成重大危险源的其他危险化学品，储存单位应将其储存数量、储存地点及管理人员的情况，报所在地应急管理部门（在港区内储存的，报港口部门）和公安机关备案。

（八）应急管理

（1）应急管理制度和标准没有规定应急物资储备、管理事项。

（2）未与相关方签订相关协议，未建立联动机制。

（3）应急预案未按规定向上级单位和政府有关部门备案。

（4）未做到每半年组织一次现场处置方案演练。

（5）应急物资台账与应急预案的内容不衔接。

针对问题（1），制度建设是关键，是应急管理工作的重点任务，全面有效的制度是做好应急管理的第一步。发电企业应及时组织修订应急管理规章制度，明确应急物资储备、日常管理等标准。

针对问题（2），由于企业医疗、救援队伍及相关资源受限，应急救援需要多方参与，因此发电企业要组织开展一次应急能力建设评估，加快与当地医疗部门、有救援能力的单位或个人签订协议，建立多方联动机制，加强应急能力建设。

针对问题（3），积极与当地政府相关主管部门联系，按照法律法规的要求，做好应急预案备案工作。同时，按照企业的管理要求，也要及时积极地向上级单位进行备案。

针对问题（4），根据本企业的风险防控重点，每半年应至少组织一次现场处置方案演练。组织相关专业和人员制订应急预案演练计划，根据预案管理职责将预案分解到责任部门（班组），由责任部门（班组）提交演练方案、演练脚本等，由安全监督管理部门审核后实施。此外，每年对应急演练落实情况进行总结评价。

针对问题（5），根据应急预案所列物资需求，分类统计，集中采购；物资到库后，实行专人管理，建立台账，做好出入库记录，并定期检查维护，满足应急救援的需要。

（九）交通安全管理

（1）交通管理制度未明确道路建设和管理职能的内容。

（2）停车场设施不全。

针对以上问题，发电企业应及时组织修订自建道路的建设与日常运维维护管理标准，同时按制度加强维护。此外，所有停车位要设置规范的防撞装置等，倒班交通车宜固定停车位。

（十）治安保卫

（1）治安保卫制度内容不全，无管理要求、管理标准。

（2）缺少全厂周界防护三防清单。

（3）保安固定值班岗亭门窗等防护设施未采用隔离措施。

针对问题（1），发电企业应及时组织修订治安保卫制度，组织评审，并正式发布。为精准执行制度，组织制度宣贯学习，并做好记录。

针对问题（2）和问题（3），参照《电力行业反恐怖防范标准（试行）》（水电工程部分）的规定，梳理企业周界防护标准，并按照标准要求配齐所需人防、物防、技防硬件和软件。此外，值班岗亭门窗必须装设防护网等保护隔离设施。

二、劳动安全与作业环境

（一）安全工器具

（1）电气安全工具缺“三证一书”。

（2）中控室存放的钳形电流表已超过检验周期。

（3）现场手持移动式电动工具无转向标识。

（4）检修电源箱、照明配电箱各路配线负荷无标志。

针对以上问题，发电企业应加强安全工器具管理。电气安全工器具必须“三证一书”齐全，并按照规定周期进行定期检验，及时更新试验合格有效期标签。按规定在转动工作部件上标识转向标志。此外，检修电源箱、照明配电箱各路配线负荷标志应清晰，便于识别。

（二）作业环境

（1）生产车间部分安全通道被阻挡。

（2）透平油处理室、大坝柴油发电机储油室门口无释放静电装置。

（3）GIS 开关室 20PM 动力配电箱接地线断开，无应急照明。

（4）2 号渗漏泵接地线连接螺栓松动。

针对以上问题，发电企业应重视作业环境的安全问题，积极推进本质安全建设。生产现场实行定置化管理，保持作业环境整洁。生产现场应配备相应的安全、职业病防护用品及消防设施与器材，按照有关规定设置应急照明、安全通道，并保证安全通道畅通。有静电释放要求的场所应安装释放静电装置。修复断开或松动的接地线，保证可靠接地。

（三）起重作业

（1）部分安全带未校验。

（2）厂房 250t/50t/10t 桥式起重机司机控制设备间灯不亮。

（3）厂房 275t/50t/10t 桥式起重机主副吊钩及 2 个电动葫芦无载荷标志。

（4）各式电动葫芦未按期检验。

针对以上安全带与起重设备所发现的问题，应有针对性地进行整改，保证劳动防护用品及起重设备正常投入使用。一方面，安全带是高处作业的生命带，应定期检验，完好使用。另一方面，发电企业按规定对起重设备开展日常检查和定期检验，做好相关记录，同时加强检修维护，确保各式起重设备性能良好，符合安全规定。

（四）机械作业

（1）机械加工设备无转向标志。

（2）砂轮机、台钻外壳未接地。

（3）台钻未备有清除切屑的专用工具。

（4）台钻未采用安全电压照明灯具。

（5）无机械加工设备管理制度。

针对以上问题，发电企业应按相关标准对机械设备标注转向标志，机械设备外壳要可靠接地。对台钻等机械设备清除切屑时，应配备并使用专用工具，同时采用安全电压照明。此外，及时制定机械加工设备相关的安全管理制度，严格执行相关规章制度，构建机械作业安全生产长效机制。

三、生产设备设施

（一）电气专业

（1）备用电源自动投入装置未进行定期传动试验。

（2）未根据调度提供的短路容量变化核算接地引线热稳定性。

针对问题（1），发电企业应依据《防止电力生产事故的二十五项重点要求》（国能安全〔2014〕161 号），针对电网运行工况，加强备用电源自动投入装置的管理，定期进行传动试验，保证事故状态下投入成功率。

针对问题（2），为有效防止接地网事故，应认真汲取接地网事故教训，并按照相关规程规定的要求，改进和完善接地网设计，同时加强校核监测。校验接地引下线热稳定所用电流应不小于远期可能出现的最大值，有条件地区可按照断路器额定开断电流考核；接地装置接地体的截面面积不小于连接至该接地装置接地引下线截面面积的 75%，并提出接地装置的热稳定容量计算报告。此外，对于改扩建工程，还应对前期已投运的接地装置进行热稳定容量校核，不满足要求的必须进行改造。

（二）水轮机及附属设备专业

（1）缺少补气装置动作试验记录。

（2）透平油备用油量不足。

（3）油罐室事故油池高度不足 1.8m。

针对问题（1），发电企业应依据《水轮发电机组安装技术规范》（GB/T 8564—2003）有关立式反击式水轮机附件安装的规定，对真空破坏阀和补气阀进行动作试验和渗漏试验，其起始动作压力和最大开度值应符合设计要求。此外，主轴中心孔补气装置安装，要符合设计要求。如果设计有要求，则主轴中心补气管应参加盘车检查，摆度值不应超过其密封间隙实际平均值的 20%，最大不超过 0.30mm。

针对问题（2）和问题（3），依据《水力发电厂水力机械辅助设备系统设计技术规定》（NB/T 35035—2014），机组用油量按照制造厂资料确定，若无制造厂资料时，宜按容量和尺寸相近的同型机组或经验公式进行估算。对于透平油系统的备用油量宜取最大一台机组用油量的 1.1 倍。同时，补充备用油量，宜按储备全部运行设备 45～90d 的补充油量考虑。此外，油罐室设置事故油池时，油池的高度宜高于 1.8m，并设有合理的排油设施，油池内要有通气孔和进人孔。

（三）发电机与励磁系统专业

（1）泄洪闸门启闭机油压装置电动机外壳未与接地网连接。

（2）未进行发电机定子槽部线圈防晕层对地电位测试。

针对问题（1），发电企业应依据《防止电力生产事故的二十五项重点要求》（国能安全〔2014〕161 号），按照相关规程规定的要求，改进和完善接地网设计。采取措施将泄洪闸门启闭油压装置电动机外壳与接地网可靠接地。同时，定期（时间间隔应不大于 5 年）通过开挖抽查等手段确定接地网的腐蚀情况，其中铜质材料接地体的接地网不必定期开挖检查。若接地网接地阻抗或接触电压和跨步电压测量不符合设计要求，怀疑接地网被严重腐蚀时，应进行开挖检查。如发现接地网腐蚀较为严重，应及时进行处理。

A 级检修是指对发电机进行全面的解体检查和修理，以保持、恢复或提高设备性能。针对问题（2），依据《立式水轮发电机检修技术规程》（DL/T 817—2014），做好 A 级检修发电机测试项目，包括发电机定子槽部线圈防晕层对地电位测试。

（四）水库及水工建筑物专业

（1）大坝安全监测月报及年度资料缺少观测时大坝上下游水位、降水、风向、风速、蒸发、湿度、气温等环境量。

（2）泄洪表孔过流面有较多裂缝。

水利计算工作要高度重视资料的收集、整理、评价和复核修正，使计算成果建立在可靠的基础上。针对问题（1），发电企业应依据《水利工程水利计算规范》（SL 104—2015）有关基础资料收集与整理的规定，收集大坝上下游水位、降水、风向、风速、蒸发、湿度、气温等环境量，为水利计算工作奠定基础。

针对问题（2），按照《水电站大坝安全现场检查基本要求》（坝监安监〔2015〕54 号），规范水电站大坝安全现场检查工作。同时，组织相关人员对泄洪表孔过流面裂缝进行详查，研究处理措施，及时落实整改。对常规手段难以检查的，委托专业单位完成，并由其提供整改方案。

第三节　三场站水电站案例

Q电厂成立于2000年1月，下辖三座水电站，A水电站是以发电为主的径流式水电站，共3台机组，总装机容量43.8MW，设计多年平均发电量1.925亿kW·h；B水电站以发电为主，共3台机组，总装机容量60MW，设计多年平均发电量2.537亿kW·h；C水电站安装有3台灯泡贯流式机组，总装机容量3×16MW，保证出力10.84MW，年平均发电量2.047亿kW·h。

一、安全管理

（一）安全目标管理

（1）缺少年度安全工作计划。

（2）安全生产责任书未明确双方的安全责任。

针对问题（1），发电企业应结合安全目标和保证措施，制订切实可行、操作性强的安全工作计划，明确具体项目和负责人、计划完成时间等，经审批后执行。

针对问题（2），安全生产责任制既是强制性的法治责任，也是安全生产最核心、最基础的保障，发电企业各级的安全生产责任书中应明确双方的安全职责，全面落实安全生产责任制。

（二）工作票和操作票（“两票”）

（1）某一级动火工作票缺少开工前及执行过程中关于可燃气体含量测量数据记录。

（2）隔离开关旁检修工作现场，未设置遮（围）栏。

（3）抽检部分工作票，危险点分析不全面，缺少相应的防范措施。

（4）未编制必须填用继电保护安全措施票的工作任务清单。

针对问题（1），发电企业应保质保量地执行“两票”制度。在防火重点部位或场所以及禁止明火区动火作业，应填用动火工作票。一、二级动火作业在首次动火时，各级审批人和动火工作票签发人均应到现场检查防火安全措施是否完备，可燃气体、易燃液体的可燃蒸气含量是否合格，并在监护下做明火试验，确无问题后方可动火作业。动火工作间断、重新动火前必须重新检查防火安全措施，并测定可燃气体、易燃液体的可燃蒸气含量，合格后方可重新动火。

针对问题（2），按照相关安全规定，室内一次设备上工作，应装设“在此工作”标志牌，并设置遮（围）栏，悬挂“止步，高压危险”标志牌，防止发生电气伤害等安全事故。

针对问题（3），在实施具体检修工作、操作任务前，工作负责人应组织全部工作班成员对工作任务全过程进行危险点分析，危险点分析应从物的不安全状态、人的不安全行为、作业环境的缺陷等方面进行危险源辨识。辨识工作任务全过程可能存在的全部危险点，制订风险控制措施，填入工作票。

针对问题（4），组织相关专业编制需要填用继电保护安全措施票的工作任务清单，规定填票人、操作人、监护人、审批人的资格和权限，经企业分管副职或总工程师审批后书面通知有关工作岗位。

（三）安全培训管理

（1）未组织开展动火工作票资格人员考试。

（2）年度培训计划缺少岗位应急技能、安全技能等内容。

（3）新入厂员工只有班组安全教育培训记录，未经企业、部门（车间）两级安全教育。

针对问题（1），发电企业应高度重视和持续强化安全培训工作，将安全培训作为安全生产的准入条件和保障条件。一、二级动火工作票的签发人、审批人、运行许可人、动火工作负责人应每年进行一次考试，考试合格后，经企业主管生产的领导（或总工程师）批准并书面公布。

针对问题（2）和问题（3），发电企业应进一步加强安全教育培训工作。一方面，健全培训内容，应该培训的必须培训到位，特别是组织开展从业人员岗位应急知识教育和自救互救、避险逃生技能培训，并定期组织考核。另一方面，三级教育既是安全教育的重要组成部分，也是安全生产的法定义务，新入厂的生产人员，应经厂、部门（车间）、班组逐级培训且考试合格，才能进入班组；尤其是外包单位作业人员、外协用工人员、实习人员应纳入发电企业从业人员统一培训管理。

（四）反违章管理

（1）未对查处的违章责任人进行教育培训。

（2）班组违章档案记录不全。

针对问题（1），发电企业应组织对各类违章通过教育、曝光、处罚、整改四个步骤进行处理，按照“四不放过”的原则对违章责任人开展教育和培训，并做好相关记录。

针对问题（2），健全班组违章档案，及时如实记录班组人员的违章及考核情况，让每一份违章档案发挥历史溯源和安全警示震慑双重作用，并作为安全绩效评价的重要依据。

（五）反事故措施和安全技术劳动保护措施（“两措”）

（1）年度反事故措施（“反措”）计划缺少防止电力生产事故的二十五项重点要求、上级颁发的反事故技术措施等相关内容。

（2）年度安全技术劳动保护措施（“安措”）计划编制工作，未组织工会等部门参与。

针对问题（1），重新梳理企业级、部门（车间）级“反措”计划，严格按照反事故计划编制要求进行编制。反事故措施计划应根据防止电力生产事故的二十五项重点要求、上级颁发的反事故技术措施、需要消除的设备重大缺陷、提高设备可靠性的技术改进措施及事故防范对策进行编制。

针对问题（2），发电企业安全技术劳动保护措施计划由企业分管安全工作的领导组织，以安全监督管理、劳动人事、工会等部门为主，各有关部门参加制订。

（六）应急管理

（1）应急管理制度不完善。

（2）应急预案未组织评审，未向上级单位和政府有关部门备案。

针对问题（1），发电企业应建立健全企业应急管理制度，落实企业主要负责人是安全生产应急管理第一责任人的工作责任制，层层建立安全生产应急管理责任体系，有序开展应急管理制度完善修编工作，明确预防与应急准备、监测与预警、应急处置与救援、监督管理等有关内容。

针对问题（2），发电企业应依据《关于印发〈电力企业应急预案评审与备案细则〉的通知》（国能综安全〔2014〕953号），根据企业实际情况，自行组织开展应急预案评审，或委托第三方机构组织评审工作。应急预案评审之前，组织相关人员对应急预案进行桌面演练，以检验预案的可操作性；然后，组建专家组对应急预案的形式、要素进行评审。评审工作可邀请预案涉及的有关政府部门、国家能源局及其派出机构和相关单位人员参加。评审合格后由企业主要负责人签署印发实施，并向上级单位、地方政府有关部门备案。

（七）消防安全管理

（1）消防管理人员未按规定培训取证。

（2）主变压器配备的消防器材不符合规范要求。

针对以上问题，发电企业应依据《电力设备典型消防规程》（DL 5027—2015），完善消防安全管理。一方面，消防安全责任人、消防安全管理人、专兼职消防管理人员、消控值班人员等应参加有关部门组织的专门培训和取证；另一方面，按相关要求配置主变压器消防设施，并举一反三检查企业其他地点的消防配置情况，发现不符合项，应立即整改。

（八）事故管理

对设备安全事故未严格按照“四不放过”原则进行处理和管理。

针对以上问题，发电企业应高度重视事故管理，将事故作为安全生产工作的新起点，充分汲取教训，杜绝类似事故。安全生产领域事故管理的最根本原则是“四不放过”，而“四不放过”的核心要义是对安全生产事故必须进行严肃认真的调查处理，接受教训，防止同类事故重复发生。这是对安全生产事故或违章的最深刻警示教育和安全启示。具体地：

事故原因未查清不放过，即要求在调查处理安全事故时，首先要把发生事故的原因分析清楚，找出导致事故发生的真正原因，包括直接原因和间接原因，不能敷衍了事，不能在尚未找到事故根本原因或主要原因时就轻易下结论，也不能把次要原因当成主要原因。未找到真正原因决不轻易放过，直至找到事故发生的根本原因以及各因素之间的因果关系才算达到事故原因分析的目的，发挥事故应有的教育作用。

责任人员未处理不放过，这是安全事故责任追究制的具体体现。对事故责任者要严格按照安全事故责任追究规定和现行有关法律、法规的规定进行严肃处理，绝不走形式、走过场，发挥事故应有的惩戒作用。

整改措施未落实不放过，即要求必须针对事故发生的原因，在对安全生产事故进行严肃认真调查处理的同时，提出防止相同或类似事故发生的切实可行的防范措施，并通过各方督促事故发生单位认真落实整改。只有这样，才算达到事故调查和处理的最终目的，发挥事故应有的预防作用。

有关人员未受到教育不放过，即要求在调查处理安全事故时，不能认为原因分析清楚了，有关人员被处理了就算完成任务了，还必须使事故责任者和广大群众了解事故发生的原因及所造成的危害，并深刻认识到做好安全生产工作的重要性，使大家从事故中汲取教训，发挥事故应有的震慑作用。

二、劳动安全与作业环境

（一）电气作业

（1）继电保护室内验电器、绝缘手套、绝缘靴等安全工器具的本体编号、试验合格证编号、存放位置编号、试验报告编号存在不一致的情况。

（2）未配备剩余电流动作保护装置测试仪，未进行剩余电流动作保护装置动作特性试验。

针对问题（1），发电企业应持续做好电气工器具的安全管理。各类电气工器具应做到定置管理，工器具编号应具有唯一性、永久性，标识部位应醒目、不易脱落。

针对问题（2），依据《剩余电流动作保护装置安装和运行》（GB/T 13955—2017），为检验剩余电流动作保护装置在运行中的动作特性及其变化，应配置专用测试仪器，并定期进行动作特性试验。通过动作特性试验，检查剩余电流动作保护装置（RCD）是否有效可用，其试验项目包括：①测试剩余动作电流值；②测试分断时间；③测试极限不驱动时间。

（二）高处作业

（1）安全工器具间的安全绳无检验合格证。

（2）泄水闸门启闭机室的人字梯无检验合格证。

（3）厂房桥式起重机轨道通行时需要变换安全带挂钩位置，但现场未配备双钩安全带。

针对以上问题，发电企业应加强做好高处作业的安全防护工作。①在设备方面，安全带和专作固定安全带的绳索在使用前应进行检查，并应定期（每隔 6 个月）按批次进行静载试验。绝缘人字梯应定期检验，并张贴合格证。②在作业方面，高处作业人员在作业过程中，应随时检查安全带是否拴牢；同时，在转移作业位置时不得失去保护。水平移动时，使用水平绳或增设临时扶手；若移动频繁，宜使用双钩安全带。

（三）起重作业

（1）1 号机大修厂房桥式起重机起吊作业，吊物悬置时，司机室内无驾驶人员。

（2）厂房桥式起重机司机室门未安装闭锁装置。

针对以上问题，发电企业应持续做好起重作业过程的防护工作和起重设备的安全管理。

针对问题（1），起吊重物不准让其长期悬在空中；有重物暂时悬在空中时，严禁驾驶人员离开驾驶室或做其他工作。

针对问题（2），桥式起重机、门式起重机的司机室门和舱口门应设连锁保护装置，当门打开时，起重机的运行机构不能开动。

（四）特殊危险作业

（1）2 号机内筒体开展主轴保护罩安装工作，未识别“金属容器内使用不符合要求的电气工具”风险。

（2）1 号机高位油箱清洗工作，未识别“易燃易爆气体”风险。

针对以上有限空间作业所反馈的问题，发电企业应依据《防止电力生产事故的二十五项重点要求》（国能安全〔2014〕161 号），在受限空间（如容器内、电缆沟、烟道内、管道等）内长时间作业时，必须保持通风良好，氧气浓度保持在 19.5%～21%范围内，防缺氧窒息。对容器内的有害气体置换时，吹扫必须彻底，不留残留气体，防止人员中毒。进入容器内作业时，必须先测量容器内部氧气含量，低于规定值不得进入，同时做好逃生措施，并保持通风良好，严禁向容器内输送氧气。容器外设专人监护，且与容器内人员定时喊话联系。此外，金属容器内使用的电气工器具，电压应为 24V 以下或为Ⅱ类工具。

（五）作业环境

（1）柴油发电机房、坝变室、泄水闸门启闭机房照明不亮。

（2）泄水闸门启闭机房卷扬机防护栏杆打开后未及时关闭。

（3）泄水闸门启闭机室、尾水启闭机室卷扬机转动部分无防护。

针对以上问题，发电企业应做好作业环境的本质安全建设。作业场所的自然光或照明应充足，可移动防护栏杆应及时复位并固定。作业场所邻近设备的转动部分（如联轴器、链条及裸露部分等）必须装有防护罩或其他防护设施，且牢固、完整。

三、生产设备设施

（一）电气专业

（1）未建立电缆维护、检查规章制度。

（2）缺少电缆检查记录。

（3）集控机房 UPS 蓄电池组未开展全核对性放电试验。

（4）A、B、C 水电站管理信息大区与外网之间无防火墙等边界安全防护。

针对问题（1）和问题（2），发电企业应依据《防止电力生产事故的二十五项重点要求》（国能安全〔2014〕161 号），建立健全电缆维护、检查及防火、报警等各项规章制度，防止电缆着火事故。严格按照运行规程规定对电缆夹层、通道进行定期巡检，并检测电缆和接头运行温度，同时按规定进行预防性试验。

长期使用限压限流的浮充电运行方式或只限压不限流的运行方式，无法判断阀控蓄电池的现有容量、内部是否失水或干裂。只有通过核对性放电，才能找出蓄电池存在的问题。因此，针对问题（3），依据《电力系统用蓄电池直流电源装置运行与维护技术规程》（DL/T 724—2000），新安装或大修后的阀控蓄电池组，应进行全核对性放电试验，以后每隔 2～3 年进行一次核对性试验，运行了 6 年以后的阀控蓄电池，应每年进行一次核对性放电试验。

针对问题（4），依据《关于印发电力监控系统安全防护总体方案等安全防护方案和评估规范的通知》（国能安全〔2015〕36 号）的要求，按照《发电厂监控系统安全防护方案》的具体规定，发电企业管理信息大区与外部网络之间应采取防火墙、VPN 和租用专线等方式，保证边界与数据传输的安全。

（二）水轮机及附属设备专业

（1）A 水电站 1 号机组水轮机转轮室上半部（不锈钢区域外）存在点状空蚀。

（2）B 水电站 2 号机调速器压油泵启动频繁。

针对问题（1），发电企业可依据《水轮机、蓄能泵和水泵水轮机空蚀评定　第 1 部分：反击式水轮机的空蚀评定》（GB/T 15469.1—2008），对空蚀量进行评定。在规定的运行范围和时间内运行一段时间后，测量出的水轮机相关部件的空蚀量，并考虑测量的不确定度，不超过下式计算的空蚀保证量 C_A，则认为空蚀保证满足要求。

$$C_A = C_R\left(\frac{t_A}{t_R}\right)$$

式中　C_A——空蚀评定时运行时间内空蚀保证值；

C_R——基准运行时间内空蚀保证值；

t_A——实际运行时间；

t_R——基准运行时间，即用来作为确定空蚀保证基准值的小时数。

对已发现的空蚀情况，应尽早组织消除缺陷。建议采用补焊打磨处理，并收集转轮室空蚀影像资料存档，跟踪观察转轮室空蚀情况，日常运行应尽量避开水轮机不稳定区域工况运行。

针对问题（2），利用检修期间，对受油器铜瓦进行检查，若铜瓦瓦隙超标应予以更换，并对调速器机械部分进行技术改造。

（三）水库及水工建筑物专业

（1）A 水电站右岸坝头上下游坝体与地基交界面、B 站大坝左岸坝踵线被杂草等覆盖，无法开展巡查。

（2）C 水电站大坝右岸预留船闸上闸首仅靠检修一道闸门挡水，闸门是重要的挡水建筑物，但闸门下游的中下部被杂草等覆盖，无法巡查和维护。

（3）三座大坝垂直位移观测低于规范要求，其中 A 水电站大坝垂直位移观测前后视距差远超规范规定，A、B 水电站大坝水平位移观测精度偏低，B、C 水电站垂直位移观测基点双金属标铁管测点标头锈蚀。

针对问题（1），发电企业应加强对各类建筑物边角部位检查与维护，对大坝等水工建筑物与地基交界面的杂草、垃圾等进行全面清理，要求建筑物轮廓线周边至少 50cm 保持清晰可见。

针对问题（2），清除大坝预留船闸挡水检修闸门周边杂草，实时关注闸门运行状态，做好闸门的巡查和维护。特别关注闸门的锈蚀和变形现象，必要时进行处理。

针对问题（3），坝顶垂直位移由二等水准改为一等水准观测，调整 A 水电站大坝垂直位移观测方法，使其前后视距满足规范要求；加强对水平位移观测，及时计算和误差分析，如误差较大，可通过增加测回数消除误差。此外，尽快更换已锈蚀的测点标头。

第四节　日调节式水电站案例

R 电厂主要任务为发电，电站正常蓄水位 1378m，死水位 1375m，总库容 2.414 亿 m^3，额定水头 64.0m，具有日调节性能，为大（Ⅱ）型工程，总装机容量 920MW（4×230MW），设计年利用小时数 4111h，多年平均年发电量 37.82 亿 kW·h。电站于 2005 年 12 月开工建设，2009 年 3 月核准，2011 年 5 月第一台机组（4 号机组）安装完毕，首台机组（4 号机组）、3 号机组于 2011 年 10 投产发电，2 号机组、1 号机组分别于 2012 年 5 月和 6 月投产发电。

一、安全管理

（一）安全生产责任制

（1）各级人员安全生产责任制未根据企业机构、人员变化和国家相关法律法规变化进行修订。

（2）部门安全监督人员每月未 100%对班组安全活动记录进行检查，未提出评价和改进意见。

（3）企业未组织特殊作业人员安全知识考试。

针对以上问题，发电企业应按照《企业安全生产责任体系五落实五到位规定》（安监总办〔2015〕27 号）的要求，全面落实安全生产责任，修订完善各级人员安全生产责任制，明确各岗位人员安全职责。发电企业应建立安全监督制度，成立自上而下的安全监督组织机构，形成完整的安全监督体系。同时，与安全保证体系一道严格履行自身职责，共同保证安全目标的实现。车间（部门）安全监督人员对班组安全活动记录的检查与评价应 100%，企业组织不定期抽查并提出评价和改进意见。企业对部门、车间负责人及专业技术人员，每年进行一次有关安全生产规程制度的考试，考核合格后上岗。此外，对于特殊工种还要按规定进行相应的特殊作业安全知识培训与考试。

（二）安全风险管控与隐患排查

（1）风险辨识评价前未进行相关风险辨识知识培训。

（2）对风险级别定为“重大风险”未从组织、制度、技术、应急等方面制订控制措施。

（3）现场危害因素警示卡的“注意事项”与所对应的“危害因素”不符。

（4）部分完成整治的隐患项目无闭环资料。

针对以上问题，发电企业应健全安全风险分级管控与隐患排查治理双重机制，并充分发挥机制效能，保障安全生产稳定局面。①应组织工作人员开展风险辨识相关知识的培训，以保证风险辨识准确有效。②根据生产现场实际，认真开展风险辨识评估，确保符合现场设备和系统实际；依据风险评估结果，针对安全风险特点，从组织、制度、技术、应急等方面对风险制订控制措施。③进一步完善隐患排查治理各项工作，界定隐患分级、分类标准，明确“查找—评估—报告—治理（控制）—验收—销号”的闭环管理流程。隐患应按治理计划进行整改验收，验收合格予以注销备案，不合格的重新组织整改。对已完成整改的隐患进行验收签字，并做好相关记录，形成闭环管理。

（三）作业环境管理

（1）油罐室门口未装设静电释放装置。

（2）油罐室的输油管道法兰、水轮机层的输油管道法兰均无跨接线。

（3）坝区柴油发电机组供油箱房照明灯开关装在房内，并且是非防爆型。

针对问题（1），发电企业应依据《电力设备典型消防规程》（DL 5027—2015），在油区设置人体静电释放器。一般地，在油罐室门口安装静电释放器，并每年进行检验，确保其接地电阻合格。

针对问题（2），举一反三对企业的输油管道法兰进行排查、复查，对缺失跨接线的法兰加装跨接线，防止发生火灾爆炸事故。

针对问题（3），加强油区安全检查，及时消除隐患，油罐室内不应装设照明开关和插座，将坝区柴油发电机组供油箱房照明灯开关移到室外。

（四）应急管理

（1）应急物资未做到账、卡、物一致。

（2）现场物资库内存放的防汛应急物资中有 3 个潜水泵，但无匹配的输水管和电源盘。

（3）现场常备抢险物资储备表缺少存放地点、管理责任人和联系电话等信息。

（4）防汛防地质灾害综合应急预案演练总结评价中提出存在问题和改进措施，未见整改闭环材料。

针对以上应急管理存在的问题，有必要开展一次应急能力建设评估，依据《关于深入开展电力企业应急能力建设评估工作的通知》（国能综安全〔2016〕542 号），按照《发电企业应急能力建设评估规范（试行）》，组织做好各项评估工作，提出改进意见，并制订方案着手完善，提升应急能力和应急管理水平。

针对问题（1），建立完整的各类应急装备和物资的档案和台账，对现有的应急实物储备库房要指定专人管理，要建账、建卡。存放要定置管理，做到标记鲜明，名称、规格和数量准确。对损坏和过期的物资要分开存放、标识，并及时修理或报废。出入库要登记，做到账物相符，字迹清楚，不得涂改。对消耗掉的应急物资应及时补充和完善；

建立有效的监督机制，定期对应急装备和物资进行专项检查，做好检查记录，确保完好；组织专人每年对企业装备和物资进行核数，包括对实有物资、固定资产的核对，并进行审核。

针对问题（2），根据应急预案的要求、专（兼）职应急救援队伍职责、应急评估、应急策划结果，配齐企业常规救援应急装备和物资，做好企业可能发生的突发事件的应急装备和物资的准备工作。

针对问题（3），编制应急物资和装备清单，明确应急物资装备和物资的型号、数量、保管人或存放地点。

针对问题（4），及时对应急演练的目的、组织机构、方案、演练的实际开展情况及记录进行评估，根据评估结果进行改进。

二、劳动安全与作业环境

（一）安全工器具

（1）缺少接地线、绝缘靴、绝缘手套等的定期试验报告。

（2）500kV 验电器已报废，但清册中未记录。

（3）5kV 绝缘靴清册中登记为 10kV 绝缘靴。

（4）运维部安全工器具室存放的 35kV 验电器本体无永久性编号。

针对以上问题，发电企业应加强安全工器具日常维护保养。定期检验试验工作，要依据相关标准，按一定周期和检测项目有效开展，能及时发现问题，排除缺陷。建立安全工器具清册，根据实际变化，实时更新清册，确保清册和实物一致。此外，工器具的编号应具有唯一性、永久性，标识部位应醒目、不易脱落。

（二）电气作业

（1）水工班厂房工器具室存放的移动电源盘存在新旧检验合格证混贴的情况。

（2）机械工器具室门口进行的切割作业，使用的角磨机无防护罩，移动电源盘无剩余电流动作保护装置。

（3）水工班厂房工器具室一个移动电源盘三芯电缆插头只接了两芯，另一个电源盘插头接线不规范。

针对问题（1），发电企业应依据《手持式电动工具的管理、使用、检查和维修安全技术规程》（GB/T 3787—2017），检查工具是否具有国家强制认证标志、产品合格证和使用说明书。工具经维修、检查和试验合格后，应在适当部位粘贴“合格”标志；对不能修复或修复后仍达不到应有的安全技术要求的工具应办理报废手续并采取隔离措施。

针对问题（2），不得任意拆卸工具的危险运动零、部件的防护装置（如防护罩、盖等）；移动电源盘应按规定装设剩余电流动作保护装置，并加强剩余电流动作保护装置的性能检查维护，确保用电安全。

针对问题（3），按照相关安全规定，单相电气设备要采用三芯电缆，三相设备要采用四芯电缆。此外，工具的插头、插座应按规定正确接线，插头、插座中的保护接地极在任何情况下只能单独连接保护接地线（PE）。

（三）作业环境

（1）继电保护室内设有气体灭火系统，未按规定安装通风换气设施。

（2）坝区柴油发电机室缺少排风设备。

（3）发电机层主安装间下游侧安全出口门无法打开。

（4）副厂房楼梯间安全出口标志灯不亮。

（5）GCB 室、通信设备室、继电保护室等处照明存在缺陷。

（6）绝缘油库内的消防水管、油管路无介质流向。

针对问题（1），依据《发电厂供暖通风与空气调节设计规范》（DL/T 5035—2016），配备全淹没气体灭火系统的电气设备间、电子设备间、继电器室和电缆夹层等防护区及无可开启外窗集中（单元）控制室、网络控制室、电气或电子设备间等均应设置灭火后通风系统，换气次数不小于每小时 6 次。排除室内余热的通风机可以兼作灭火后室内通风换气设施。通风设备及管道应为钢制。

针对问题（2），柴油发电机室按照《发电厂供暖通风与空气调节设计规范》（DL/T 5035—2016）的规定，设置平时通风系统和柴油发电机运行时通风系统。此外，柴油发电机运行时的排风机，可以兼作平时通风用。

针对其余问题，发电企业应认真做好作业环境的安全管理，加强日常检查和维修。及时消除安全出口门、标志灯、照明等现存缺陷，并举一反三进行排查，制订治理措施，形成闭环整改。作业场所安全警示标识应齐全、规范、完整。建筑物及设备设施等名称、编号和介质色标、流向等标识应规范、清晰、完整。

三、生产设备设施

（一）电气专业

（1）电站枢纽接地网接地电阻不合格。

（2）缺少高压开关柜断路器、隔离开关和接地开关“五防”闭锁性能检查记录。

（3）GIS 楼六氟化硫（SF_6）泄漏报警装置经常死机，且无法实现风机自动控制。

（4）缺少六氟化硫（SF_6）气体泄漏监控报警装置校验记录。

针对问题（1），发电企业应组织相关专业对接地电阻按照行业规范及电站设计不大于 0.5Ω 要求进行整改。

针对问题（2），依据《电力设备预防性试验规程》（DL/T 596—2005），高压电气设备应具备防止误分、合断路器，防止带负荷分、合隔离开关，防止带电挂（合）接地线（接地开关），防止带地线送电，防止误入带电间隔等“五防”功能，加强高压开关柜“五防”性能检查。

针对问题（3）和问题（4），依据《六氟化硫电气设备运行、试验及检修人员安全防护导则》（DL/T 639—2016），设备室应安装六氟化硫（SF_6）气体泄漏监控报警装置，定期检测空气中六氟化硫（SF_6）浓度和氧含量，采样口安装位置宜离地 20～50cm。当空气中六氟化硫（SF_6）浓度超过 1000μL/L 或氧含量低于 18%时，仪器应发出报警信号，并进行通风换气。此外，六氟化硫（SF_6）气体泄漏监控报警装置要每年检验一次。对已发现的问题，查明 GIS 楼六氟化硫（SF_6）泄漏报警装置不能自动实现风机控制原因，消除缺陷；同时，开展六氟化硫（SF_6）气体泄漏监控报警装置校验工作。

（二）水轮机及附属设备专业

（1）1 号～4 号机组转轮叶片存在轻微空蚀、磨损现象。

（2）3 号机组导叶漏水量大于机组额定流量的 3%。

（3）1 号机顶盖、底环迷宫间隙，$+Y$ 方向分别为 1.4、0.85mm，$-Y$ 方向分别为 0.85、1.25mm，同心度偏差超出标准要求。

针对问题（1），发电企业应组织收集转轮空蚀、磨损影像资料，建立转轮空蚀、磨损情况档案，跟踪观察分析转轮空蚀、磨损变化情况，检修时进行补焊处理。

针对问题（2），依据《水轮机发电机安装技术规范》（GB/T 8564—2003），调整导叶端、立面间隙，如导叶端面密封装置磨损导致端面间隙不符合图纸要求，则应更换。

针对问题（3），利用机组大修期间，对 1 号机顶盖、底环迷宫间隙进行中心测量，必要时调整间隙，使同心度符合规范要求。

（三）水库及水工建筑物专业

（1）水工技术标准、制度修编不及时。

（2）大坝安全监测自动化系统坝顶真空激光准直、垂线、扬压、静力水准、绕坝渗流设备工况差，大部分设备测点采用人工观测。

针对问题（1），发电企业应根据国家、行业最新的标准规范，及时修编完善企业的水工技术规章制度，更精准地指导水工技术管理工作。

针对问题（2），制订科学详尽的技术方案，并尽快对大坝安全监测的垂线、坝顶真空激光准直、绕坝渗流等进行自动化改造，确保自动化系统可靠运行，提高自动化管理水平。

第五节　季调节式水电站案例

S 水电站为季调节式电厂，装有 2 台单机 20MW 混流式水轮发电机组，总装机容量 40MW。坝址控制流域面积 513km^2，多年平均流量 21.15m^3/s。水库总库容 2601 万 m^3，正常蓄水位 280m，校核洪水位 282.74m。拦河坝由河床中部泄洪闸坝段、左右岸挡水坝段组成，坝顶全长 212.54m，最大坝高 74.8m，泄洪闸坝段共设 7 孔坝顶开敞式溢洪道，采用挑流消能。2006 年 1 月两台机组同时投产发电。

一、安全管理

（一）安全目标管理

（1）企业、部门、班组、个人的安全目标不符合四级控制要求。

（2）企业管理层及相关部门的安全职责缺少突发事件应急管理体系和协调联动机

制、隐患排查治理体系和风险预控体系管理等内容。

针对问题（1），为有效全面落实安全生产责任制，发电企业应遵循安全目标“四级”控制的要求，即各个层级都要有明确的安全目标，下一级的目标要更严格，层层压实责任，从个人到班组，从班组到部门（车间），从部门（车间）到企业，一级保一级，分级控制，最终实现企业的安全目标。

针对问题（2），健全完善企业各部门、各岗位的安全职责，丰富应有的内容，明确必需的职能，从而为落实安全生产责任制奠定基础。特别地，发电企业应建立隐患排查治理制度，逐级建立隐患排查和治理防控责任制，并按有关规定开展隐患排查和治理工作，及时发现并消除隐患。

（二）安全生产规章制度

（1）未明确安全生产委员会主任、副主任及成员的安全职责。

（2）安全监督管理部门的职责不全，缺少对外包工程及其他形式用工人员监督、应急管理、安全管理制度编制、安全培训管理等内容。

（3）缺少安全生产专题会议制度、安全监督整改制度、安全生产通报制度等。

（4）年度公布的有效规程制度清单缺少运行规程、检修规程等。

针对以上问题，发电企业应围绕安全生产责任制，建立机制，明确职责，健全制度。具体地，明确安全生产委员会、安全监督管理部门及其组成人员的安全职责，补充完善必要的安全生产规章制度。此外，每年公布企业现行有效的规程制度清单，同时按清单配齐各岗位相关的安全生产规程制度。

（三）安全培训管理

（1）年度安全教育培训计划缺少应急预案和自然灾害紧急避险技能等内容。

（2）风险辨识前未开展相关知识培训。

（3）未针对存在的风险开展相关培训教育。

针对以上问题，发电企业应进一步加强安全教育培训工作。一方面，有计划地开展从业人员岗位应急知识教育和自救互救、避险逃生技能培训，并定期组织考核。另一方面，加强风险教育和技能培训，掌握风险辨识与防控的方法，确保各级管理人员和从业人员熟悉本单位、本区域、本岗位安全风险的基本情况及防范、应急措施。

（四）安全检查与隐患排查治理

（1）季节性安全检查表缺少查管理、查制度、查思想、查整改等内容。

（2）年度秋季安全生产大检查（“秋检”）计划和检查卡未履行审批手续。

（3）检查发现的问题，未制订防范整改措施，未及时消除隐患。

针对以上问题，发电企业应将安全检查与隐患排查作为安全生产工作的重要抓手，尽快补足短板，发挥优势，助力安全生产稳定大局。安全检查前，企业、部门、班组应编制检查计划，明确检查时间、检查项目、重点内容、检查方式和责任人，并依据有关安全生产的法律、法规、规程制度，逐级编写安全检查表，明确检查项目内容、标准要求，经审批后执行。对排查出的隐患，组织有关人员进行分析认定，按照隐患等级进行记录、建档、报送，按照职责分工实施监控治理。对于一般事故隐患，由相关负责人或者有关人员立即组织整改。对于重大事故隐患，由企业主要负责人组织制订并实施事故隐患治理方案。在事故隐患治理过程中，应采取相应的安全防范措施，防止事故发生。事故隐患排除前或者排除过程中无法保证安全的，应从危险区域内撤出作业人员，并疏散可能危及的其他人员，设置警戒标志，暂时停产或者停止使用；对暂时难以停产或者停止使用的相关生产储存装置、设施、设备，应加强维护和保养，防止事故发生。

（五）工作票和操作票（“两票”）

（1）需要填用操作票的操作任务清单表、需要填用工作票的具体工作任务清单、需要填用继电保护安全措施票的工作任务清单，未经企业分管副职或总工程师审批。

（2）未组织开展动火工作票资格人员考试。

针对问题（1），发电企业应组织编制操作任务清单表、需要填用工作票的具体工作任务清单、需要填用继电保护安全措施票的工作任务清单，经企业分管副职或总工程师批准后，书面通知有关工作岗位。

针对问题（2），一、二级动火工作票的签发人、审批人、运行许可人、动火工作负责人应每年进行一次考试，考试合格后，经企业主管生产的领导（或总工程师）批准并书面公布，未经考试合格和书面公布的上述人员不得办理相应等级的动火工作票。

（六）反事故措施和安全技术劳动保护措施（“两措”）

（1）反事故措施（“反措”）计划缺少防止电力生产事故的二十五项重点要求、上级颁发的反事故技术措施等内容。

（2）“两措”计划未按时完成的项目无延期审批手续。

（3）“两措”计划项目完成后无完成情况说明和验收签字记录，缺少效果评价。

针对以上“两措”存在的问题，从编制、执行到验收评价，都需进一步完善和改进。发电企业“反措”计划应根据防止电力生产事故的二十五项重点要求、上级颁发的反事故技术措施，结合企业实际，从消除设备重大缺陷、提高设备可靠性、防范事故等方面进行编制。同时，加强“两措”计划落实情况监督，检查反事故措施计划和安全技术劳动保护措施计划的实施情况，保证有效落实。此外，因故不能按时完成的项目应及时办理调整手续，已经完成的项目坚持完成一项验收一项，并进行效果评价。

（七）职业健康管理

（1）职业健康管理制度体系缺少职业病危害警示与告知制度、职业病危害因素检测评价制度、职业卫生“三同时”管理制度、职业病防护设施维护检修管理制度、职业病危害应急救援与管理制度、职业病危害事故处置与报告制度等。

（2）未针对接触职业病危害因素的作业人员进行相关项目检查。

针对问题（1），发电企业应依据《中华人民共和国职业病防治法》，建立健全职业健康管理制度，落实职业病防治责任制，加强对职业病防治的管理。特别应该注意的是，制定或者修订有关职业病防治的规章制度，应听取企业工会组织的意见。

针对问题（2），依据《职业健康监护技术规范》（GBZ 188—2014），对接触职业危害因素的作业人员开展定期的职业健康体检，建立并完善职工健康监护档案。定期健康检查的目的主要是早期发现职业病人或疑似职业病病人或从业人员的其他健康异常情况，及时发现有职业禁忌的劳动者，同时通过动态观察劳动者群体健康变化，评价工作场所职业病危害因素的控制效果。此外，定期健康检查的周期根据不同职业病危害因素的性质、工作场所有害因素的浓度或强度、目标疾病的潜伏期和防护措施等因素决定。

二、劳动安全与作业环境

（一）电气作业

（1）工器具室存放的验电器、绝缘手套本体无编号。

（2）110kV 验电器清册编号与检验合格证编号不一致。

（3）未建立剩余电流动作保护装置管理制度。

（4）剩余电流动作保护装置测试仪检验合格证过期。

（5）大坝闸门启闭机室卷扬机、进水口启闭机室卷扬机、尾水房拦污栅电动机外壳接地不规范。

（6）未开展触电急救培训。

针对问题（1）～问题（4），发电企业应将安全工器具的管理作为安全生产的重要工作安排，持续改进相关工作，提高管理水平。各类安全工器具应做到定置管理，工器具编号应具有唯一性、永久性，标识部位应醒目、不易脱落。制定剩余电流动作保护装置管理制度，配置专用测试仪器，并应定期进行动作特性试验。

针对问题（5），依据《电气装置安装工程接地装置施工及验收规范》（GB 50169—2016），电气装置的接地必须单独与接地母线或接地网相连接。

针对问题（6），要进一步强化应急技能培训，促使员工熟练掌握必要的现场应急逃生和应急急救知识，学会紧急救护法，特别是触电急救。

（二）起重作业

（1）厂房桥式起重机司机室门未安装闭锁装置，窗户无玻璃，未安装空调。

（2）司机室内无灭火器。

针对以上问题，发电企业应依据《起重机　司机室和控制站　第 1 部分：总则》（GB/T 20303.1—2016），按要求配置司机室的窗户、出入口、紧急出口、火灾保护、取暖设备和空调器等。具体地，如果窗户使用玻璃材料，应使用钢化玻璃或和叠层玻璃，并有保护窗户关闭和指定打开位置的固定措施。司机室内根据供需双方达成的协议设置取暖设备和空调。司机工作区域的环境温度不低于 18℃，最高环境温度宜为 30℃。此外，每台起重机都应在司机室合适的位置安装灭火器。

（三）作业环境

（1）尾水房拦污栅电动机转动部分无防护罩。

（2）进水口启闭机室卷扬机四周无防护栏杆。

（3）大坝闸门启闭机室楼梯平台栏杆无踢脚板。

（4）进水口启闭机室通往楼顶钢直梯无护笼。

针对问题（1），发电企业应加强作业环境安全检查和隐患排查。一般地，作业场所邻近设备的转动部分（如联轴器、链条及裸露部分等）必须装有防护罩或其他防护设施

（如栅栏），且牢固、完整。

针对问题（2）和问题（3），作业区域的升降口、吊装孔、楼梯、平台及步道等有坠落危险处应有防护栏杆和护板（踢脚板）。依据《固定式钢梯及平台安全要求　第 3 部分：工业防护栏杆及钢平台》（GB 4053.3—2009），距下方相邻地板或地面 1.2m 及以上的平台、通道或工作面的所有敞开边缘应设置防护栏杆。当距基准面高度大于或等于 2m 并小于 20m 的平台、通道及作业场所的防护栏杆高度不低于 1050mm，离地高度大于或等于 20m 防护栏杆高度不低于 1200mm。在平台、通道或工作面上可能使用工具、机器部件或物品场合，应在所有敞开边缘设置带踢脚板的防护栏杆。踢脚板顶部在平台地面之上高度应不小于 100mm，其底部距地面应不大于 10mm。

针对问题（4），依据《固定式钢梯及平台安全要求　第 1 部分：钢直梯》（GB 4053.1—2009），单段梯高大于 3m 时宜设置安全护笼；单段梯高大于 7m 时，应设置安全护笼。护笼宜采用圆形结构，应包括一组水平笼箍和至少 5 根立杆；水平笼箍采用不小于 50mm×6mm 的扁钢，立杆采用不小于 40mm×5mm 的扁钢；水平笼箍应固定到梯梁上，立杆应在水平笼箍内侧并间距相等，与其牢固连接。

（四）安全标志标识

（1）油处理室及油库安全标志不全，缺少“禁止穿化纤衣服”“禁止穿带钉鞋”等标志牌。

（2）事故油罐处无防火重点部位标志。

（3）尾水闸门补气阀处无噪声职业危害告知牌。

（4）通信机房盘柜四周无安全警戒线。

（5）通往进水口启闭机室楼梯首阶无防止踏空线。

针对问题（1）～问题（3），发电企业应对生产现场所有的设备、设施、建（构）筑物等进行名称标识，并根据其可能产生的危险、有害因素的不同，分别设置明显的安全警示标志或危险告知牌。

针对问题（4）和问题（5），参考《火力发电企业生产安全设施配置》（DL/T 1123—2009）的规定，发电机组周围、落地安装的转动机械周围、控制盘（台）前、配电盘（屏）前应标有安全警戒线。平台与下行楼梯连接的边缘处及人行通道高差 300mm 以上的边缘处，应有防止踏空线。

三、生产设备设施

（一）电气专业

（1）变电站接地网接地电阻超标，未采取防护措施。

（2）隔离开关设备红外成像测温开展不力。

针对问题（1），发电企业应依据《防止电力生产事故的二十五项重点要求》（国能安全〔2014〕161 号），采取相应措施，保证接地网电阻合格，防止接地网事故。一方面，接地装置的焊接质量必须符合有关规定要求，各设备与主接地网的连接必须可靠，扩建接地网与原接地网间应为多点连接。接地线与接地极的连接应用焊接，接地线与电气设备的连接可用螺栓或者焊接，用螺栓连接时应设防松螺母或防松垫片。另一方面，对于高土壤电阻率地区的接地网，在接地电阻难以满足要求时，应采用完善的均压及隔离措施，防止人身及设备事故，方可投入运行，对弱电设备应有完善的隔离或限压措施，防止接地故障时地电位的升高造成设备损坏。

针对问题（2），依据《防止电力生产事故的二十五项重点要求》（国能安全〔2014〕161 号），定期用红外测温设备检查隔离开关设备的接头、导电部分，特别是在重负荷或高温期间，加强对运行设备温升的监视，发现问题应及时采取措施，防止隔离开关事故。

（二）水轮机及附属设备专业

（1）1 号机大修事故低油压动作关闭导叶无测试记录。

（2）缺少油处理设备操作规程。

发电企业应加强和改进水轮机本体及其附属设备的安全管理工作。针对问题（1），在蜗壳无水的条件下，进行事故低油压动作关闭导叶试验，并记录压力和油位下降值。针对问题（2），按照相关标准规范，结合企业实际，及时组织制定油处理设备操作规程，并严格实施。

（三）发电机与励磁系统专业

（1）1 号及 2 号水轮发电机运行中上导、下导甩油或油雾溢出。

（2）励磁变压器未采用干式变压器。

（3）励磁变压器的温度监测装置每级报警触点只有 1 对。

针对问题（1），发电企业应依据《水轮发电机运行规程》（DL/T 751—2014），加强水轮发电机安全科学经济运行。发电机的推力轴承和导轴承应设置防止油雾溢出和甩油的可靠密封装置。

针对问题（2），依据《大中型水轮发电机静止整流励磁系统技术条件》（DL/T 583—2018），励磁变压器宜采用干式变压器。

针对问题（3），依据《水轮发电机励磁变压器技术条件》（DL/T 1628—2016），应配置温度监测装置监测励磁变压器绕组温度，温度监测装置应具有报警功能，报警分两级，报警值可整定，每级报警触点不少于 2 对。

（四）水库及水工建筑物专业

（1）厂坝区防汛通道不满足防汛抢险应急及日常要求。

（2）未制订防地质灾害和防地震应急预案。

针对问题（1），对厂坝区防汛通道边坡存在的安全隐患，按地质灾害隐患管理要求，现场设立警示标识，定期开展巡查，及时处理隐患。汛期加强厂坝区道路巡查维护，确保排水畅通；雨天或大雨后通行时，应注意观察边坡情况，避开落石区域。

针对问题（2），加强应急管理工作，组织制订防地质灾害和防地震应急预案，并开展应急预案演练，磨合机制，检验预案，保证应急预案可用、有效。

第六节　年调节式水电站案例

T电厂以发电为主，兼有防洪、灌溉和旅游等综合效益。总装机容量70MW，装有4×17.5MW混流式机组，总库容25.5亿m^3，调节库容13.4亿m^3，具有年调节能力。电站于1996年10月下闸蓄水，1998年6月四台机全部并网发电，2000年通过了工程安全鉴定，年底电站竣工验收并移交。2010年4月完成大坝安全首次定检，2016年11月完成大坝安全第二次定检，定检结论均为正常坝A级。

一、安全管理

（一）安全目标管理

（1）部门、班组制订的安全目标保证措施无针对性，措施内容不具体，可操作性不强。

（2）年度安全工作计划缺少安全工器具检验、季节性和重要节日检查、安全月、电梯年检等内容。

针对问题（1），发电企业应加强对部门、班组的指导监督，完善部门、班组安全生产工作目标保证措施，结合实际，从管理、人身、设备、交通、防火等各方面，研究制订内容具体、切实可行、操作性强的安全目标保证措施，并强化落实。

针对问题（2），发电企业应高度重视年度安全工作计划的编制工作，尽快组织相关部门补充完善年度安全工作计划内容，并经审批后实施。

（二）规章制度

（1）缺少电力生产安全监督规定、职业健康操作规程等。

（2）年度公布的有效规程制度清单缺少调度规程、消防设备安全操作规程等。

（3）发电部专工室存放失效的规程制度。

（4）武装保卫部编制自动喷水灭火系统维护管理制度、消防器材管理制度、消防设备安全操作规程等未履行编、审、批手续。

针对以上规章制度所反馈的问题，发电企业应以安全生产责任制为中心，进一步加强制度建设。一方面，尽快补充完善必需的安全生产规章制度，并履行编、审、批手续，经企业主要负责人签发后实施。另一方面，每年公布企业有效规章制度清单，清单需全面、有效，并有指导意义。各级各岗位按清单配置相关的规程制度，并保证所用规程制度为现行有效版本。

（三）工作票和操作票（“两票”）

（1）缺少需要填用工作票、操作票、继电保护措施票的具体工作任务清单。

（2）缺少动火工作票审批人和继电保护安全措施票填票人、监护人、审批人员资格名单。

针对问题（1），发电企业应组织编制需要填用工作票、操作票、继电保护措施票的具体工作任务清单，经企业分管副职或总工程师批准后，书面通知有关工作岗位。

针对问题（2），每年应对工作票签发人、工作负责人、工作许可人和单独巡视高压设备人员进行培训，经考试合格后，以正式文件公布合格人员名单。

（四）安全检查

（1）缺少春季安全生产大检查（“春检”）方案。

（2）春检期间查出的问题，缺少整改记录。

针对以上问题，发电企业应贯彻“全覆盖、零容忍、严执法、重实效”的要求，始终坚持“管行业必须管安全、管业务必须管安全、管生产经营必须管安全”和“谁检查、谁负责”的原则，按要求组织开展季节性、重要节日、专项等安全检查活动，同时对检查出来的问题进行整改，及时消除隐患，并保留好过程资料。

（五）安全培训管理

（1）安全教育培训计划缺少应急预案等内容。

（2）缺少上年度安全培训工作总结。

（3）新入职员工培训学时未达到要求。

（4）未开展从业人员岗位应急知识和自救互救、避险逃生技能培训。

针对问题（1），依据《企业安全生产标准化基本规范》（GB/T 33000—2016），安全教育培训应包括安全生产和职业卫生内容，其中应急管理是安全生产的重要组成部分。

针对问题（2），培训大纲、内容、时间应满足有关标准的规定，并符合企业的实际需要。同时，做好安全教育培训记录，建立安全教育培训档案，实施分级管理，并对培训效果进行评估和改进，全面进行总结。

针对问题（3），依据《生产经营单位安全培训规定》（国家安全生产监督管理总局令　第80号），发电企业应进行安全培训的从业人员包括主要负责人、安全生产管理人员、特种作业人员和其他从业人员。从业人员应接受安全培训，熟悉有关安全生产规章制度和安全操作规程，具备必要的安全生产知识，掌握本岗位的安全操作技能，了解事故应急处理措施，知悉自身在安全生产方面的权利和义务。新上岗的从业人员，岗前安全培训时间不得少于24学时。未经安全培训合格的从业人员，不得上岗作业。

针对问题（4），发电企业应加强工作人员的应急知识教育培训与考核，积极策划，制订计划，有效开展从业人员本岗位的应急知识教育和自救互救、避险逃生技能培训，并定期组织考核。

（六）反违章管理

（1）反装置性违章工作未有效开展。

（2）班组无装置性违章检查记录。

针对以上有关装置性违章的问题，举一反三，坚持问题导向，重在整改落实，发电企业应有针对性地开展装置性违章、作业性违章、指挥性违章、管理性违章治理工作，努力消除习惯性违章，并保留相关资料。

（七）消防安全管理

（1）企业重点防火部位清单不完整，缺少油库、通信机房等。

（2）计算机房、坝区变压器未张贴重点防火部位标志。

（3）未制订防止消防设施误动、拒动的措施。

（4）110kV 升压站 1 号主变压器缺少消防器材。

针对问题（1）和问题（2），发电企业应依据《电力设备典型消防规程》（DL 5027—2015），持续改进消防安全管理，其中消防安全重点部位应包括发电机、变压器等注油设备，电缆间及电缆通道、调度室、控制室、集控室、计算机房、通信机房、档案室等；同时，在重点防火部位配备相应消防器材，并在现场张贴重点防火部位标志牌。

针对问题（3）和问题（4），依据《防止电力生产事故的二十五项重点要求》（国能安全〔2014〕161 号），落实消防安全责任制，制订具有防止消防设施误动、拒动的措施；同时，按照有关规定配置主变压器的消防设施，并加强维护管理，重点防止变压器着火时的事故扩大。

（八）专项安全评价

专项安全评价工作组织不规范，针对性不强，未对专项评价发现的问题落实整改措施和闭环验收，失去应有的效果。

针对以上问题，发电企业应有针对性地加强专项安全评价工作。专项安全评价主要针对企业安全生产的特定专业、特定时段、特定工作、特定区域、典型故障、事故隐患或安全评估等开展的专项查评活动。发电企业应根据国家、行业、地方政府和企业有关要求，或安全生产工作需要，由发电企业组织或委托第三方安全评价机构，开展专项安全评价。专项安全评价应围绕专项主题查找问题、分析原因、评估风险，提出科学、合理、可行的安全对策措施建议，形成评价报告。发电企业根据专项安全评价报告，结合自身实际，制订整改计划，实施有效整改和验收，实现应有的专项整治效果。

二、劳动安全与作业环境

（一）电气作业

（1）继电室存放的绝缘靴、绝缘手套超期使用。

（2）机械维护班、机械二班未对安全工器具和电动工器具进行定期检查。

（3）缺少剩余电流动作保护装置定期操作试验按钮记录。

针对问题（1）和问题（2），加强劳动防护用品和安全工器具的维护工作。一方面，及时更换超期的劳动防护用品，确保在有效期内，并能可靠使用。另一方面，对在用的安全工器具，根据具体情况，配备必要的专用试验、检测器材，同时培训试验人员，定期组织开展安全工器具预防性试验工作。

针对问题（3），依据《剩余电流动作保护装置安装和运行》（GB/T 13955—2017），剩余电流动作保护装置（RCD）投入运行后，运维管理者应对剩余电流动作保护装置（RCD）建立相应的管理制度，建立动作记录；同时，定期操作试验按钮，检查其动作特性是否正常。雷击活动期和用电高峰期还应增加试验次数。

（二）起重作业

（1）特种设备安全技术档案不全。

（2）主厂房 1 台 125t/50t 桥式起重机、GIS 室电动葫芦未装设起重量限制器。

（3）雨水泵房 2t 电动葫芦未装设止挡器。

针对问题（1），发电企业应依据《中华人民共和国特种设备法》，建立健全特种设备安全技术档案。安全技术档案应包括以下内容：①特种设备的设计文件、产品质量合格证明、安装及使用维护保养说明、监督检验证明等相关技术资料和文件；②特种设备的定期检验和定期自行检查记录。

针对问题（2），依据《起重机械安全技术监察规程—桥式起重机》（TSG Q0002—2008），起重机构须设置起重量限制器，当载荷超过规定的设定值时应能自动切断起升动力源。

针对问题（3），依据《起重机械安全规程　第 1 部分：总则》（GB 6067.1—2010），在轨道上运行的起重机的运行机构，起重小车的运行机构及起重机的变幅机构等均应装设缓冲器或缓冲装置。缓冲器或缓冲装置可以安装在起重机上或轨道端部止挡装置上。轨道端部止挡装置应牢固可靠，防止起重机脱轨。

（三）作业环境

（1）右岸上坝电梯通廊照明灯不亮。

（2）通风机房、乙炔、氧气室照明不亮。

（3）易爆区域内配置的照明灯是非防爆型。

针对以上问题，发电企业应高度重视作业环境的安全管理，按照 7S 管理方式，即“整理、整顿、清扫、清洁、素养、安全、节约”持续改进作业环境。作业场所的自然光或照明应充足。作业场所需要增加临时照明时，照明灯具的悬挂高度应高于 2.5m，低于 2.5m 的照明灯具应有保护罩。易燃易爆场所应使用防爆型照明灯具。

三、生产设备设施

（一）电气专业

（1）电缆隧道中部电缆穿线管封堵脱落。

（2）551 平台至坝区变压器廊道内含有电缆层，未配备灭火器材。

（3）副厂房电缆层 2 号主变压器风机控制柜电缆穿线管积水。

针对以上问题，发电企业应依据《防止电力生产事故的二十五项重点要求》（国能安全〔2014〕161 号），采用合格的不燃或阻燃材料，有效封堵控制室、开关室、计算机室等通往电缆夹层、隧道、穿越楼板、墙壁、柜、盘等处的所有电缆孔洞和盘面之间的缝隙（含电缆穿墙套管与电缆之间缝隙）。电缆通道、夹层应保持清洁，不积粉尘，不积水，采取安全电压的照明应充足，禁止堆放杂物，并有防火、防水、通风的措施。加强防火组织与消防设施管理，配备必要的灭火器材，防止电缆着火事故。

（二）水轮机及附属设备专业

（1）工作闸门提门时液压站阀组漏油。

（2）11F 机组尾水充水电动阀操作不灵活。

针对问题（1），发电企业应依据《水轮发电机组安装技术规范》（GB/T 8564—2003），保证液压操作阀的动作灵活，密封良好，行程符合设计要求，且不漏油。当液压操作阀、手动闸阀和旁通弯管等连接在一起时，还需按规定要求做严密性耐压试验，在试验压力（1.25 倍实际工作压力）下保持 30min，无渗漏现象。对液压站阀组漏油的问题，检查工作闸门液压站阀组密封件，及时更换使用周期已到的密封件。

针对问题（2），依据《水力发电厂水力机械辅助设备系统设计技术规定》（NB/T 35035—2014），根据工作特性、介质条件、工作压力、重要程度及工作环境等因素选用合适的阀门，与水源相连的第一个阀门应选用不锈钢阀门，必要时设置双不锈钢阀门。自动操作阀宜采用水力控制阀、电动阀、液压阀等，正反向供水切换阀可采用电动四通阀。对 11F 机组尾水充水电动阀操作不灵活的问题，建议检查其操作机构磨损部件，制订处理方案并实施。

（三）水库及水工建筑物专业

（1）投运以来未进行水库淤积测量。

（2）泄洪影响区左岸护岸、右岸护岸末段在泄洪时被冲毁。

（3）未对水库运用参数进行复核。

水库淤积测验分为库容变化测验和冲淤变化测验两类。针对问题（1），发电企业依据《水库水文泥沙观测规范》（SL 339—2006）的规定，可采用断面法、地形法和混合法，测量水库泥沙淤积。水库正常运行期间，对于重要水库，每 1～3 年安排一次固定断面测量，每 5～10 年安排一次地形测量，或正常库容变化超过 3%时，安排地形测量；对于一般水库，每 3～5 年安排一次固定断面测量，每 10～20 年安排一次地形测量，或正常库容变化超过 5%时，安排地形测量。如果水库库容或岸线发生显著变化时，应及时安排地形测量，并同步施测固定断面。

针对问题（2），汛后，及时采取工程措施对尾水左右岸护岸损毁段进行修复处理。

针对问题（3），根据水库淤积测量结果，依据《大中型水电站水库调度规范》（GB 17621—1998），对水库运用参数进行复核。

第五章　风电场安全评价典型问题与对策

风能是一种清洁的可再生能源。风力发电具有环境效益好、基建周期短、装机规模灵活、运行维护成本低等优势。我国风能资源丰富，主要集中在北部、西北和东北的草原、戈壁滩以及东部、东南部的沿海地带和岛屿，风力发电具有广泛的发展前景。本章对 3 个风电场案例进行安全评价，分别是戈壁风电场、草原风电场、山地风电场，较全面地体现在役风电场类型。从安全管理、劳动安全与作业环境、生产设备设施三大方面入手进行安全评价，阐述发现的典型问题，并依据或参照相关法律法规标准规范，提出安全对策措施建议。

第一节　戈壁风电场案例

U 电厂属于戈壁风电场，2017 年 12 月首台风电机并网发电，总装机容量为 99MW，分两期建设，其中一期 49.5MW，安装 33 台单机容量为 1500kW 风力发电机组，叶片长度为 43.5m，叶轮直径为 89m，扫风面积为 5026.54m^2。二期 49.5MW，安装 33 台单机容量为 1500kW 永磁直驱发电机组，叶片长度为 45.3m，叶轮直径为 93m，扫风面积为 6443m^2。

一、安全管理

（一）安全目标管理

（1）未制订安全目标保证措施。

（2）缺少年度安全工作计划。

（3）风电场与个人签订的安全生产目标责任书未明确双方的安全责任。

针对问题（1），发电企业应高度重视安全目标管理，组织编制各级安全生产工作目标保证措施，从管理、人身、设备、交通、防火等各方面，结合实际，研究制订内容具体的、切实可行的、可操作性强的安全目标保证措施。

针对问题（2），结合企业的年度安全目标和保障措施，制订有效可行的年度安全工作计划，明确具体项目和负责人、计划完成时间等，经审批后执行。

针对问题（3），将安全生产目标责任书作为安全目标管理的有效载体和有力抓手，逐级签订安全生产目标责任书，明确双方的具体安全责任，做到逐级负责。

（二）安全生产规章制度

（1）缺少安全检查制度、应急管理制度、职业健康管理制度等。

（2）未公布年度有效规程制度清单。

（3）风电场隐患排查制度未履行审批手续。

针对问题（1），发电企业应依据《中华人民共和国安全生产法》有关规定，建立健全安全生产规章制度，至少包括综合安全管理制度、设备设施安全管理制度、环境安全管理制度和人员安全管理制度。

针对问题（2），每年公布现行有效的规程制度清单，并按清单配齐各岗位相关的安全生产规程制度，保证每个岗位所使用的为最新有效版本。

针对问题（3），安全生产规章制度按照起草、会签或公开征求意见、审核、签发、培训、反馈、持续改进等环节进行科学建设和有序管理。

（三）工作票和操作票（“两票”）

（1）缺少动火工作票审批人和继电保护安全措施票填票人、监护人、审批人以及单独巡视高压设备人员资格名单。

（2）抽查部分电气一种工作票、电气二种工作票，危险点分析不全面，缺少防护措施。

针对问题（1），发电企业应组织每年对工作票签发人、工作负责人、工作许可人和单独巡视高压设备人员进行培训，经考试合格后，以正式文件公布合格人员名单。

针对问题（2），每一种工作票应根据具体工作内容，全面辨识分析风险，制订有针对性、可操作性的风险预控措施，并严格执行。

（四）安全教育与培训

（1）年度安全教育培训计划不完整，缺少职业健康、交通安全方面的内容。

（2）缺少上年度安全教育培训的评估和总结。

（3）现场考问中控室 1 名工作人员技术问答、事故预想等内容，掌握不够全面。

针对问题（1），发电企业应补充完善年度安全教育培训计划，明确培训时间、培训对象、培训形式和培训人，并按月分解实施。

针对问题（2），依据《企业安全生产标准化基本规范》（GB/T 33000—2016），建立健全安全教育培训制度，按照有关规定进行培训，其中培训大纲、内容、时间应满足有关标准的规定，包括安全生产和职业卫生内容。同时，如实记录全体从业人员的安全教育和培训情况，对培训效果进行评估和改进。

针对问题（3），发电企业定期对在岗生产人员组织有针对性的现场考问、反事故演习、技术问答、事故预想等现场培训活动，督促加强安全学习，增强安全技能，提高安全意识。

（五）应急管理

（1）缺少综合应急预案。

（2）缺少着火、极端恶劣天气运行、交通事故等专项预案。

（3）应急物资设备未做到专项管理，且储备不足。

针对问题（1）和问题（2），发电企业应组织制订突发事件综合应急预案、专项应急预案，并针对重点作业岗位制订应急处置方案或措施，形成安全生产应急预案体系，并制订计划对应急预案开展演练活动，可以结合实际和需求，采取不同的演练方式，如桌面演练、实战演练、单项演练、综合演练等。

针对问题（3），按规定建立应急设施管理制度，配备应急装备，储备应急物资，做到专项管理和使用，并进行经常性的检查、维护和保养，确保其完好、可靠。值得注意的是，配备应急物资数量要能满足应急需要。

（六）反事故措施和安全技术劳动保护措施（“两措”）

（1）“两措”计划未履行编、审、批手续。

（2）缺少“两措”计划执行情况总结。

针对问题（1），发电企业每年应依据有关法律法规及相关要求，结合实际，编制反事故措施计划和安全技术劳动保护措施计划，并履行审批手续。

针对问题（2），安全监督管理部门监督反事故措施计划和安全技术劳动保护措施计划实施，督促各部门（车间）定期对完成情况进行书面总结，对存在的问题应及时向企业主管领导汇报，跟踪检查整改情况，及时验收，形成闭环管理。

（七）消防管理

（1）未组织开展消防疏散演习。

（2）检修现场动火作业管理不严格。

（3）缺少风电机组防雷检测报告。

（4）缺少火灾自动报警装置检测报告。

（5）无手动报警装置定期试验记录。

针对问题（1）和问题（2），发电企业应依据《防止电力生产事故的二十五项重点要求》（国能安全〔2014〕161号），建立健全防止火灾事故组织机构，健全消防工作制度，落实各级防火责任制，建立火灾隐患排查治理常态机制。定期进行全员消防安全培训、开展消防演练和火灾疏散演习。特别地，检修现场应有完善的防火措施，在禁火区动火应制定动火作业管理制度，严格执行动火工作票制度。变压器现场检修工作期间应有专人值班，不得出现现场无人情况。

针对问题（3），依据《电力设备典型消防规程》（DL 5027—2015），开展建筑消防设施的值班、巡查、检测、维修、保养、建档工作；消防设施的定期检测、保养和维修，应委托有消防设备专业检测及维护资质的单位进行，由其出具有关记录和报告。风力发电机组必须配备全面的防雷设备，在每年雷雨季节来临前对风电机组的防雷接地系统进行检测。

针对其余问题，依据《建筑消防设施的维护管理》（GB 25201—2010），火灾自动报警系统每月至少进行一次检查，火灾报警探测器和手动报警按钮的报警功能的检查数量不少于总数的25%，每12个月对每只探测器、手动报警按钮检查不少于一次。

（八）职业健康管理

（1）缺少职业病危害检测、评价报告等卫生档案资料。

（2）风电场330kV变电站设置的职业危害告知牌缺少六氟化硫（SF_6）方面的内容。

（3）六氟化硫（SF_6）开关室的通风风机开关未设置在室外。

针对问题（1），发电企业按照《工作场所职业卫生监督管理规定》（国家安全生产监督管理总局令　第47号）的规定，建立、健全下列职业卫生档案资料：①职业病防治责任制文件；②职业卫生管理规章制度、操作规程；③工作场所职业病危害因素种类清单、岗位分布以及作业人员接触情况等资料；④职业病防护设施、应急救援设施基本信息，以及其配置、使用、维护、检修与更换等记录；⑤工作场所职业病危害因素检测、评价报告与记录；⑥职业病防护用品配备、发放、维护与更换等记录；⑦主要负责人、职业卫生管理人员和职业病危害严重工作岗位的劳动者等相关人员职业卫生培训资料；⑧职业病危害事故报告与应急处置记录；⑨劳动者职业健康检查结果汇总资料，存在职业禁忌证、职业健康损害或者职业病的劳动者处理和安置情况记录；⑩建设项目职业卫生“三同时”有关技术资料，以及其备案、审核、审查或者验收等有关回执或者批复文件；⑪职业卫生安全许可证申领、职业病危害项目申报等有关回执或者批复文件；⑫其他有关职业卫生管理的资料或者文件。

针对问题（2），发电企业应依据《中华人民共和国职业病防治法》，在醒目位置设置公告栏，公布有关职业病防治的规章制度、操作规程、职业病危害事故应急救援措施和工作场所职业病危害因素检测结果。对产生严重职业病危害的作业岗位，应在其醒目位置，设置警示标识和中文警示说明，载明产生职业病危害的种类、后果、预防以及应急救治措施等内容。

针对问题（3），发电企业按照相关安全要求，在采取安全措施后，将六氟化硫（SF_6）开关室的通风风机开关设置在室外安全区域。

（九）班组安全管理

（1）班前会未开展“交清工作任务，交清安全措施”的“两交清”工作。

（2）班后会未进行当日工作和安全情况小结。

针对以上班组安全管理存在的问题，发电企业应从组织的最小单元入手，持续做好班组安全管理工作。各班组接班前，结合当班运行方式和工作任务，做好危险点分析，布置安全措施，交代注意事项；交班后，总结讲评当班工作和安全情况，批评忽视安全、违章作业等不良现象，并做好记录。

（十）外委工程管理

（1）设备检修维护项目安全生产管理协议甲方未签字盖章。

（2）安全技术交底无专业技术人员签名。

针对以上外委工程管理方面的问题，发电企业应建立承包商、供应商安全管理制度，将承包商、供应商等相关方的安全生产和职业卫生纳入企业统一管理，对承包商、供应商的资格预审、选择、作业人员培训、作业过程检查监督、提供的产品与服务、绩效评估、续用或退出等进行过程监控。此外，开工前对承包方负责人、安全监督人员和工程技术人员进行相应工种和作业的安全培训，进行全面的安全技术交底，并应有完整的记录或资料。

二、劳动安全与作业环境

（一）电气作业

（1）35kV 声光验电器无声音报警。

（2）库房存放的 2 台电锤、1 台手枪钻、2 台角磨砂轮机、1 台热风枪未按规定进行绝缘检查。

针对以上问题，发电企业应改进安全工器具管理，加强维护保养。已报废的安全工器具应由试验人员及时清理并销毁，出具报废证明，报安全监督管理部门备案。电气工器具应由专人保管，每 6 个月测量一次绝缘，绝缘不合格或电线破损的不应使用。不合格的电气工具和用具不准存放在生产现场。

（二）特殊危险作业

（1）进入电缆沟作业，未进行通风和含氧量检测。

（2）六氟化硫（SF_6）电气设备室排风机电源开关未设置在门外。

（3）现场检修作业使用的汽车未按规定配备急救药箱。

针对问题（1），发电企业应加强特殊危险作业管理。未取得运行值班负责人许可，禁止进入电缆沟、疏水沟、下水道和井下等处工作。进入前必须检查这些地点是否安全，通风是否良好，并检测有无可燃气体及其他有毒有害气体存在，检测合格后方可进入作业。

针对问题（2），依据《防止电力生产事故的二十五项重点要求》（国能安全〔2014〕161号），六氟化硫（SF_6）电气设备室必须装设通风设施，其排风机电源开关应设置在门外。排气口距地面高度应小于 0.3m，并装有六氟化硫泄漏报警仪，且电缆沟道必须与其他沟道可靠隔离。

针对问题（3），依据《风力发电场安全规程》（DL/T 796—2012），风电场现场作业使用交通运输工具上应配备急救箱、应急灯、缓降器等应急用品，并定期检查、补充或更换。

（三）作业环境

（1）油品库照明开关属于非防爆型。

（2）SVG 配电室室外直爬梯未装设护笼。

（3）深井泵房直爬梯护笼立杆少于 5 根。

（4）深井泵房、地下综合水泵房、消防水泵房盖板打开，未设置硬质临时围栏。

针对问题（1），为防止火灾爆炸事故，油区的一切设施（如开关、刀闸、照明灯、空调机、电话、电脑、门窗、手电筒、电铃、自启动仪表接点等）均应为防爆型的。

针对问题（2）和问题（3），依据《固定式钢梯及平台安全要求　第 1 部分：钢直梯》（GB 4053.1—2009），钢直梯应与其固定的结构表面平行并尽可能垂直水平面设置，当受条件限制不能垂直水平面时，两梯梁中心线所在平面与水平面倾角应在 75°～90°范围内。当单梯段高度大于 7m 时，应设置安全护笼，安全护笼宜采用圆形结构，应包括一张水平笼箍和至少 5 根立杆。

针对问题（4），工作场所的井、坑、孔、洞或沟道，必须覆以与地面齐平的坚固的盖板，盖板上的把手不得高于盖板平面。在一些较大的孔、洞口上还应加装部分横梁，使盖板承受力符合规范要求。检修工作中如需将盖板取下，必须装设牢固的硬质围栏和明显的“当心坑洞”“当心坠落”等安全警示标志，必要时在夜间应设置安全警示灯，在工作结束后应立即将盖板恢复。

三、生产设备设施

（一）输变电设备专业

（1）缺少 1 号主变压器压力释放阀交接校验报告。

（2）未对 330、35kV 断路器进行短路容量校核。

针对问题（1），发电企业应依据《防止电力生产事故的二十五项重点要求》（国能安全〔2014〕161 号）有关规定，对压力释放阀在交接和变压器大修时进行校验。

针对问题（2），加强对变电站断路器开断容量的校核，对短路容量增大后造成断路器开断容量不满足要求的断路器要及时进行改造，在改造以前应加强对设备的运行监视和试验。一般地，根据系统最大运行方式及断路器最不利运行方式，每年计算断路器安装地点的短路电流，校验断路器短路容量。

（二）风力发电机组设备专业

（1）风力发电机组塔基控制柜、变频器柜、机舱控制柜未做防火泥，未封堵。

（2）23 号风力发电机组重要安全保护装置、避雷系统无检测检查记录；变桨系统充电组无充放电试验记录。

针对问题（1），发电企业尽快组织专业人员，采取安全措施，对风力发电机组塔基控制柜、变频器柜、机舱控制柜封堵防火泥；机舱和塔架底部平台应配置灭火器。此外，定期对运行中的风电机组进行检查，及时发现设备缺陷和危及机组安全运行的隐患，落实整改，消除隐患。

针对问题（2），发电企业依据《风力发电场安全规程》（DL/T 796—2012），每半年至少对机组的变桨系统、液压系统、刹车系统、安全链等重要安全保护装置进行检测试验一次；每半年对塔架内安全钢丝绳、爬梯、工作平台、门防风挂钩检查一次；每年对机组加热装置、冷却装置检测一次；每年在雷雨季节前对避雷系统检测一次；至少每三个月对变桨系统的后备电源、充电电池组进行充放电试验一次。

（三）土建管理专业

（1）检修道路在急弯、陡坡处缺少安全警示标识。

（2）风力发电机组检修道路无指示标识。

针对以上问题，发电企业应依据《厂矿道路设计规范》（GBJ 22—1987），在急弯、陡坡、视线不良等路段，根据需要设置标志、柱式（墙式）护栏、分道墙（桩）、分道行驶路面标线、反光镜等安全设施。道路主标志宜划分为警告标志、禁令标志、指示标志和指路标志，根据道路沿线具体情况采用。

（四）通信与监控专业

（1）远动设备装置箱体接地和电源模块的逻辑接地点接在同一根与盘柜非绝缘的铜排上，且铜排没有与接地网连接。

（2）通信机房数字配线柜等盘柜接地线截面面积小于 $16mm^2$；装配的连接端子压接不牢固，柜门连接线的接线端子未进行防腐、防氧化处理。

（3）未建立健全通信设备运行管理制度。

（4）未制定通信和监控系统软件操作权限分级管理制度。

针对问题（1），发电企业应参考《火力发电厂、变电站二次接线设计技术规程》（DL/T 5136—2012），当屏柜上多个装置组成一个系统时，屏柜内部各装置的逻辑接地点均应与装置小箱壳体绝缘，并分别引接至屏柜内总接地铜排，总接地铜排应与屏柜绝缘。组成一个控制系统的多个屏柜组装在一起时，只应有一个屏柜的总接地铜排有引出地线连接至安全接地网。其他屏柜的绝缘总接地铜排均应分别用绝缘铜绞线接至有接地引出线的屏柜的绝缘总接地铜排上。

针对问题（2），依据《电力系统通信站过电压防护规程》（DL/T 548—2012），各类设备保护地线宜用多股铜导线，其截面面积根据最大故障电流来确定，一般为 16～

95mm²；导线屏蔽层的接地线截面面积，可为屏蔽层截面面积2倍以上。接地线连接应保证电气接触良好，连接点应进行防腐处理。

针对问题（3），按照《电力通信运行管理规程》（DL/T 544—2012）的规定，建立健全管理制度，包括：①岗位责任制；②设备责任制；③值班制度；④交接班制度；⑤技术培训制度；⑥工具、仪表、备品、配件及技术资料管理制度；⑦根据需要制定的其他制度。

针对问题（4），风电场数据采集与监控系统软件的操作极限应分级管理，未经授权不能越级操作。一般地，系统操作员可对系统的参数设定、数据库修改等重要工作进行操作。

第二节　草原风电场案例

V电厂是草原风电场，2016年6月首台风力发电机组并网发电，共安装66台永磁直驱发电机组，轮毂中心高度75m风电机52台，轮毂中心高度85m风电机14台，机组出口电压620V，采用“一机一变”模式经箱式变压器升压至35kV后通过6条集电线路汇入升压站。

一、安全管理

（一）安全目标管理

（1）班组年度安全目标“二类障碍不超过3次”等条款，不符合“班组控制违章和异常，不发生（人身）未遂和障碍”的要求。

（2）安全目标保证措施，内容不具体，无针对性，可操作性不强。

（3）缺少年度安全工作计划。

针对以上问题，发电企业应围绕安全目标，切实做好安全目标保证措施和安全工作计划。①组织制订符合企业实际的四级管控目标，从企业、部门、班组到个人，逐级制订，分级控制，实现一级保一级；②完善各级安全生产工作目标保证措施，内容具体，有针对性，可操作性强，能够为实现安全目标提供有效保障；③根据安全目标和保证措施，制订年度安全工作计划，提出思路，明确要求，有的放矢，确保落地。

（二）安全生产规章制度

（1）缺少安全检查制度。

（2）年度有效规程制度清单缺少电力安全生产信息报送制度。

针对问题（1），发电企业应健全完善安全生产规章制度。企业主要负责人应组织制定必需的安全生产规章制度，涵盖综合安全管理制度、设备设施安全管理制度、人员安全管理制度和环境安全管理制度，其中安全检查制度纳入综合安全管理制度体系，还包括安全生产管理目标、指标和总体原则、安全生产责任制、安全管理定期例行工作制度、承包与发包工程安全管理制度、安全设施和费用管理制度、重大危险源管理制度、危险物品使用管理制度、消防安全管理制度、隐患排查和治理制度、事故调查报告处理制度、应急管理制度、安全奖惩制度、交通安全管理制度、防灾减灾管理制度等。

针对问题（2），发电企业公布的现行有效规程制度清单应全面，不漏项，确实为安全生产工作提供有效制度参考。

（三）工作票和操作票（“两票”）

（1）缺少动火工作票审批人和继电保护安全措施票填票人、监护人、审批人以及单独巡视高压设备人员资格名单。

（2）存在无票作业现象。

（3）工作票工作负责人存在代签名现象。

（4）操作票操作发令时间、操作开始时间涂改。

针对以上“两票”管理所发现的问题，发电企业应从“两票”制度建设和制度执行上下功夫。每年对工作票签发人、工作负责人、工作许可人和单独巡视高压设备人员进行培训，经考试合格后，以正式文件公布合格人员名单。严格执行工作票制度，杜绝无票作业现象发生。规范执行“两票”制度，实事求是填写相关信息，做好记录，确保安全工作和安全操作。

（四）安全教育与培训

（1）未对新入职员工开展三级安全教育培训。

（2）电工作业、高处作业等特种作业人员安全教育培训未录入档案。

（3）重大技改后未对相关人员开展有针对性的安全培训。

针对问题（1），发电企业应依据《生产经营单位安全培训规定》（国家安全生产监督管理总局令　第80号），坚持以考促学、以讲促学，确保全体从业人员熟练掌握岗位安全生产知识和技能，新入职员工应经企业、部门（车间）、班组三级教育。发电企业若委托其他机构进行安全培训的，保证安全培训的责任仍由本单位负责。新上岗的从业人员，岗前安全培训时间不得少于24学时。

针对问题（2），发电企业应建立健全从业人员，包括特种作业人员的安全生产教育和培训档案，由企业安全生产管理机构以及安全生产管理人员详细、准确记录培训的时间、内容、参加人员和考核结果等情况。特种作业人员必须按照国家有关法律、法规的规定接受专门的安全培训，经考核合格，取得特种作业操作资格证书后，方可上岗作业。

针对问题（3），当发电企业采用新工艺、新技术、新材料或者使用新设备、新产品时，应对有关从业人员重新进行有针对性的安全培训。

（五）应急管理

（1）检查风力发电机组飞车、倒塔应急预案演练的情况，缺少演练脚本、评估指南、安全保障方案和演练记录等。

（2）应急物资、设备储备不足，无出入库记录。

针对问题（1），发电企业应组织制订应急预案，并做好培训与演练，重点落实好组织措施、演练方案、评估指南等资料的编制。演练后及时组织评估、编写评估报告、总结，根据评估结果对预案进行修订，做好相关资料存档工作。

针对问题（2），配备应急装备，储备应急物资，并进行经常性的检查、维护和保养，确保其完好、可靠；配备应急物资数量能满足应急需要；建立出入库记录，明确出入库时间、使用理由、仓库保管员、借用人、归还人等内容。

（六）反违章管理

（1）风电场违章档案无具体内容。

（2）装置性违章检查流于形式。

（3）对发生的违章未进行原因分析，对违章者未进行教育培训。

针对问题（1），发电企业应建立厂、车间（含长期承包单位人员）、班组（含长期承包单位班组）三级“违章档案”，如实记录各级人员的违章及考核情况，并作为安全绩效评价的重要依据。

针对问题（2），有效开展装置性违章检查，做好记录，对查出的问题及时进行落实整改，避免流于形式。

针对问题（3），按照 “四不放过” 的原则对违章事件进行原因分析，培训教育，考核和曝光，提高全员反违章的主动性。

（七）消防管理

（1）缺少风电场消防责任制。

（2）未制订防止消防设施误动、拒动的措施。

（3）110kV 变电站未配置消防器材。

（4）油品库未配备灭火器。

针对问题（1）和问题（2），发电企业应依据《防止电力生产事故的二十五项重点要求》（国能安全〔2014〕161 号），建立健全预防风力发电机组火灾的管理制度，严格风力发电机组内动火作业管理，定期巡视检查风力发电机组防火控制措施。根据企业实际，制订防止消防设施误动、拒动措施，并对消防设施加强检查、维护和管理。特别地，风力发电机组机舱、塔筒内应装设火灾报警系统（如感烟探测器）和灭火装置。必要时可装设火灾检测系统，每个平台处应摆设合格的消防器材。

针对问题（3）和问题（4），依据《电力设备典型消防规程》（DL 5027—2015），实行每月防火检查、每日防火巡查，建立检查和巡查记录，及时消除消防安全隐患。按照现行《建筑灭火器配置设计规范》（GB 50140）等标准，配置配齐灭火器等消防器材，同时做好消防设施及器材检验、维修、保养等管理工作，确保完好有效。

（八）职业健康管理

（1）缺少职业病危害因素申报记录。

（2）未开展职业卫生宣传和教育培训。

（3）风电场 110kV 变电站未设置职业危害告知牌。

针对以上问题，发电企业应依据《中华人民共和国职业病防治法》，加强企业职业健康管理。工作场所存在职业病目录所列职业病的危害因素的，应及时、如实申报危害项目，接受监督。企业主要负责人和职业卫生管理人员应接受职业卫生培训，遵守职业病防治法律、法规，依法组织职业病防治工作，同时对其他从业人员进行上岗前职业卫生培训和在岗期间的定期职业卫生培训，普及职业卫生知识，督促从业人员遵守职业病防治法律、法规、规章和操作规程，指导劳动者正确使用职业病防护设备和个人使用职业病防护用品。对产生严重职业病危害的作业岗位，应在其醒目位置，设置警示标识和中文警示说明，其中警示说明要载明产生职业病危害的种类、后果、预防及应急救治措施等内容。

（九）不安全事件管理

（1）开关跳闸事件原因分析不全面。

（2）风电场 2 号主变压器跳闸事件，未对相关人员进行教育培训。

针对以上问题，发电企业应持续做好不安全事件管理。不安全事件的调查处理应做到“原因不清楚不放过，责任者未受到处罚不放过，没有采取防范措施不放过，应受教育者没有受到教育不放过”，及时准确地查清事件或事故原因，查明事故性质和责任，对责任者提出处理意见，总结事故教训，进一步提出整改措施，并有效落实。

二、劳动安全与作业环境

（一）电气作业

（1）缺少 35kV 验电器、绝缘靴、绝缘手套的试验报告。

（2）库房存放的 2 台角磨砂轮机无防护罩。

（3）库房存放的 1 台电锤、2 台手枪钻、2 台角磨砂轮机无随机同行安全操作规程。

（4）现行剩余电流动作保护装置管理制度缺少雷雨活动期和用电高峰期应增加试验次数的内容。

针对问题（1）～问题（3），发电企业应加强安全工器具的安全管理。安全工器具试验合格后应由试验人出具试验报告，并粘贴“试验合格证”标签，注明工器具名称、编号、试验人、试验日期及下次试验日期。电气工器具的防护装置，如防护罩、盖等，不得任意拆卸。此外，电动工器具应随机配备安全操作规程，方便从业人员按照安全规定进行有序操作，保障人身和设备安全。

针对问题（4），依据《剩余电流动作保护装置安装和运行》（GB/T 13955—2017），剩余电流动作保护装置（RCD）投入运行后，建立健全剩余电流动作保护装置运行与管理制度，保证装置有效可用，如在雷击活动期和用电高峰期应增加操作试验按钮的试验次数。

（二）作业环境

（1）工器具库房、油品库房存放灭火器的地面上未标注“禁止阻塞线”。

（2）中控室操作盘前与继电保护盘柜前的地面上未设置安全警戒线。

针对以上问题，发电企业可以参照《火力发电企业生产安全设施配置》（DL/T 1123—2009）相关规定，在地下设施入口盖板上、灭火器存放处、应急通道出入口等，设置禁止阻塞线。发电机组周围、落地安装的转动机械周围，控制盘（台）前、配电盘（屏）前，应标有安全警戒线。

三、生产设备设施

（一）输变电设备专业

（1）1号、2号主变压器绝缘油未按规定周期进行油质色谱分析化验。

（2）变压器、高低压配电设备等台账记录内容不完善，无事故、障碍、重大异常、设备缺陷、设备变更异动等记录。

针对问题（1），发电企业应依据《电力设备预防性试验规程》（DL/T 596—2005）的规定，按检测周期要求，定期对变压器绝缘油进行检测。

针对问题（2），设备台账是设备管理和技术管理的基础，是记录设备从投入运行到退役整个寿命周期的重要资料，应建立健全设备台账，加强更新维护。

（二）风力发电机组设备专业

（1）3号风力发电机组顶部缺少灭火器。

（2）3号、10号风力发电机组均未定期检验逃生装置。

（3）反事故措施计划缺少电缆着火、风电机组着火、风力发电机组大面积脱网、机组超速、叶片损坏、主轴断裂、倒塔等内容。

针对问题（1），应加强风电机组的消防安全管理，按相关标准，配置配齐生产场所的消防设施，尽快在风电机组内补充检验合格的灭火器。

针对问题（2），在风电机组定检项目、例行巡视项目中增加检查逃生装置项目，保证机舱内逃生装置随时可用、能用。

针对问题（3），加强风电场反事故措施计划的编制与执行。反事故措施计划应根据上级颁发的反事故技术措施、需要消除的设备重大缺陷、提高设备可靠性的技术改造措施及事故防范对策等进行编制，并纳入检修、技改计划。

（三）土建管理专业

（1）风力发电机组基础沉降观测无正式盖章报告。

（2）2号、3号风电机组无沉降观测基准点。

沉降观测是最常见的建筑变形测量内容。沉降观测一般贯穿于建筑的整个施工阶段并延续至运营使用阶段。针对以上问题，发电企业应定期对已安装机组的基础沉降状况进行观测，第一年不少于3次，第二年不少于2次，以后每年至少不少于1次，直至稳定为止。同时，依据《建筑变形测量规范》（JGJ 8—2016），沉降观测应设置沉降基准点。特等、一等沉降观测，基准点不应少于4个；其他等级沉降观测，基准点不应少于3个。同时，基准点之间应形成闭合环。

（四）通信与监控专业

（1）通信和监控系统与继电保护装置共用一组直流电源和UPS装置，通信和监控装置为单电源供电。

（2）万能钥匙频繁使用，每次进行35kV开关操作都要使用万能钥匙。

针对问题（1），发电企业依据《风力发电场设计规范》（GB 51096—2015），制订方案，落实措施，使风力发电场调度管辖设备配备两路独立的直流电源或者UPS电源供电。同时，当采用 UPS 电源供电时，其维持供电时间按不少于 1h 计算。

针对问题（2），依据《220～500kV 变电所计算机监控系统设计技术规程》（DL/T 5149—2001），所有操作控制均应经防误闭锁，并有出错报警和判断信息输出。此外，防误闭锁及闭锁逻辑应能经授权后进行修改。

第三节 山地风电场案例

W 电厂属于山地风电场，项目总投资 4.8 亿元，采用双馈异步风力发电机，轮毂高 65m，共 33 台，装机容量 49.5MW。2009 年 10 月进场修缮道路，2011 年 1 月动工兴建，2012 年 12 月全部建成投产并并网发电。风场场长 1 人，值班长 1 人，运检员 8 人，采用一班制（2～3 人轮休）。

一、安全管理

（一）安全目标管理

（1）未制订实现安全目标的保证措施。

（2）班组及个人年度安全目标未实现。

（3）缺少年度安全工作计划和年度培训计划。

针对以上问题，发电企业应以安全目标为中心，制订科学合理的安全目标保证措施，同时制订切实可行的安全工作计划，一环扣一环，最终实现预期的安全生产目标。①在保证措施方面，从管理、人身、设备、交通、防火等各要素入手，结合实际，围绕目标，精准施策；②在安全工作计划方面，以安全目标为出发点，结合安全保证措施，明确具体项目、负责人和计划完成时间等，经审批后执行。

（二）不安全事件调查处理

（1）33 号箱式变压器因台风进水损坏，缺少该事件的分析报告；未对其他箱式变压器进行相关检查并采取防范措施。

（2）因雷击造成 35kV 371 线路跳闸，风场 19 号～33 号风力发电机组停运，该事件的分析报告只有事件经过，缺少原因分析、处理方案和防范措施。

针对以上不安全事件管理反映出来的问题，发电企业应对发生的不安全事件严格按照“四不放过”原则进行分析处理，即“事故原因未查清不放过、责任人员未处理不放过、整改措施未落实不放过、有关人员未受到教育不放过”，找出事件根本原因，制订切实可行防范措施，并落实到位，避免不安全事件或事故重复发生。

（三）工作票和操作票（“两票”）

（1）风力发电机组更换风速风向仪工作票缺少防高处坠落措施。

（2）抽检某工作票，工作班成员安全措施确认签字栏签字不全。

针对以上问题，发电企业应严格执行“两票”制度。工作票应根据具体工作内容，制订有针对性、可操作性的风险预控措施，并严格执行。进一步规范工作票执行过程，该签字的应履行签字手续，并做好记录。

（四）应急管理

（1）缺少倒塔、飞车、冰凌灾害、滑坡等专项预案或现场处置方案。

（2）缺少年度应急演练计划。

（3）实际应急物资与清册严重不符，如无移动电源盘等必需物品。

针对问题（1），发电企业应制订突发事件总体应急预案、专项应急预案，并针对重点作业岗位制订应急处置方案或措施，形成安全生产应急预案体系。

针对问题（2），编制年度应急演练计划并实施，磨合机制，检验预案。根据应急演练发现的问题，及时修订完善应急预案。

针对问题（3），进一步完善应急物资，配备必需物品，满足应急需求，同时健全物资清册，实时更新维护，保证与实际相符。

（五）反事故措施和安全技术劳动保护措施（“两措”）

（1）对“两措”概念的理解掌握不到位。

（2）风电场“两措”季度总结缺少审批手续。

（3）反事故措施（“反措”）计划中“风力发电机组平台接地网改造项目”未按计划完成，无延期手续。

针对以上问题，发电企业应进一步理解掌握“两措”概念，充分认识“两措”对安全生产工作的重要性，并强化“两措”计划编制、执行、总结等各项工作。①对于“两措”计划编制，发电企业反事故措施计划应从改善设备、系统可靠性、消除重大设备缺陷、防止设备事故、环境事故等方面编制，项目内容要具体，需要资金投入，当年能完成的项目；安全技术劳动保护措施计划从改善作业环境、防止人身伤害、防止职业病等方面编制。②对于“两措”计划总结与验收，各责任部门（车间）及时验收完成项目，并对完成情况进行书面总结；未按计划完成的项目，应说明原因，采取防范措施，并办理延期手续。此外，安全监督管理部门要加强监督反事故措施计划和安全技术劳动保护措施计划实施，督促“两措”计划有效落地，并及时反馈存在的问题。

（六）消防管理

（1）缺少变电站、油罐区灭火演练。

（2）未对新上岗员工进行消防安全教育培训。

（3）缺少重点防火部位清单。

（4）生产现场火灾自动报警装置、手动报警装置、烟感温感探头未按要求定期试验。

针对问题（1），加强应急管理，制订计划，并按计划实施厂房、车间、变电站、换流站、调度楼、控制楼、油罐区等重要场所及重点部位的灭火和应急疏散演练，及时总结演练成果，持续改进。

针对问题（2），进一步加强安全教育培训工作，对新上岗和进入新岗位的员工进行上岗前消防安全教育培训，经考试合格方能上岗。

针对问题（3），依据《电力设备典型消防规程》（DL 5027—2015）有关规定，编制企业重点防火清单，消防安全重点部位应包括下列部位：发电机、变压器等注油设备，电缆间以及电缆通道、调度室、控制室、集控室、计算机房、通信机房、风力发电机组机舱及塔筒，并按相关要求对重点防火部位进行管理。

针对问题（4），依据《建筑消防设施的维护管理》（GB 25201—2010），火灾自动报警系统每月至少进行一次检查，火灾报警探测器和手动报警按钮的报警功能的检查数量不少于总数的25%，每12个月对每只探测器、手动报警按钮检查不少于一次。

（七）外委工程管理

（1）缺少安全生产管理协议。

（2）35kV集电线路更换绝缘子和避雷器试验工作承包商无相关资质。

针对以上问题，发电企业应建立合格承包商、供应商等相关方的名录和档案，定期识别服务行为安全风险，并采取有效的控制措施。企业不应将项目委托给不具备相应资质或安全生产、职业病防护条件的承包商、供应商等相关方，同时加强相关方管理，从资质审查、人员培训、签订安全管理协议、安全交底、现场监护等各个环节严格把控，明确双方的安全生产与职业病防护的责任和义务，统一协调管理，确保外委工程安全、可控。

二、劳动安全与作业环境

（一）电气作业

（1）未制定电动工器具管理制度。

（2）电气安全工具无出厂试验合格证、产品鉴定合格证。

针对问题（1），发电企业应建立健全安全生产规章制度，涵盖了综合安全管理制度、设备设施安全管理制度、人员安全管理制度和环境安全管理制度，其中人员安全管理制度包括安全教育培训制度、劳动防护用品发放使用和管理制度、安全工器具的使用管理制度、特种作业及特殊危险作业管理制度、岗位安全规范、职业健康检查制度、现场作业安全管理制度。

针对问题（2），发电企业应制定并实施安全工器具管理制度和发放标准，明确分工，落实责任，编制和实施购置、检验计划，及时更换报废、过期和失效的安全工器具，督促、教育员工正确使用安全工器具，做好对安全工器具的全过程管理。安全工器具必须选用合格产品，并应有设备铭牌和“三证一书一标志”，即产品许可证、出厂试验合格证、产品鉴定合格证和使用说明书、特种劳动防护用品安全标志。

（二）特种作业

（1）电工特种作业人员无“电工作业”证。

（2）高处作业人员无“高处作业”证。

（3）某班组在风力发电机组导流罩和轮毂内工作，使用220V电压照明。

针对以上问题，发电企业应按照《中华人民共和国安全生产法》，加强特种作业安全管理。发电企业的特种作业人员必须按照国家有关规定，经专门的安全作业培训，取得相应资格，方可上岗作业。此外，风力发电机组导流罩或轮毂内照明应使用12V安全电压。

（三）作业环境

（1）现场作业电焊机外壳无接地。

（2）未配备六氟化硫（SF_6）测试仪。

（3）站内 SVC 房、主控房钢直梯无护笼。

（4）职业危害场所缺少警示标识和中文警示说明。

针对问题（1），发电企业应不断强化作业环境的安全管理。电焊工在合上电焊机开关前，应先检查电焊设备，如电焊机外壳的接地线是否良好，在保证可靠接地的情况下方可使用设备。

针对问题（2），依据《防止电力生产事故的二十五项重点要求》（国能安全〔2014〕161 号），六氟化硫（SF_6）电气设备室必须装设机械排风装置，其排风机电源开关应设置在门外。排气口距地面高度应小于 0.3m，并装有六氟化硫（SF_6）泄漏报警仪。

针对问题（3），依据《固定式钢梯及平台安全要求 第 1 部分：钢直梯》（GB 4053.1—2009），固定式钢直梯是指永久性安装在建筑物或设备上，与水平面成 75°～90°倾角、主要构件为钢材制造的直梯，当梯段高度大于 3m 时宜设置安全护笼，单梯段高度大于 7m 时，应设置安全护笼。特别地，当攀登高度小于 7m，但梯子顶部在地面、地板或屋顶之上高度大于 7m 时，也应设置安全护笼。因此，在采取可靠有效的安全措施后，在 SVC 房、主控房的钢直梯上加装护笼。

针对问题（4），依据《中华人民共和国职业病防治法》的规定，对产生严重职业病危害的作业岗位，应在其醒目位置设置警示标识和中文警示说明。对可能发生急性职业损伤的有毒、有害工作场所，还应设置报警装置，配置现场急救用品、冲洗设备、应急撤离通道和必要的泄险区。

三、生产设备设施

（一）输变电设备专业

（1）蓄电池 1 号组的放电容量实测仅 44.1Ah（额定为 200Ah），至少 10 节电池试验不合格。

（2）主变压器绝缘油品质微水检测值为 41.2mg/L，超过规定值（≤35mg/L），未进行分析和采取防范措施。

针对问题（1），发电企业应依据《防止电力生产事故的二十五项重点要求》（国能安全〔2014〕161 号），对新安装的阀控密封蓄电池组，进行全核对性放电试验。以后每隔 2 年进行一次核对性放电试验，运行了 4 年以后的蓄电池组，每年做一次核对性放电试验，进行定期试验和监测，定期做好相关维护、监测和充放电试验，防止变电站和发电厂升压站全停事故。

针对问题（2），对超检验标准的设备绝缘油重新取样进行跟踪分析，进一步监测超标情况；同时，组织相关专业研讨，找出超标原因，制订改进措施并实施。

（二）风力发电机组设备专业

（1）缺少免爬器管理制度。

（2）风力发电机组接地电阻超标。

针对问题（1），建议将免爬器参照特种设备进行管理，建立健全免爬器管理制度，包括操作规程、日常检查与维护保养制度、技术档案管理制度等，并严格执行。

针对问题（2），发电企业应按照《风力发电场安全规程》（DL/T 796—2012）的规定，每年对机组的接地电阻进行测试一次，电阻值不应高于 4Ω；每年对轮毂至塔架底部的引雷通道进行检查和测试一次，电阻值不应高于 0.5Ω。

第六章　光伏电站安全评价典型问题与对策

太阳能是一种用之不竭的可再生能源。光伏发电是一种将太阳能直接转化为电能的发电方式。光伏发电具有清洁无污染、建设周期短、能源质量高、可利用建筑屋面等优势。我国幅员辽阔，太阳能资源丰富，光伏发电是我国电力生产的重要组成部分。本章对 3 个光伏发电案例进行安全评价，分别是地面光伏电站、屋顶分布式光伏电站、山地光伏电站，较全面地体现在役光伏电站的类型。从安全管理、劳动安全与作业环境、生产设备设施三大方面入手进行安全评价，指出存在的典型问题，并依据或参照相关法律法规标准规范，提出安全对策措施建议。

第一节　地面光伏电站案例

X电厂为地面光伏电站，共安装295W多晶硅电池板170 720块，形成50个方阵，每个方阵105个支架，每个支架安装32块电池板，每个方阵输出电能经汇流箱汇集后，经SSL0500B型逆变器，将直流电源调制为交流电源送往箱式变压器升压至35kV，分别由5条35kV汇集线路输送至升压站35kV母线，再由100MV·A主变压器二次升压至220kV，接入变电站。

一、安全管理

（一）安全生产责任制

（1）班组岗位安全责任制、电站安全生产管理制度未履行编、审、批手续。

（2）缺少班组和个人安全目标责任书。

针对问题（1），发电企业应建立健全安全生产责任制，组织制定并完善安全生产规章制度，包括综合安全管理制度、设备设施安全管理制度、人员安全管理制度和环境安全管理制度，履行编、审、批手续，并发布实施。

针对问题（2），将“安全目标责任书”作为逐级落实安全生产责任制的有效载体，明确安全责任，提出重点要求，并落实到位。

（二）反违章工作

（1）装置性违章检查流于形式，如升压站爬梯无护笼、房顶女儿墙高度不够、爬梯档距不符合要求等多处装置性违章无记录。

（2）防误闭锁钥匙的使用不规范，正常操作多次使用应急解锁钥匙，且批准手续不符合相关规定。

针对问题（1），发电企业应有针对性地开展反违章工作，定期开展装置性违章检查，并做好记录；同时，对查出的问题及时进行落实整改，避免流于形式。

针对问题（2），严格执行防误闭锁钥匙使用管理规定，正常操作不允许使用解锁钥匙，必须使用时需按规定履行批准手续。

（三）反事故措施和安全技术劳动保护措施（“两措”）

（1）反事故措施（“反措”）计划未将企业急需的提高设备可靠性的项目列在其中，如逆变器频发故障、变压器绕组温度计指示异常等。

（2）“两措”计划无总结评价。

针对问题（1），发电企业反事故措施计划应充分考虑需要消除的设备重大缺陷、提高设备可靠性等方面内容，并纳入检修、技改计划。科学、合理编制“两措”计划，经审核批准后下发执行，落实资金、人力、物力，加强监督和验收检查。

针对问题（2），各责任部门（车间）应及时做好“两措”计划的验收与总结工作，对效果进行评价；同时，安全监督管理部门履行监督职责，督促“两措”按计划实施。

（四）消防安全管理

（1）1号分站房感烟火灾探测器报警信号未传送到主控室的火灾报警控制器。

（2）消防水池无水位计，未定期对水池水位进行检查。

针对问题（1），发电企业应依据《火灾自动报警系统设计规范》（GB 50116—2013），在无人值班的场所设置区域火灾报警控制器，其火灾报警控制器的所有信息在集中火灾报警控制器上均有显示，且能接收起集中控制功能的火灾报警控制器的联动控制信号，并自动启动相应的消防设备。

针对问题（2），依据《消防给水及消火栓系统技术规范》（GB 50974—2014），消防水池应设置就地水位显示装置，并应在消防控制中心或值班室等地点设置显示消防水池水位的装置，同时应有最高和最低报警的水位。

（五）职业健康管理

（1）未建立员工个人职业健康监护档案；未对接触职业病危害人员进行职业健康检查。

（2）与员工签订合同时，未进行职业危害告知。

（3）未开展现场职业病危害因素检测。

（4）35kV配电室门口无六氟化硫（SF_6）危害告知书以及进入室内的注意事项，室内未安装六氟化硫（SF_6）泄漏报警装置，排风扇未安装在底部。

针对问题（1），发电企业应依据《用人单位职业健康监护监督管理办法》（国家安全生产监督管理总局令　第49号）的规定，为劳动者建立职业健康监护档案，包括劳动者的职业史、职业病危害接触史、职业健康检查结果、处理结果和职业病诊疗等有关个人健康资料，并按照规定的期限妥善保存。同时，根据从业人员所接触的职业病危害因素，定期安排劳动者进行在岗期间的职业健康检查，按照《职业健康监护技术规范》（GBZ 188）等国家职业卫生标准的规定和要求，确定接触职业病危害的劳动者的检查项目和检查周期。需要复查的，根据复查要求增加相应的检查项目。

针对问题（2），依据《中华人民共和国职业病防治法》，发电企业与劳动者订立劳动合同（含聘用合同）时，应当将工作过程中可能产生的职业病危害及其后果、职业病防护措施和待遇等如实告知劳动者，并在劳动合同中写明，不得隐瞒或者欺骗。若在劳动合同期间因工作岗位或者工作内容变更，从事与所订立劳动合同中未告知的存在职业病危害的作业时，还应向从业人员履行如实告知的义务，并协商变更原劳动合同相关条款。如果发电企业未告知，从业人员有权拒绝从事存在职业病危害的作业。

针对问题（3），依据《用人单位职业病危害因素定期检测管理规范》（安监总厅安健〔2015〕16号），发电企业应建立职业病危害因素定期检测制度，每年至少委托具备资质的职业卫生技术服务机构对其存在职业病危害因素的工作场所进行一次全面检测，并在醒目位置设置公告栏公布检测结果。特别地，若定期检测结果中职业病危害因素浓度或强度超过职业接触限值的，发电企业应结合实际情况及职业卫生技术服务机构提出的整改建议，制订切实有效的整改方案，立即进行整改。值得注意的是，依据《工作场所职业病危害因素检测工作规范》（WS/T 771—2015），应选定有代表性的采样点，连续采样3个工作日，其中应包括空气中有害物质浓度最高的工作日。

针对问题（4），依据《防止电力生产事故的二十五项重点要求》（国能安全〔2014〕161号），确保成套高压开关柜、成套六氟化硫（SF_6）组合电器五防功能齐全，性能良好，并与线路侧接地开关实行联锁。在六氟化硫（SF_6）电气设备室装设机械排风装置，其排风机电源开关设置在门外。排气口距地面高度应小于0.3m，安装六氟化硫（SF_6）泄漏报警仪，并且电缆沟道与其他沟道可靠隔离。

二、劳动安全与作业环境

（一）工器具管理

（1）电气安全用具“三证一书”不全，绝缘靴、绝缘手套、验电器缺少“产品许可证”“产品鉴定合格证”和说明书。

（2）大库房电动工具无清册，无编号，无检验合格证，无随机同行的安全操作规程。

（3）35kV配电室三只验电器本体上无编号，三组接地线存放位置无编号。

针对以上问题，发电企业应强化安全工器具管理。安全工器具保证“三证一书”齐全，按规定建立清册、编号，定期检验、张贴检验合格证，配备随机同行的安全操作规程。同时，依据《手持式电动工具的管理、使用、检查和维修安全技术规程》（GB/T 3787—2017），工具在发出或收回时，保管人员应进行一次日常检查；在使用前，使用者应进行日常检查。经定期检查合格的工具，应在工具的适当部位，粘贴检查“合格”标识。“合格”标识应鲜明、清晰、正确，至少应包括：①工具编号；②检查单位名称或标记；③检查人员姓名或标记；④有效日期。

（二）电气作业

（1）消防泵房检修电源箱、35kV配电室检修电源箱、SVG室检修电源箱未安装剩余电流动作保护装置。

（2）未配备剩余电流动作保护装置测试仪器。

针对以上问题，发电企业应依据《剩余电流动作保护装置安装和运行》（GB/T 13955—2017），修订完善剩余电流动作保护装置的管理规定，现场检修电源箱按规定要求安装剩余电流动作保护装置（RCD），配备测试仪器，定期对剩余电流动作保护装置（RCD）进行特性试验，做好记录，并张贴检验合格证。

三、生产设备设施

（一）输变电设备专业

（1）35kV 系统六氟化硫（SF_6）断路器未在开关室外装设六氟化硫（SF_6）气体泄漏检测报警装置。

（2）站用变压器和备用变压器高低压柜门无防止误入带电间隔的功能。

（3）开关柜缺失“五防”功能。

针对问题（1），发电企业应依据《防止电力生产事故的二十五项重点要求》（国能安全〔2014〕161 号），室内或地下布置的六氟化硫（SF_6）开关设备室，配置相应的六氟化硫（SF_6）泄流检测报警、强力通风含量检测系统，防止六氟化硫（SF_6）断路器事故。同时，加强对六氟化硫（SF_6）断路器的选型、订货、安装调试、验收及投运的全过程管理。应选择具有良好运行业绩和成熟制造经验生产厂家的产品。

针对问题（2）和问题（3），高压电气设备应具备防止误分、合断路器，防止带负荷分、合隔离开关，防止带电挂（合）接地线（接地开关），防止带地线送电，防止误入带电间隔等（“五防”）功能。此外，严防“五防”功能不完善的开关柜投入使用，已运行的“五防”功能不完善的开关柜应加强运行管理，并安排尽快进行改造，完善开关柜“五防”功能，防止误入带电间隔。

（二）通信与监控专业

（1）通信设备机柜下部未敷设独立的接地母线。

（2）继电保护及安全自动装置、测控装置的接地与等电位接地网连接不规范。

针对问题（1），发电企业应依据《电力系统通信站过电压防护规程》（DL/T 548—2012），在通信机房内，围绕机房敷设环形接地母线。环形接地母线应采用截面面积不小于 $90mm^2$ 的铜排或 $120mm^2$ 的镀锌扁钢。

针对问题（2），依据《防止电力生产事故的二十五项重点要求》（国能安全〔2014〕161 号），在主控室、保护室柜屏下层的电缆室（或电缆沟道）内，按柜屏布置的方向敷设 $100mm^2$ 的专用铜排（缆），将该专用铜排（缆）首末端连接，形成保护室内的等电位接地网。保护室内的等电位接地网与厂、站的主接地网只能存在唯一连接点，连接点位置宜选择在保护室外部电缆沟道的入口处。为保证连接可靠，连接线必须用至少 4 根以上、截面面积不小于 $50mm^2$ 的铜缆（排）构成共点接地。

第二节　屋顶分布式光伏电站案例

Y 电厂为屋顶分布式光伏电站，期末总装机容量 33.6MW。一期 22.8MW 涉及四个工业园区 56 幢企业厂房屋顶，二期 6.06MW 涉及两个工业园区已建成的 3 个厂房屋顶，三期 8MW 涉及两个工业园区已建成的 7 个厂房屋顶，建设“自发自用、余电上网”分布式光伏发电项目。现有职工 20 名，设负责人 1 名，专工 2 名，运维人员 5 名，工程建设人员 5 名，设 2 个值班控制室。

一、安全管理

（一）安全目标管理

（1）缺少为实现企业年度安全目标制订的保证措施。

（2）无部门、班组年度安全工作计划。

（3）企业与部门、部门与班组、班组与个人签订年度“安全目标、治安保卫目标包保责任书”中未明确企业、部门、班组安全责任。

针对以上问题，发电企业应实行安全生产目标责任制制度，逐级制订安全目标、保证措施及工作计划，签订安全目标责任书，建立“包、保”体系。结合企业职工代表大会、安全生产工作会议精神，编制为实现安全工作目标的保证措施和年度安全工作计划，明确工作内容、工作标准、责任部门、计划完成时间等。

（二）工作票和操作票（“两票”）

（1）光伏组件清洗工作未办理工作票。

（2）两个不同系统、地点的两个工作内容签发同一张工作票。

（3）同一操作人、同一监护人、同一时段完成两项操作票工作。

针对以上问题，发电企业应建立健全“两票”制度，并有效落地。在光伏发电生产现场、设备、系统上从事检修、维护、安装、改造、调试、试验等工作，必须执行危险点分析预控制度、工作票制度、工作许可制度、工作监护制度，以及工作间断、转移和终结制度。实际操作中一份操作票应由一组人员操作，监护人手中只能持一份操作票。

（三）安全检查管理

（1）班组春季安全生产大检查（“春检”）计划完成时间不符合春检时间要求。

（2）班组秋季安全生产大检查（“秋检”）计划缺少“六查”内容，未结合本班组所管辖的设备进行编制，未明确计划完成时间。

针对以上安全检查方面的问题，发电企业应高度重视春秋检等季节性安全检查工作，加强执行力度，并及时整改检查发现的问题，促进安全生产。季节性安全生产大检查的主要任务应包括查领导、查思想、查管理、查制度、查隐患、查整改等内容（“六查”）。班组应根据部门（车间）检查计划和检查表的要求，结合班组管理和设备系统实际，进一步完善、细化检查内容和标准，编制检查计划和针对不同生产区域、设备系统、管理工作的安全检查卡，并有效落地。

（四）反违章管理

（1）未明确检修、运行及其他部门关于反违章工作的职责分工。

（2）违章记录为零，与实际不符。

针对问题（1），发电企业应完善反违章管理实施细则，明确职责分工，组织开展反违章工作。建立健全反违章工作机制，积极开展无违章创建活动，反违章工作严禁“以罚代管”和“只管不罚”。对违章现象“零容忍”，对各类违章均应按照“四不放过”原则和“教育、曝光、处罚、整改”步骤进行处理。

针对问题（2），健全违章档案，如实记录各级人员的违章及考核情况，并作为安全绩效评价的重要依据。对发生的不安全情况进行分析和原因查找时，必须对存在的违章现象进行分析。

（五）反事故措施和安全技术劳动保护措施（“两措”）

（1）缺少反事故措施（“反措”）计划。

（2）安全技术劳动保护措施（“安措”）计划项目内容不具体，可操作性不强。

（3）无“两措”计划完成情况的反馈和验收签字。

针对以上“两措”存在的问题，发电企业应从计划编制上下功夫，保证内容全面，不漏项，且项目可操行性强，有利于促进安全生产。一般地，从改善设备、系统可靠性、消除重大设备缺陷、防止设备事故、环境事故等方面编制“反措”计划；从改进管理方法、改善劳动条件、防止伤亡事故、预防职业病等方面编制“安措”计划。“两措”计划项目完成后，还要认真做好验收、评价等工作，充分发挥“两措”在安全生产中的重要作用。

（六）安全生产标准化

（1）未有效开展安全生产标准化建设，缺乏相关工作机制。

（2）企业安全生产标准化建设中自主评定流于形式，未取得实效。

针对以上问题，发电企业应持续改进企业安全生产标准化建设。安全生产标准化是指利用科学的方法和手段，提高人的安全意识，创造人的安全环境，规范人的安全行为，使人、机、环境达到最佳统一，从而实现最大限度地预防和减少伤亡事故的目的。按照《企业安全生产标准化基本规范》（GB/T 33000—2016）的定义，安全生产标准化是指企业通过落实安全生产主体责任，全员全过程参与，建立并保持安全生产管理体系，全面管控生产经营活动各环节的安全生产与职业卫生工作，实现安全健康管理系统化、岗位操作行为规范化、设备设施本质安全化、作业环境器具定置化，并持续改进。加强发电企业安全生产标准化建设，对促进安全生产工作和预防事故具有重要意义，有利于进一步落实安全生产的主体责任，有利于进一步推进安全生产标准化工作，有利于进一步贯彻落实安全生产法律法规。

按照目前施行的《发电企业安全生产标准化规范及达标评级标准》（电监安全〔2011〕23号），安全生产标准化评审分为三级，即一级、二级、三级，一级为最高。企业安全生产标准化建设实行自主评定和外部评审方式。企业首先根据有关规范对自身安全生产标准化工作情况进行评定，然后申请外部评审定级。

一般地，发电企业安全生产标准化建设的重点内容包括：①确定目标；②设置组织机构，明确岗位职责；③安全生产投入保证；④安全管理制度完善与法律法规执行；⑤教育培训；⑥生产设备设施管理；⑦作业安全，包括生产现场管理和生产过程控制、作业行为管理、安全警示标志、相关方管理、变更管理；⑧隐患排查与治理，根据安全生产的需要和特点，采用综合检查、专业检查、季节性检查、节假日检查、日常检查、专项检查等方式进行隐患排查，对排查出来的隐患根据实际情况，制订整改措施并落实，主要措施包括工程技术措施、管理措施、教育措施、防护措施和应急措施；⑨重大危险源监控；⑩职业健康，包括职业健康管理、职业危害告知和警示、职业危害申报；⑪应急救援，包括应急机构和队伍、应急预案、应急设施装备和物资、应急演练及事故救援；⑫事故管理，包括事故报告、事故调查和处理；⑬绩效评定和持续改进，发电企业应对本单位安全生产标准化的实施情况进行评定，巩固优势，补足短板，持续改进。

（七）外委工程管理

（1）外委工程和外协用工管理（“两外”）制度未根据上级新颁布的制度进行修订。

（2）未对承包单位开展“保证安全施工需要的机械、工器具及安全防护设施配备情况”及“现场管理、专业、作业人员情况”等资质审查。

（3）签订的安全生产管理协议，缺少安全风险管控与隐患排查治理、安全教育与培训、事故应急救援等内容。

针对以上问题，发电企业应特别重视“两外”问题，破解安全生产工作的薄弱环节和重点难点。企业主要负责人组织制定修订安全生产规章制度，及时修订完善“两外”管理制度。结合企业及工程项目实际，完善企业外包工程项目的安全生产管理协议模板，明确规定双方的安全生产及职业病防护的责任与义务；严格开展资质审查，并认真做好相关记录。通过供应链关系促进承包商、供应商等相关方达到安全生产标准化要求。

（八）消防管理

（1）调度远控室设置了七氟丙烷气体灭火装置，未制订防止该消防设施误动、拒动的措施。

（2）光伏现场火灾报警系统信号未引至远方24h有人值守的消防监控场所。

针对问题（1），发电企业应按照《防止电力生产事故的二十五项重点要求》（国能安全〔2014〕161号），完善消防设施，加强日常检查，定期维护，制订并严格执行防止消防设施误动、拒动的措施。

针对问题（2），依据《电力设备典型消防规程》（DL 5027—2015），无人值班变电站宜设置视频监控系统，火灾自动报警系统宜和视频监控系统联动，火灾自动报警系统应接入本单位或上级24h有人值守的消防监控场所，并有声光警示功能。

（九）交通安全

（1）缺少年度行文公布的准驾人员名单。

（2）未开展专兼职驾驶员培训考试。

针对以上问题，发电企业应加强企业的交通安全管理。因工作需要驾驶单位机动车辆的，须由企业交通安全管理部门审核、同意，报所在单位征得单位交通安全第一责任人同意后，颁发准驾证，并在本单位行文公布。准驾证应每年复审一次，不符合条件者，应收回“准驾证”。每年至少组织一次驾驶员考试，对考试不合格的，不能上岗。

二、劳动安全与作业环境

（一）安全工器具

（1）配电室存放的安全工器具未做到定置管理。

（2）安全工器具清册内容不完善，如缺少出厂日期、检定日期、检定结果等项目。

（3）配电室绝缘手套实物数量与清册不符。

针对以上问题，发电企业应不断强化安全工器具的安全管理。各类安全工器具应做到定置管理，工器具编号应具有唯一性、永久性，标识部位应醒目、不易脱落。建立健全企业安全工器具清册与台账，清册内容全面，包含应有的信息，并实施更新维护，保证实物与清册一致。

（二）电气作业

（1）光伏运维班仓库手电钻、冲击钻、角磨机等电动工具无随机同行的安全操作规程。

（2）二次设备舱配电箱内插座开关未装设剩余电流动作保护装置。

（3）二次设备舱内电源箱无名称标志，电缆穿线孔无防火封堵。

（4）光伏监控中心部分电源箱内开关负荷分配标志不明确。

（5）9 号楼屋顶视频监控箱体无接地线。

针对问题（1），发电企业应依据《手持式电动工具的管理、使用、检查和维修安全技术规程》（GB/T 3787—2017），结合工具产品使用说明书的要求及实际使用条件，制定相应的安全操作规程。安全操作规程的内容至少应包括：①工具的允许使用范围；②工具的正确使用方法和操作程序；③工具使用前应着重检查的项目和部位，以及使用中可能出现的危险和相应的防护措施；④操作者注意事项。一般地，手持式电动工具应配备随机同行的安全操作规程。

针对问题（2），依据《剩余电流动作保护装置安装和运行》（GB/T 13955—2017），属于 I 类的移动式电气设备及手持式电动工具、工业生产用的电气设备、施工工地用的电气机械设备、安装在户外的电气装置等设备和场所必须安装剩余电流动作保护装置（RCD）。连接电动机械及电动工具的电气回路应单独装设开关或插座，并装设剩余电流动作保护装置。

针对其余问题，加强生产现场设备名称标志管理，电源箱应有名称标志，箱内开关负荷分配标志明确，同时检修电源箱金属外壳应可靠接地。此外，电缆穿线孔应有防火封堵。

（三）劳动防护用品

（1）光伏运维班仓库个别安全带无检验合格证。

（2）主控室急救药箱内部分药品过期。

（3）主控室存放过期的安全帽。

（4）光伏监控中心正压式空气呼吸器配备数量不足，且压力偏低。

（5）现场考问一名工作人员，对正压式空气呼吸器的检查、佩戴方法掌握不到位。

针对问题（1）～问题（3），发电企业应重视和加强劳动防护用品安全管理。安全防护用品按规定检验周期进行检验，经检验合格，张贴合格证后方可使用。定期对急救用品进行检查，及时更换过期药品。安全帽的使用期从产品制造完成之日起计算，塑料帽、纸胶帽不超过两年半，玻璃钢（维纶钢）、橡胶帽不超过三年半。

针对问题（4），依据《电力设备典型消防规程》（DL 5027—2015），设置固定式气体灭火系统的发电厂和变电站等场所应配置正压式空气呼吸器，数量宜按每座有气体灭火系统的建筑物各设 2 套，可放置在气体保护区出入口外部、灭火剂储瓶间或同一建筑的有人值班控制室内。正压式空气呼吸器应放置在专用设备柜内，柜体应为红色并固定设置标志牌。

针对问题（5），发电企业从业人员应熟悉本岗位所需的相关应急内容，掌握逃生、自救、互救方法，具备必要的安全救护知识，学会紧急救护方法。特别要学会触电急救法、窒息急救法、心肺复苏法等，熟悉有关烧伤、烫伤、外伤、电伤、气体中毒、溺水等急救常识。

（四）作业环境

（1）各园区配电室均存在不同程度的照明缺陷。

（2）通往屋顶钢直梯防锈不到位。

（3）屋顶钢直梯护笼立杆少于 5 根，且立杆未安装在水平笼箍内侧；钢直梯顶端平台栏杆缺少横杠。

（4）通往屋顶斜梯顶部平台栏杆踢脚板高度不足 100mm。

针对问题（1），发电企业应按照“7S”管理模式（即整理、整顿、清扫、清洁、素养、安全、节约）加强作业环境的本质安全建设。作业场所的自然光或照明应充足，尽快修复存在缺陷的照明。

针对问题（2）和问题（3），依据《固定式钢梯及平台安全要求　第 1 部分：钢直梯》（GB 4053.1—2009）的规定，根据钢直梯使用场合及环境条件，应对梯子进行合适的防锈及防腐涂装。在自然环境中使用的梯子，应对其至少涂一层底漆或一层（或多层）面漆；或进行热浸镀锌，或采用等效的金属保护方法。在持续潮湿条件下使用的梯子，建议进行热浸镀锌，或采用特殊涂层，或采用耐腐蚀材料。此外，钢直梯达到一定高度后，宜或应采用安全护笼，护笼宜采用圆形结构，应包括一组水平笼箍和至少 5 根立杆，水平笼箍应固定到梯梁上，立杆应在水平笼箍内侧并间距相等，与其牢固连接。

针对问题（4），依据《固定式钢梯及平台安全要求　第 3 部分：工业防护栏杆及钢平台》（GB 4053.3—2009），防护栏杆端部应设置立柱或确保与建筑物或其他固定结构牢固连接，立柱间距应不大于 1000mm；踢脚板顶部在平台地面之上高度应不小于 100mm，其底部距地面应不大于 10mm；踢脚板宜采用不小于 100mm × 2mm 的钢板制造。

（五）安全标志标识

（1）屋顶采光带处警示标志褪色不清。

（2）屋顶采光带与彩钢瓦连接处缺少“禁止踩踏”安全警示标志。

（3）3 号配电室门口缺少“严禁烟火”“佩戴安全帽”等安全标志。

（4）主控室、光伏监控中心门口无防火重点部位标志。

（5）人行通道高度不足 1.8m 处，未设置警戒线。

（6）部分安全标志牌设置在可移动架子上，前面有障碍物影响认读；多个安全标志牌一起设置时，排列顺序不规范。

针对问题（1）～问题（4），发电企业应根据设备、设施、建（构）筑物可能产生的危险、有害因素的不同，分别设置明显的安全警示标识、风险告知标识。各种警示标示牌应字迹清晰、内容齐全、固定牢靠，做到整齐有序。在屋顶采光带处，应设置防止人员踩踏措施，有醒目的安全警示标示牌，并应设置供巡检、作业人员通行的坚固通道，通道应设置栏杆，防止人员踩空和滑跌。

针对问题(5)和问题(6)，参照《火力发电企业生产安全设施配置》(DL/T 1123—2009)的相关规定，人行通道高度不足1.8m的障碍物上，应标有防止碰头线。安全标志牌不应设在门、窗、架等可移动的物体上，以免这些物体位置移动后，看不见安全标志。同时，安全标志牌前不应放置妨碍认读的障碍物。当多个安全标志牌一起设置时，应按警告、禁止、指令、提示类型的顺序先左后右、先上后下排列。

三、生产设备设施

（一）输变电设备专业

（1）1号、2号光伏户外一体化柜电缆井内积水严重。

（2）2号光伏户外一体化柜等处电缆封堵不符合要求。

针对问题（1），发电企业应按照《防止电力生产事故的二十五项重点要求》（国能安全〔2014〕161号），采取各项措施，保持电缆隧道、夹层清洁，不积粉尘、不积水，采取照明充足的安全电压，禁止堆放杂物，并有防火、防水、通风的措施。发电厂锅炉、燃煤储运车间内架空电缆上的粉尘应定期清扫。

针对问题（2），控制室、开关室、计算机室等通往电缆夹层、隧道、穿越楼板、墙壁、柜、盘等处的所有电缆孔洞和盘面之间的缝隙（含电缆穿墙套管与电缆之间缝隙）必须采用合格的不燃或阻燃材料封堵。

（二）通信与监控专业

（1）电气监控系统未配置“五防”系统。

（2）未建立完整的远动通信相关设备台账，如缺少检测、试验报告。

针对问题（1），发电企业应高度重视和强化电气设备“五防”安全管理。电气设备应具备“五防”功能，包括：①防止误分、合断路器；②防止带负荷分、合隔离开关；③防止带电挂（合）接地线（接地开关）；④防止带地线送电；⑤防止误入带电间隔。按照《220～500kV变电所计算机监控系统设计技术规程》（DL/T 5149—2001）的规定，所有操作控制均应经防误闭锁，防误闭锁判断准则及条件应符合“五防”等相关规程、规范和运行要求。

针对问题（2），依据《电力调度自动化系统运行管理规程》（DL/T 516—2017）有关运行维护的通用要求，子站运行维护部门应建立设备的台账（卡）、运行日志和设备缺陷、测试数据等记录。每月做好运行统计和分析，按时向对其有调度管辖权的调度机构自动化管理部门填报运行维护设备的运行月报。

（三）光伏组件设备专业

（1）屋顶汇流箱、逆变器外壳均选择通过支架串联接地，未直接与屋面主接地网相连。

（2）未开展每年一次接地电阻测试、数据分析工作。

（3）一期屋顶光伏交流汇流箱内防雷模块的接地端接在“N”端子，而非“PE”端子。

针对问题（1），发电企业应依据《防止电力生产事故的二十五项重点要求》（国能安全〔2014〕161号），严格对电气设备装设保护接地（接零），不得将接地线接在金属管道上或其他金属构件上，防止触电事故。

针对问题（2），每年对独立通信站、综合大楼接地网的接地电阻进行一次测量，将变电站通信接地网列入变电站接地网测量内容和周期。同时，每年雷雨季节前应对接地系统进行检查和维护。检查连接处是否紧固、接触是否良好、接地引下线有无锈蚀、接地体附近地面有无异常，必要时应开挖地面抽查地下隐蔽部分锈蚀情况。

针对问题（3），采取安全措施，将交流汇流箱内防雷模块的接地端接到“PE”端子，保证接线正确。

第三节　山地光伏电站案例

Z电厂为山地光伏电站，共安装305W电池板100 800块、310W电池板67 200块，合计共168 000块；形成50个方阵，每个方阵105个支架，每个支架安装32块电池板，每个方阵输出电能经汇流箱汇集后，经逆变器将直流电源调制为交流电源送往箱式变压器升压至35kV，分别由5条35kV汇集线路输送至升压站35kV母线。目前光伏电站共有员工7人，运检队长、副队长各1人，主运检员2人，值班员2人，管理员1人。

一、安全管理

（一）安全生产责任制

（1）现行安全生产责任制不同岗位的人员责任制无区别。

（2）电站和员工签订的安全目标责任书不符合企业安全目标要求。

针对以上问题，发电企业应建立健全安全生产责任制，修订完善各级、各岗位人员的安全职责。修订安全目标责任书，逐级落实安全生产责任制，满足安全目标管控要求。

（二）规程制度

（1）现场保存的制度不全。

（2）部分制度非最新有效版本。

针对以上规章制度所反馈的问题，发电企业应尽快组织制定安全生产规章制度，主要分为综合安全管理制度、设备设施安全管理制度、人员安全管理制度和环境安全管理制度。①综合安全管理制度包括安全生产管理目标、指标和总体原则、安全生产责任制、安全管理定期例行工作制度、承包与发包工程安全管理制度、安全设施和费用管理制度、重大危险源管理制度、危险物品使用管理制度、消防安全管理制度、隐患排查和治理制度、事故调查报告处理制度、应急管理制度、安全奖惩制度、交通安全管理制度、防灾减灾管理制度；②设备设施安全管理制度包括安全设施“三同时”制度、定期巡视检查制度、定期维护检修制度、定期检测检验制度、安全操作规程；

③人员安全管理制度包括安全教育培训制度、劳动防护用品发放使用和管理制度、安全工器具的使用管理制度、特种作业及特殊危险作业管理制度、岗位安全规范、职业健康检查制度、现场作业安全管理制度；④环境安全管理制度包括安全标志管理制度、作业环境管理制度和职业卫生管理制度。同时，为现场各岗位配备必要相关的规章制度，且及时更新为最新有效版本，便于执行。

（三）工作票和操作票（“两票”）

（1）存在无票作业的现象。

（2）操作票执行不规范。

针对以上问题，发电企业要严格执行“两票”制度，规范“两票”执行，杜绝无票作业现象发生。实施具体检修任务前，应分析、辨识工作任务全过程可能存在的危险点，并制订风险控制措施。生产技术部门和运行检修管理人员随时抽查正在执行的和已执行的工作票，及时发现问题，提出改进意见，尤其是加强对正在执行“两票”的检查，及时发现执行过程中存在的问题，并及时改进。

（四）安全检查

（1）春季安全生产大检查（“春检”）发现的问题未完成的整改项目，未说明原因并采取临时防护措施。

（2）整改完成的项目无验收记录。

针对以上问题，发电企业应加强安全监督检查，对发现的问题，制订科学合理的整改方案和实施计划，完成整改的项目及时验收，并做好记录；未能按时整改的项目应说明理由，并采取防护措施和重点监控。

（五）反违章管理

（1）存在习惯性违章。

（2）装置性违章检查流于形式。

针对以上反违章管理所发现的问题，发电企业应严格查禁违章，按照“四不放过”原则对违章进行原因分析、培训教育、考核和曝光，不断提高全员反违章的主动性和自觉遵章守纪的安全意识。此外，定期开展装置性违章检查工作，做好记录，对查出的问题及时进行落实整改，避免流于形式。

（六）消防安全管理

（1）变电站内两台推车式灭火器露天放置，无防止日晒、雨淋的措施。

（2）火灾报警控制器设在无人值守的房间内。

（3）控制器显示多个故障点，未及时消除。

针对问题（1），发电企业应依据《电力设备典型消防规程》（DL 5027—2015），对露天的灭火器设置遮阳挡水和保温隔热措施。一般地，灭火器应设置在位置明显和便于取用的地点，且不得影响安全疏散。灭火器不得设置在超出其使用温度范围的地点，不宜设置在潮湿或强腐蚀性的地点，当必须设置时应有相应的保护措施。对有视线障碍的灭火器设置点，应设置指示其位置的发光标志。

针对问题（2），依据《火灾自动报警系统设计规范》（GB 50116—2013），火灾报警控制器和消防联动控制器应设置在消防控制室内或有人值班的房间和场所。一般地，区域报警系统的保护对象，若受建筑用房面积的限制，可以不设置消防值班室，火灾报警控制器可设置在有人值班的房间（如保卫部门值班室、传达室等），但该值班室应昼夜有人值班，并且应由消防、保卫部门直接领导管理。集中报警系统和控制中心报警系统，火灾报警控制器和消防联动控制器应设在专用的消防控制室或消防值班室内以保证系统可靠运行和有效管理。

针对问题（3），进一步加强火灾报警系统、监控系统等消防设施的日常检查维护，及时消除故障点，保证正常投入使用。

（七）职业健康管理

（1）职业健康管理制度不完善，如缺少职业病防治责任制、职业病危害检测、申报等方面的内容。

（2）劳动合同与职业病危害告知书中未明确员工接触的职业病危害、产生的后果，以及相关的待遇等内容。

针对问题（1），发电企业应依据《工作场所职业卫生监督管理规定》（国家安全生产监督管理总局令　第47号），建立、健全各项职业卫生管理制度和操作规程，应包括：①职业病危害防治责任制度；②职业病危害警示与告知制度；③职业病危害项目申报制度；④职业病防治宣传教育培训制度；⑤职业病防护设施维护检修制度；⑥职业病防护用品管理制度；⑦职业病危害监测及评价管理制度；⑧建设项目职业卫生“三同时”管理制度；⑨劳动者职业健康监护及其档案管理制度；⑩职业病危害事故处置与报告制度；⑪职业病危害应急救援与管理制度；⑫岗位职业卫生操作规程；⑬法律、法规、规章规定的其他职业病防治制度。发电企业应结合本单位实际情况，组织完善补充相关规章制度，并按相关程序发布实施。

依据问题（2），发电企业应通过与从业人员签订劳动合同、公告、培训等方式，使其知晓工作场所产生或存在的职业病危害因素、防护措施、对健康的影响以及健康检查结果等，从而实现职业病危害告知。按照《用人单位职业病危害告知与警示标识管理规范》（安监总厅〔2014〕111号），在劳动合同中写明工作过程可能产生的职业病危害及其后果、职业病危害防护措施和待遇（如岗位津贴、工伤保险）等内容，并以书面形式告知劳务派遣人员。如格式合同文本内容不完善，则以合同附件形式签署职业病危害告知书。

二、劳动安全与作业环境

（一）电气作业

（1）剩余电流动作保护装置特性测试记录中无测试数据。

（2）消防水泵房配电箱无名称标志。

（3）35kV配电室电气控制柜、交流低压动力柜外壳无接地线。

（4）现场电源箱箱门未上锁。

针对以上问题，发电企业应加强电气作业的安全管控。现场检修电源箱须安装剩余电流动作保护装置，定期对剩余电流动作保护装置进行特性试验，做好记录，并张贴检验合格证。检修电源箱、临时电源箱箱门需上锁，箱门上要有名称标志，外壳可靠接地。

（二）安全防护用品

（1）正压式空气呼吸器未按要求存放在显著位置。

（2）正压式空气呼吸器压力低，仅 5MPa。

针对以上问题，发电企业应按照《电力设备典型消防规程》（DL 5027—2015），将正压式空气呼吸器放置在专用设备柜内，其柜体应为红色，固定设置标志牌。建（构）筑物、电力设备或场所应按照国家、行业有关规定、标准，根据实际需要，配置必要的、符合要求的正压式空气呼吸器，并做好日常管理，确保完好有效。同时，加强检查生产现场的劳动安全防护用品，及时更换不合格产品。

（三）作业环境

（1）生活水箱钢直梯踏棍间距超过 300mm。

（2）综合楼防火楼梯平台栏杆少于 1050mm。

（3）综合楼防火楼梯平台栏杆无护脚板。

针对以上问题，发电企业应对生产现场或作业场所加强安全检查和隐患排查，组织人员制订方案，有效治理，整改作业环境的不符合项，使作业环境符合规范要求，确保人身和设备安全。

三、生产设备设施

（一）输变电设备专业

（1）35kV 系统室内六氟化硫（SF_6）断路器（1 号 SVC353 断路器、2 号 SVC360 断路器）未在开关室外装设六氟化硫（SF_6）气体泄漏检测和氧含量检测报警装置。

（2）排风装置风口未设置在开关室下部。

针对以上问题，发电企业应依据《防止电力生产事故的二十五项重点要求》（国能安全〔2014〕161 号），对室内或地下布置的六氟化硫（SF_6）开关设备室，配置相应的六氟化硫（SF_6）泄流检测报警、强力通风含量检测系统，并将排风口布置在开关室下部。同时，六氟化硫（SF_6）气体必须经六氟化硫（SF_6）气体质量监督管理中心抽检合格，并出具检测报告后方可使用。六氟化硫（SF_6）气体注入设备后必须进行湿度试验，且应对设备内气体进行六氟化硫（SF_6）纯度检测，必要时进行气体成分分析。

（二）土建管理专业

（1）检修道路的急弯、陡坡段缺少明显的安全警示标识，部分路面坍塌。

（2）5 号光伏一体化装置地基裂缝宽度不符合设计及规范要求。

针对问题（1），发电企业应依据《厂矿道路设计规范》（GBJ 22—1987）和《安全标志及其使用导则》（GB 2894—2008），及时设置完善相应的安全警示标识。定期进行检修道路的维护工作，及时处理坍塌的路面及边沟，防止巡视车辆发生危险。

针对问题（2），依据《建筑地基基础工程施工质量验收标准》（GB 50202—2018）的规定，砂、石子、水泥、石灰、粉煤灰、矿（钢）渣粉等掺合料、外加剂等原材料的质量、检验项目、批量和检验方法，应符合国家现行标准的规定。对于地基处理工程的验收，当采用一种检验方法检测结果存在不确定性时，应结合其他检验方法进行综合判断。

（三）储能专业

当地风光资源丰富，存在弃风弃光现象。

针对以上问题，有必要开展储能技术研究，不断解决风光能源消纳难的问题，为安全发电、稳定供电提高基础保障。众所周知，未来清洁能源的占比将不断提高，势必大幅增加太阳能、风能的发电比例，然而受限于电源、电网、负荷等因素的影响，风、光电等可再生能源消纳问题一直是发展可再生能源的重要任务，目前弃风、弃光的形势依然严峻。质子交换膜燃料电池随着技术突破，其可靠性、性能指标、寿命周期都大幅提升，已经进入商业运行阶段。质子交换膜燃料电池通过氢气和氧气的电化学反应，将燃料的化学能直接转化为电能，不需要经过热机卡诺循环，反应产物为水，是清洁、高效、环保的第四代发电技术。图 6－1 所示为一种风、光、质子交换膜燃料电池多能互补的混合发电系统，该系统充分利用弃风、弃光能源，显著提高能源的综合利用效率，减少化石燃料消耗，环境友好，清洁节能，值得进一步深入研究并适时推广应用。当然，该多能互补发电系统乃至未来能源体系中，氢能将扮演重要的角色，由此带来的氢能安全也将是未来安全评价的重要范畴。

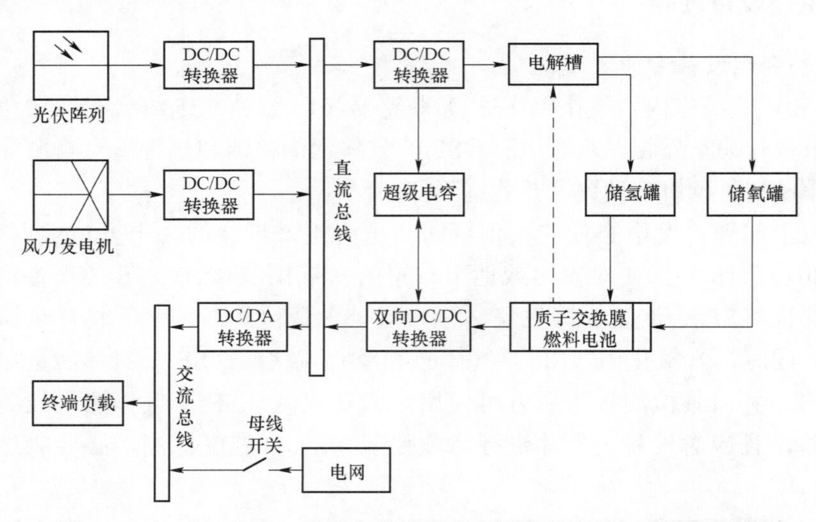

图 6－1　一种风、光、质子交换膜燃料电池多能互补混合发电系统

第七章　安全生产名词解释

本书中大量应用了安全生产有关专业术语或专有名词，本章详细解读其中210个安全生产名词。这些专业术语或专有名词有着深刻的内涵，解读这些名词的具体意义，准确体现并揭示其本质思想，有助于进一步学习安全生产与卫生健康的基础理论，有助于进一步理解安全评价的丰富内容和积极作用，特别是概括性理解涉及安全生产法律法规、安全生产管理和安全生产技术的基本知识或基本概念，从而不断提高安全生产素养，增强安全生产意识。

1. 红线意识

习近平总书记指出，人命关天，发展决不能以牺牲人的生命为代价，这必须作为一条不可逾越的红线。

2. 安全第一，预防为主，综合治理

安全第一即在生产过程中把安全放在第一重要的位置上，切实保护劳动者的生命安全和身体健康。

预防为主即把安全生产工作的关口前移，超前防范，建立预教、预测、预想、预报、预警、预防的递进式、立体化事故隐患预防体系，改善安全状况，预防安全事故。

综合治理即适应我国安全生产形势的要求，自觉遵循安全生产规律，正视安全生产工作的长期性、艰巨性和复杂性，抓住安全生产工作中的主要矛盾和关键环节，综合运用经济、法律、行政等手段，人管、法治、技防多管齐下，并充分发挥社会、职工、舆论的监督作用，有效解决安全生产领域的问题。

3. 安全生产许可

国家对矿山企业、建筑施工企业和危险化学品、烟花爆竹、民用爆炸物品生产企业实行安全许可制度。企业未取得安全生产许可证的，不得从事生产活动。

4. 一岗双责

既要抓好分管的业务工作，又要抓好分管业务的安全工作，把安全工作与业务工作同研究、同规划、同布置、同检查、同考核、同问责，真正做到"两手抓、两手硬"，使安全生产工作始终保持应有的力度。

5. 二级、一级、特殊动火作业

二级动火作业是指除特殊动火作业和一级动火作业以外的动火作业。凡生产装置或系统全部停车，装置经清洗、置换、分析合格并采取安全隔离措施后，根据其火灾、爆炸危险性大小，经所在单位安全监督管理部门批准，动火作业可按二级动火作业管理。

一级动火作业是指在易燃易爆场所进行的除特殊动火作业以外的动火作业。厂区管廊上的动火作业按一级动火作业管理。

特殊动火作业是指在生产运行状态下的易燃易爆生产装置、输送管道、储罐、容器等部位上及其他特殊危险场所进行的动火作业。常压不置换动火作业按特殊动火作业管理。

6. 两票三制

一般用于火电厂、水电站、变电站工作的制度。两票即工作票和操作票。三制即交接班制、巡回检查制、设备定期试验轮换制。

7. 两措

两措即反事故措施和安全技术劳动保护措施的简称。

反事故措施以防止设备事故发生，保证设备安全可靠运行为目的所采取的技术和组织措施。

安全技术劳动保护措施以改善劳动条件、防止发生人身伤亡事故、预防职业病等为主要内容的安全技术措施和职业健康措施。

8. 两外

两外即外委工程和外协用工人员的简称。外委工程是指生产经营单位对外发包的工程项目。外协用工人员是指在生产经营单位进行劳动作业的非本单位人员。

9. 两个体系

两个体系即安全生产保证体系和安全监督体系的简称。安全生产保证体系和安全监督体系构成了生产经营单位安全管理的有机整体，两个体系各自发挥作用并协调配合，是企业安全生产的关键。

安全生产保证体系由组织机构保证体系、风险评估与控制保证体系、作业环境保证体系、生产用具保证体系、生产管理保证体系、职业健康保证体系、技能与培训保证体系、劳动保障与政治思想工作保证体系、制度和标准保证体系等九大系统组成。

安全监督体系一般由安全管理部门、车间和班组安全员组成的三级安全监督网络构成，其主要功能包括安全监督与安全管理。

10. 两交清

正式开工之前或班会前，工作负责人向全体工作人员交清工作任务，交清安全措施。

11. 三个不能

安全发展必须做到“三个不能”，即不能以牺牲人的生命为代价、不能损害劳动者的安全、不能损害劳动者的健康权益。

12. 三权人员

工作票签发人、工作许可人和工作监护人。

13. 三同时

建设项目安全设施必须与主体工程同时设计、同时施工、同时投入生产和使用。职业病防护设施必须符合国家、行业和地方规定的标准，必须与主体工程同时设计、同时施工、同时投入生产和使用。

14. 三必须

管行业必须管安全、管业务必须管安全、管生产经营必须管安全。

15. 三违

违规作业、违章指挥、违反劳动纪律。

16. 三证一书一标志

产品许可证、出厂试验合格证、产品鉴定合格证和使用说明书、特种劳动防护用品安全标志。

17. 三类人员

安全三类人员，是指对建筑施工企业安全生产工作负责的三类人员，包括建筑施工企业主要负责人、建筑施工企业项目负责人、建筑施工企业专职安全生产管理人员。

18. 三新人员

新职、转岗（改职）、晋升（提职）人员，或指新进人员、新入职人员、新岗位人员。

19. 三级安全教育

三级安全教育是指新入职员工必须经过厂（企业）级安全教育、车间（部门）级安全教育和岗位（工段、班组）安全教育。

20. 三会

生产经营单位应教育从业人员，按照劳动防护用品的使用规则和防护要求正确使用劳动防护用品，使从业人员做到“三会”：会检查劳动防护用品的可靠性；会正确使用劳动防护用品；会正确维护保养劳动防护用品。

21. 安全三宝

在建筑业领域通常称“安全帽、安全带和安全网”为“安全三宝”。建筑业安全三宝是建筑行业必不可少的安全配置，是对建筑安全的基本要求。

22. 四不两直

安全生产监督管理部门的安全生产检查方式：不发通知，不打招呼，不听汇报，不用陪同接待，直奔基层，直插现场。

23. 四级控制

①企业控制轻伤和内部统计事故，不发生重伤和一般设备、供热、火灾和水灾事故；②部门（车间）控制未遂和障碍，不发生轻伤和内部统计事故；③班组控制违章和异常，不发生未遂和障碍；④个人不发生违章。

24. 四不放过

事故原因未查清不放过、责任人员未处理不放过、整改措施未落实不放过、有关人员未受到教育不放过。

25. 四不伤害

不伤害自己、不伤害他人、不被他人伤害、保护他人不受伤害。

26.“五新”安全教育

采用新工艺、新技术、新材料、新设备、新产品前所进行的新操作方法和新工作岗位的安全教育。

27. 五落实五到位

五落实：①必须落实“党政同责”要求，董事长、党组织书记、总经理对本企业安全生产工作共同承担领导责任；②必须落实安全生产“一岗双责”，所有领导班子成员对分管范围内安全生产工作承担相应职责；③必须落实安全生产组织领导机构，成立安全生产委员会，由董事长或总经理担任主任；④必须落实安全管理力量，依法设置安全生产管理机构，配齐配强注册安全工程师等专业安全管理人员；⑤必须落实安全生产报告制度，定期向董事会、业绩考核部门报告安全生产情况，并向社会公示。

五到位：安全责任到位、安全投入到位、安全培训到位、安全管理到位、应急救援到位。

28. 五同时

企业的生产组织领导者必须在计划、布置、检查、总结、评比生产工作的同时进行计划、布置、检查、总结、评比安全工作。

29. 五防

防止误分、合断路器；防止带负荷分、合隔离开关；防止带电挂接地线、合接地开关；防止带地线送电；防止误入带电间隔。

30. “五双”管理

剧毒化学品管理的一种制度，即“双人验收、双人保管、双人领取、双把锁、双本账”。

31. 六查

查思想、查领导、查现场、查隐患、查制度、查管理。

32. 双重预防机制

安全风险分级管控机制和事故隐患排查治理机制。安全风险分级管控应坚持全员参与、全方位管理、全过程控制和动态管理原则，树立“风险管控不到位就是隐患”的理念，做到与反违章、可靠性管理、应急管理、安全生产标准化、安全评价等工作有机融合，将风险控制在可接受的范围内。事故隐患排查治理应坚持“谁主管、谁负责”和“全方位覆盖、全过程闭环”的原则，树立“隐患不消除就是事故”的理念，将隐患排查治理与反违章、安全检查等日常基础工作相结合，严防风险管控措施失效或弱化形成隐患。

33. “双主人”制

所有设备都有双人负责，即运行责任人和检修责任人。

34. 安全生产月

每年6月为安全生产月，已经常态化、制度化。2020年为第19个全国安全生产月，主题是“消除事故隐患，筑牢安全防线”。

35. 安全日活动

班组每周或每个轮值进行一次安全日活动，提前布置班组安全日活动内容，活动内容应联系实际，有针对性，并详细记录；安全日活动车间领导应参加并检查活动情况，并进行书面点评。

36. 特种设备

特种设备是指涉及生命安全、危险性较大的锅炉、压力容器（含气瓶）、压力管道、电梯、起重机械、客运索道、大型游乐设施和场（厂）内专用机动车辆八大类设备。

37. 特种作业

特种作业是指容易发生人员伤亡事故，对操作者本人、他人及周围设施的安全可能造成重大危害的作业。

38. 特种作业人员

直接从事特种作业的人员称为特种作业人员，包括电工作业、焊接与热切割作业、高处作业、制冷与空调作业、煤矿安全作业、金属非金属矿山安全作业、石油天然气安全作业、冶金（有色）生产安全作业、危险化学品安全作业、烟花爆竹安全作业、国家安全生产监督管理部门（应急管理部）认定的其他作业等。

39. 持证上岗

凡是规定需要职业技能范畴的职业，实行职业资格证书制度。作业人员需有相关资格证才能上岗任职。

40. 春检、秋检

春检即春季安全生产大检查；秋检即秋季安全生产大检查。

41. 巡检

巡检是对产品（设备、系统）生产、制造过程中进行的定期或随机流动性的检验，及时发现问题，并采取措施消除隐患。

42. 点检

为了维持设备的原有性能，通过人的五感（视、听、嗅、味、触）或者借助状态监测工具、仪器、软件等按照预先设定的标准、周期和方法，对设备上的规定部位（点）进行有无异常的预防性检查的过程，用以掌握设备的劣化趋势，以使设备的隐患和缺陷能够得到早期发现、早期预防、早期处理，这样的设备检查方法统称为点检。

43. 说清楚

安全生产事故发生单位在规定的时间内按规定的要求，就事故发生概况、初步原因、处理措施等内容，向企业安全生产委员会及相关管理部门作当面检查汇报；企业安全生产委员会及相关管理部门听取检查汇报后，与安全生产事故发生单位共同分析事故原因，总结事故教训，研究加强安全生产工作措施的一种工作制度。

44. 风险

发生危险事件或有害暴露的可能性，与随之引发的人身伤害、健康损害或财产损失的严重性的组合。

45. 隐患

生产经营单位违反安全生产法律、法规、规章、标准、规程和安全生产管理制度的规定，或者因其他因素在生产经营活动中存在可能导致事故发生的物的危险状态、人的不安全行为和管理上的缺陷。

46. 一般隐患

危害和整改难度较小，发现后能够立即整改排除的隐患。

47. 重大隐患

危害和整改难度较大，应当全部或者局部停产停业，并经过一定时间整改治理方能排除的隐患，或者因外部因素影响致使生产经营单位自身难以排除的隐患。

48. 重大危险源

长期地或临时地生产、加工、搬运、使用或储存危险物质，且危险物质的数量等于或超过临界量的单元。

49. 职业病

企业、事业单位和个体经济组织的劳动者在职业活动中，因接触粉尘、放射性物质和其他有害有毒因素而引起的疾病。

50. 法定职业病

由国家主管部门公布的职业病目录所列的职业病称为法定职业病，界定法定职业病的基本条件包括在职业活动中产生、接触职业病危害因素、列入国家职业病范围、与劳动用工行为相联系，具体包括职业性尘肺病及其他呼吸系统疾病、职业性皮肤病、职业性眼病、职业性耳鼻喉口腔疾病、职业性化学中毒、物理因素所致职业病、职业性放射性疾病、职业性传染病、职业性肿瘤、其他职业病。

51. 职业禁忌

劳动者从事特定职业或接触特定职业病危害因素时，比一般职业人群更易于遭受职业病危害和罹患职业病或者导致原有自身疾病病情加重，或者在从事作业过程中诱发可能导致对他人生命健康构成危险的疾病的个人特殊生理或者病理状态。

52. 职业病危害预评价

对建设项目的选址、总体布局、生产工艺和设备布局、车间建筑设计卫生、职业病危害防护措施、辅助卫生用室设置、应急救援措施、个人防护用品、职业卫生管理措施、职业健康监护等进行评价分析与评价，通过职业病危害预评价，识别和分析建设项目在建成投产后可能产生的职业病危害因素，评价可能造成的职业病危害及程度，确定建设项目在职业病防治方面的可行性，为建设项目的设计提供必要的职业病危害防护对策和建议。

53. 职业病危害控制效果评价

对评价范围内生产或操作过程中可能存在的有毒有害物质、物理因素等职业病危害因素的浓度或强度，以及对劳动者健康的可能影响，对建设项目的生产工艺和设备布局、车间建筑设计卫生、职业病危害防护措施、应急救援措施、个体防护措施、职业卫生管理措施、职业健康监护等方面进行评价，从而明确建设项目产生的职业病危害因素，分析其危害程度及对劳动者健康的影响，评价职业病危害防护措施及其效果，对为达到职业病危害防护要求的系统或单元提出职业病危害预防控制措施的建议。

54. 职业病危害现状评价

根据评价的目的不同，生产运行过程中的现状评价可针对生产经营单位职业病预防控制工作的多个方面，主要内容包括对作业人员职业病危害接触情况、职业病预防控制的工程控制情况、职业卫生管理等方面，在掌握生产经营单位职业病危害预防控制现状的基础上，找出职业病危害预防控制工作的薄弱环节或存在的问题，并提出改进的措施与建议。

55. 职业健康监护档案

职业健康监护档案是用人单位为接触职业病危害的劳动者建立的档案，包括劳动者的职业史、职业病危害接触史、职业健康检查结果和职业病诊疗等有关个人健康资料。

56. 违章与反违章

违章即在电力生产活动中，违反国家和电力行业安全生产法律法规、规程标准，违反企业安全生产规章制度、反事故措施、安全管理要求等，可能对人身、电网和设备构成危害并容易诱发事故的管理的不安全作为、人的不安全行为、物的不安全状态和环境的不安全因素。违章现象分为作业性违章、装置性违章、指挥性违章、管理性违章。

企业应建立反违章工作机制，构建形成“不敢违章、不能违章、不想违章”的有效工作机制，大力营造反违章工作氛围，积极开展无违章创建活动；健全违章档案，如实记录各级人员的违章及考核情况，并作为安全绩效评价的重要依据；分级设立违章曝光栏，以达到警示教育的目的。

57. 本质安全

本质安全是指通过设计等手段使生产设备或生产系统本身具有安全性，即使在误操作或发生故障的情况下也不会造成事故的功能。具体包括失误—安全（误操作不会导致事故发生或自动阻止误操作）、故障—安全功能（设备、工艺发生故障时还能暂时正常工作或自动转变安全状态）。通过追求企业生产流程中人、物、系统、制度等诸要素的安全可靠和谐统一，使各种危害因素始终处于受控制状态，进而逐步趋近本质型、恒久型安全目标，最终实现“人员无违章、设备无缺陷、环境无隐患、管理无漏洞”的“人、机、环、管”和谐统一的本质安全状态。

58. 安全预评价

在建设项目可行性研究阶段，根据相关的基础资料，辨识与分析建设项目潜在的危险、有害因素，确定其与安全生产法律法规、标准、行政规章、规范的符合性，预测发生事故的可能性及其严重程度，提出科学、合理、可行的安全对策措施建议，做出安全评价结论，为建设项目初步设计提供科学依据。

59. 安全现状评价

运用系统工程的方法，对生产全过程进行安全性度量和预测，通过对系统存在的危险因素进行定量和定性分析，确认系统发生危险的可能性及其严重程度，进而提出必要的、有针对性的整改措施，持续提升企业本质安全水平。

60. 安全验收评价

在建设项目竣工后，通过检查建设项目安全设施“三同时”的情况，检查安全生产管理措施到位情况，检查安全生产规章制度健全情况，检查事故应急救援预案建立情况，审查确定建设项目满足安全生产法律法规、标准、规范要求的符合性，从整体上确定建设项目安全设施的运行状况和安全管理情况，做出安全验收评价结论，以满足安全生产要求。

61. 安全评价师

采用安全系统工程的方法与手段，对建设项目和生产经营单位存在的风险进行安全评价的技能人员，目前分为三级安全评价师、二级安全评价师、一级安全评价师，其中一级安全评价师为最高级别。

62. 注册安全工程师

注册安全工程师的英文全称为Certified Safety Engineer，简称CSE。通过职业资格考试取得中华人民共和国注册安全工程师职业资格证书，经注册后从事安全生产管理、安全工程技术工作或提供安全生产专业服务的专业技术人员，分为初级注册安全工程师、中级注册安全工程师和高级注册安全工程师，并设置煤矿安全、金属非金属矿山安全、化工安全、金属冶炼安全、建筑施工安全、道路运输安全、其他安全（不包括消防安全）七个专业类别。危险物品的生产、储存单位以及矿山、金属冶炼单位应有注册安全工程师从事安全生产管理工作。鼓励其他生产经营单位聘用注册安全工程师从事安全生产管理工作。

63. 安全生产责任保险

生产经营单位在发生生产安全事故以后对死亡、伤残者履行赔偿责任的保险。2020年2月1日实施《安全生产责任保险事故预防技术服务规范》（AQ 9010—2019），该规范是安全生产行业强制性标准，突出事故预防特点，明确服务强制性原则，细化7类服务项目，明确4种服务形式及服务流程。

64. 安全生产责任制

根据我国的安全生产方针“安全第一，预防为主，综合治理”和安全生产法律法规建立的各级领导、职能部门、工程技术人员、岗位操作人员在劳动生产过程中对安全生产层层负责的制度。

65. 安全生产标准化

企业通过落实企业安全生产主体责任，通过全员全过程参与，建立并保持安全生产管理体系，全面管控生产经营活动各环节的安全生产与职业卫生工作，实现安全健康管理系统化、岗位操作行为规范化、设备设施本质安全化、作业环境器具定置化，并持续改进。

66. 安全生产委员会

生产经营单位安全生产管理的最高领导机构，负责企业安全生产管理工作，研究协调生产及日常管理工作的重大安全问题。

67. 安全生产管理协议

两个以上生产经营单位在同一作业区域内进行生产经营活动，可能危及对方生产安全的，应当签订安全生产管理协议，明确各自的安全生产管理职责和应当采取的安全措施，并指定专职安全生产管理人员进行安全检查与协调。

68. 安全生产责任书

一般由安全生产意义、安全生产主要内容、重点事项及关键环节、安全任务指标、时间要求、相关组织机构及职责、处罚事项构成。

69. 安全生产第一责任人

企业法人及实际控制人是企业安全生产第一责任人，对本企业安全生产工作负总责。

70. 安全文化建设

安全文化是指被企业组织的员工群体所共享的安全价值观、态度、道德和行为规范的统一体。根据企业内外部安全管理环境及实际需要，制订安全文化发展战略及计划，塑造适合企业安全发展需要的安全文化体系，奠定企业长治久安的文化根基。

71. 坠落悬挂安全带

高处作业或登高人员发生坠落时，将坠落人员安全悬挂的安全带。

72. 安全监督网

生产经营单位建立的安全监督网，即企业级、车间（部门）级、班组级安全监督组织结构网络。

73. 安全生产费用

企业按照规定标准提取在成本中列支，专门用于完善和改进企业或者项目安全生产条件的资金。企业提取的安全费用属于企业自提自用资金，其他单位或部门不得采取收取、代管等形式对其进行集中管理和使用。

74. 超额累退

安全生产费用的一种计算方法，随营业收入额的增加而逐步降低提取系数的方式。

75. 安全技术交底

工作负责人在生产作业前对直接生产作业人员进行的该作业的安全操作规程和注意事项的培训，并通过书面文件方式予以确认。

76. 不安全不工作

安全生产，人人有责，贯彻“安全第一，预防为主，综合治理”的方针，坚持不安全不工作原则，牢固树立“安全发展、关爱生命”的安全发展理念。

77. 挂牌督办

上级政府和行政主管部门通过社会公示等办法，督促限期完成对重点安全案件的查处和整改任务。

78. 应急能力评估

应急能力评估是应急能力建设的前提，国家要求建构一套切实可行的应急能力评估体系，使其既符合应急管理的一般原理，又适用于当前中国应急体系的现实特点。

79. 应急预案

通过编制应急预案提高应对风险和防范事故能力，保证从业人员安全健康和公众生命安全，是最大限度地减少财产损失、环境损害和社会影响的重要措施，包括综合应急预案、专项应急预案和现场处置方案。生产经营单位编制应急预案包括成立应急预案编制工作组、资料收集、风险评估、应急能力评估、编制应急预案和应急预案评审等6个步骤。

80. 综合预案

生产经营单位为应对各种生产安全事故而制订的综合性工作方案，是本单位应对生产安全事故的总体工作程序、措施和应急预案体系的总纲。

81. 专项预案

生产经营单位为应对某一种或者多种类型生产安全事故，或者针对重要生产设施、重大危险源、重大活动防止生产安全事故而制订的专项性工作方案。

82. 现场处置方案

生产经营单位根据不同生产安全事故类型，针对具体场所、装置或者设施所制订的应急处置措施。

83. 应急演练

应急演练是应急管理的重要环节，针对应急预案而模拟开展的预警行动、事故报告、指挥协调、现场处置等活动，按组织形式不同可分为桌面演练和现场演练，按演练内容不同可分为单项演练和综合演练。通过应急演练，检验预案、磨合机制、锻炼队伍、宣传教育和完善准备。

84. 桌面演练

各级应急部门、组织和个人明确和熟悉应急预案中所规定的职责和程序，提高协调配合及解决问题能力的一种圆桌讨论或演习活动。

85. 实战演练

根据演练情景的要求，通过实际操作完成应急响应任务，以检验和提高相关应急人员的组织指挥、应急处置及后勤保障等综合应急能力的一种以现场实战操作形式开展的演练活动。

86. 单项演练

只涉及应急预案中特定应急响应功能，或现场处置方案中一系列应急响应功能的演练活动。

87. 综合演练

涉及应急预案中多项或全部应急响应功能的演练活动。

88. 检验性演练

为了检验应急预案的可行性及应急准备的充分性而组织的演练。

89. 示范性演练

为了向参观、学习人员提供示范，为普及宣传应急知识而组织的观摩性演练。

90. 研究性演练

为了研究突发事件应急处置的有效方法，试验应急技术、设施和设备，探索存在问题的解决方案等而组织的演练。

91. 事故类型

依据企业职工伤亡事故分类标准，事故类别分为物体打击、车辆伤害、机械伤害、起重伤害、触电、淹溺、灼烫、火灾、高处坠落、坍塌、冒顶片帮、透水、放炮、火药爆炸、瓦斯爆炸、锅炉爆炸、容器爆炸、其他爆炸、中毒和窒息、其他伤害。

92. 一般事故

造成 3 人以下死亡，或者 10 人以下重伤，或者 1000 万元以下直接经济损失的事故。

93. 较大事故

造成 3 人以上 10 人以下死亡，或者 10 人以上 50 人以下重伤，或者 1000 万元以上 5000 万元以下直接经济损失的事故。

94. 重大事故

造成 10 人以上 30 人以下死亡，或者 50 人以上 100 人以下重伤，或者 5000 万元以上 1 亿元以下直接经济损失的事故。

95. 特别重大事故

造成30人以上死亡，或者100人以上重伤（包括急性工业中毒），或者1亿元以上直接经济损失的事故。

96. 直接经济损失

因事故造成人身伤亡及善后处理支出的费用和毁坏财产的价值，包括：①人身伤亡所支出的费用，如医疗费用（含护理费）、丧葬及抚恤费用、补助及救济费用和误工费等；②善后处理费用，如处理事故的事务性费用、现场抢救费用、清理现场费用、事故罚款和赔偿费用等；③财产损失费用，含固定资产损失和流动资产损失。

97. 间接经济损失

间接经济损失，包括停产、减产损失价值、工作损失价值、资源损失价值、处理环境污染的费用、补充新职工的培训费用及其他损失费用。

98. 轻伤

损失工作日为1个工作日以上（含1个工作日），105个工作日以下的失能伤害。

99. 重伤

损失工作日为105工作日以上（含105个工作日），6000个工作日以下的失能伤害。

100. 死亡

损失工作日为6000工作日以上（含6000工作日）的失能伤害。

101. 有限空间

封闭或者部分封闭，与外界相对隔离，出入口较为狭窄，作业人员不能长时间在内工作，自然通风不良，易造成有毒有害、易燃易爆物质积聚或者氧含量不足的空间。

102. 劳动功能障碍

通过对一个人从事体力工作的能力鉴定，确定其劳动能力丧失的程度。劳动功能障碍分为十个伤残等级，最重的为一级，最轻的为十级。

103. 生活自理障碍

生活自理障碍分为三个等级：生活完全不能自理、生活大部分不能自理和生活部分不能自理。

104. 作业许可管理

企业应对临近高压输电线路作业、危险场所动火作业、有限空间作业、临时用电作业、爆破作业、封道作业等危险性较大的作业活动，实施作业许可管理，严格履行作业许可审批制度。作业许可应包括安全风险分析、安全及职业病危害防护措施、应急处置等内容。

105. 重大责任事故罪

在生产、作业中违反有关安全管理的规定，因而发生重大伤亡事故或者造成其他严重后果的行为。

106. 重大劳动安全事故罪

生产经营单位的劳动安全设施或安全生产条件不符合国家规定，对事故隐患不采取措施，因而发生了重大伤亡事故或者造成其他严重后果的行为。

107. 强令冒险作业罪

生产经营单位的领导者、指挥者、调度者等在明知确实存在危险或者已经违章，工人的人身安全和国家、企业的财产安全没有保证，继续生产会发生严重后果的情况下，仍然不顾相关法律规定，以解雇、减薪以及其他威胁，强行命令或者胁迫下属进行作业，造成重大伤亡事故或者严重财产损失的行为。

108. 市场准入

对从事特种设备的设计、制造、安装、修理、维护保养、改造的单位实施资格许可，并对部分产品出厂实施安全性能监督检验。

109. 设备准用

对在用的特种设备通过实施定期检验，注册登记，施行准用制度。

110. 非停

非停是指发电机组的非计划停运。

111. A 证、B 证、C 证

A 证是企业主要负责人，包括企业法定代表人或总经理、企业分管安全生产工作的副总经理等取得的安全资格证书。

B 证是由企业法人授权，负责建设工程项目管理的负责人等取得的安全资格证书。

C 证是企业专职从事安全生产管理工作的人员，包括企业安全生产管理机构的负责人及其专职工作人员和施工现场专职安全生产管理人员等取得的安全资格证书。

112. 相关方

工作场所内外与企业安全生产绩效有关或受其影响的个人或单位，如承包商、供应商等。承包商即在企业的工作场所按照双方协定的要求向企业提供服务的个人或单位；供应商即为企业提供材料、设备或设施及服务的外部个人或单位。

113. 海因里希法则

美国著名安全工程师海因里希提出的 300∶29∶1 法则，当一个企业有 300 起隐患或违章，非常可能要发生 29 起轻伤或故障，另外还有 1 起重伤或死亡事故。

114. 安全生产诚信“黑名单”

以不良信用记录作为企业安全生产诚信“黑名单”的主要判定依据。生产经营单位有下列情况之一的，纳入国家管理的安全生产诚信“黑名单”：①一年内发生生产安全重大责任事故，或累计发生责任事故死亡 10 人（含）以上的；②重大安全生产隐患不及时整改或整改不到位的；③发生暴力抗法的行为，或未按时完成行政执法指令的；④发生事故隐瞒不报、谎报或迟报，故意破坏事故现场、毁灭有关证据的；⑤无证、证照不全、超层越界开采、超载超限超时运输等非法违法行为的；⑥经监管执法部门认定严重威胁安全生产的其他行为。

115. 安全生产诚信评价

开展安全生产诚信评价，把企业安全生产标准化建设评定的等级作为安全生产诚信等级，分别相应地划分为一级、二级、三级，原则上不再重复评级。安全生产标准化等级的发布主体是安全生产诚信等级的授信主体，一年向社会发布一次。

116. 安全生产承诺

企业安全生产的重点承诺内容包括：①严格执行安全生产、职业病防治、消防等各项法律法规、标准规范，绝不非法违法组织生产；②建立健全并严格落实安全生产责任制度；③确保职工生命安全和职业健康，不违章指挥，不冒险作业，杜绝生产安全责任事故；④加强安全生产标准化建设和建立隐患排查治理制度；⑤自觉接受安全监管监察和相关部门依法检查，严格执行执法指令。

117. 安全色

表示安全信息的颜色，安全色要求醒目，容易识别，并有统一的规定。国家标准规定红、蓝、黄、绿四种颜色为安全色。其中，红色表示禁止、停止，用于禁止标志、停止信号、车辆上的紧急制动手柄等；蓝色表示指令、必须遵守的规定，一般用于指令标志；黄色表示警告、注意，用于警告警戒标志、行车道中线等；绿色表示提示安全状态、通行，用于提示标志、行人和车辆通行标志等。

118. 对比色

使安全色更加醒目的反衬色，包括黑、白两种颜色。

119. 安全标志

用以表达特定安全信息的标志，由图形符号、安全色、几何形状（边框）或文字构成，分为禁止标志、警告标志、指令标志、提示标志、补充标志。安全标志是向工作人员警示工作场所或周围环境的危险状况，指导人们采取合理行为。

120. 辅助标志

为另一个安全标志提供补充说明，起着辅助作用的标志。

121. 安全链

由风力发电机组重要保护元件串联形成，并独立于机组逻辑控制的硬件保护回路。

122. 飞车

风电机组制动系统失效，风轮转速超过允许转速或额定转速，且机组处于失控状态。

123. 免爬器

安装在风电机组塔筒爬梯通道，利用车体沿刚性导轨，仅供单人上下的升降设备，主要由车体、驱动装置、导轨、工作钢丝绳、安全钢丝绳、控制系统等部件组成。

124. 技防

利用各种电子信息设备组成系统和（或）网络以提高探测、延迟、反应能力和防护功能的各种安全防护技术手段。

125. 人防

执行安全生产任务的具有相应素质人员和（或）人员群体的一种有组织的防范行为，包括人、组织、管理等。

126. 物防

保障安全生产、阻止或延迟危险的各种实体防护手段，包括建（构）筑物、屏障、器具、设备、系统等。

127. 风险分级管控

通过识别生产经营活动中存在的危险、有害因素，并运用定性或定量的统计分析方法确定其风险严重程度，进而确定风险控制的优先顺序和风险控制措施，以达到改善安全生产环境、减少和杜绝安全生产事故的目标。

128. 隐患排查治理

隐患排查治理是生产经营单位安全生产管理过程中的一项法定工作。生产经营单位应当建立健全生产安全事故隐患排查治理制度，采取技术、管理措施，及时发现并消除事故隐患。事故隐患排查治理情况应当如实记录，并向从业人员通报。

129. 系统安全

在系统寿命周期内应用系统安全管理及系统安全工程原理，识别危险源并使其危险性减至最小，从而使系统在规定的性能、时间和成本范围内达到最佳的安全程度。

130. 最大危险原则

如果一种危险物具有多种事故形态，且它们的事故后果相差大，则按后果最严重的事故形态考虑。

131. 概率求和原则

如果一种危险物具有多种事故形态，且它们的事故后果相差不大，则按统计平均原理估算事故后果。

132. 事件树分析

一种按事故发展的时间顺序由初始事件开始推论可能的后果，从而进行危险源辨识的方法。这种方法将系统可能发生的某种事故与导致事故发生的各种原因之间的逻辑关系用一种称为事件树的树形图表示，通过对事件树的定性与定量分析，找出事故发生的主要原因，为确定安全对策提供可靠依据，以达到猜测与预防事故发生的目的。

133. 事故树（故障树）

主要通过事件符号、逻辑门符号及转移符号，来表示事故或者故障事件发生的原因及其逻辑关系的逻辑树图。

134. LEC

条件作业危险性评价法，该方法用与系统风险有关的三种因素指标值的乘积来评价操作人员伤亡风险大小，这三种因素分别是事故发生的可能性（L）、人员暴露于危险环境中的频繁程度（E）和一旦发生事故可能造成的后果（C）。给三种因素的不同等级分别确定不同的分值，再以三个分值的乘积来评价作业条件危险性的大小。

135. PRA（PSA）

根据事故的基本致因因素的事故发生概率，应用数理统计中的概率分析方法，求取事故基本致因因素的关联度（或重要度）或整个评价系统的事故发生概率的安全评价方法。

136. 安全检查表法

依据相关的标准、规范，对工程、系统中已知的危险类别、设计缺陷以及与工艺设备、操作、管理有关的潜在危险性和有害性进行判别检查。适用于工程、系统的各个阶段，是系统安全工程的一种最基础、最简便、广泛应用的系统危险性评价方法。

137. 危险与可操作性研究

以关键词为引导，寻找系统中工艺过程或状态的偏差，然后再进一步分析造成该变化的原因、可能的后果，并有针对地提出必要的预防对策措施。

138. 职业性有害因素

在生产过程中、劳动过程中、作业环境中存在的各种有害的化学、物理、生物因素，以及在作业过程中产生的其他危害劳动者健康、能导致职业病的有害因素。

139. 职业接触限值

劳动者在职业活动过程中长期反复接触，对绝大多数接触者的健康不引起有害作用的容许接触水平，包括时间加权平均容许浓度、最高容许浓度、短时间接触容许浓度、超限倍数。

140. 时间加权平均容许浓度（PC－TWA）

以时间为权数规定的8h工作日、40h工作周的平均容许接触浓度。

141. 最高容许浓度（MAC）

在工作地点，在一个工作日内任何时间有毒化学物质均不应超过的浓度。

142. 短时间接触容许浓度（PC－STEL）

在遵守时间加权平均容许浓度（PC－TWA）前提下，容许短时间（15min）接触的浓度。

143. 超限倍数

对未制定短时间接触容许浓度（PC－STEL）的化学有害因素，在符合8h时间加权平均容许浓度（PC－TWA）的情况下，任何一次短时间（15min）接触的浓度均不应超过的时间加权平均容许浓度（PC－TWA）的倍数值。

144. 职业性病损

劳动者职业活动过程中接触到职业危害因素而造成的健康损害，包括工伤、职业病和工作有关疾病。

145. 职业中毒

劳动者在生产过程中过量接触生产性毒物引起的中毒。

146. 职业危害申报

生产经营单位按照有关法律法规的规定，及时、如实申报职业危害，并接受行政主管部门的监督管理。

147. 第一级预防（病因预防）

改进生产工艺和生产设备，合理利用防护设施及个人防护用品，以减少劳动者接触职业危害的机会和程度，从根本上杜绝职业危害因素对人的作用。

148. 第二级预防（发病预防）

早期检测和发现劳动者人体受到职业危害因素所致的疾病。

149. 第三级预防

在劳动者患职业病以后，合理进行康复处理。

150. 预防

通过安全管理和安全技术等手段，尽可能防止事故的发生，实现本质安全；并在假定事故必然发生的前提下，通过预先采取的预防措施，达到降低或减缓事故的影响或后果的严重程度。

151. 应急准备

为有效应对突发事件而事先采取的各种措施的总称，包括意识、组织、机制、预案、队伍、资源、培训演练等各种准备。

152. 应急响应

突发事件发生后，所进行的各种紧急处置和救援工作。

153. 恢复

突发事件的威胁和危害得到控制或消除后所采取的处置工作，包括短期恢复和长期恢复。

154. 维修性设计

从维修的角度出发，当产品一旦出现故障，能容易地发现故障，易拆，易检修，易安装，即可维修度要高。

155. 定位安全

把机器的部件安置到不可能触及的地点，通过定位达到安全。

156. 失效安全

当机器发生故障时不出现危险，如限制器。

157. 安全人机工程

运用人机工程学的理论和方法研究“人—机—环境”系统，并使三者在安全的基础上达到最佳匹配，以确保系统高效、经济运行。

158. 直接接触电击

在电气设备或线路正常运行条件下，人体直接触及了设备或线路的带电部分所形成的电击。

159. 间接接触电击

在设备或线路故障状态下，原本正常情况下不带电的设备外露可导电部分或设备以外的可导电部分变成了带电状态，人体与上述故障状态下带电的可导电部分触及而形成的电击。

160. 电伤

电流的热效应、化学效应、机械效应等对人体所造成的伤害，包括电烧伤、电烙印、皮肤金属化、机械损伤、电光性眼炎等多种伤害。

161. 绝缘

利用绝缘材料对带电体进行封闭和隔离。

162. 屏护

采用遮拦、护罩、护盖、箱匣等把危险的带电体同外界隔离开来，以防止人体触及或接近带电体所引起的触电事故。

163. 间距

带电体与地面之间、带电体与其他设备和设施之间、带电体与带电体之间必要的安全距离。

164. IT 系统

通过低电阻接地，把故障电压限制在安全范围内。

165. TT 系统

配电网直接接地，电气设备外壳接地。

166. TN 系统

当某相带电部分碰连设备外壳时，形成该相对零线的单相短路，短路电流促使线路上的短路保护元件迅速动作，从而把故障设备电源断开，消除电击危险。

167. 安全电压

通过对系统中可能会作用于人体的电压进行限制，从而使触电时流过人体的电流受到抑制，将触电危险性控制在没有危险的范围内。

168. 剩余电流动作保护装置

剩余电流动作保护装置（Residual Current Operated Protective Device，RCD），当电路的剩余电流在规定的条件下达到其规定值时，引起触头动作而断开主电路的一种保护器。

169. 爆炸性气体环境

在一定条件下，气体或蒸气可燃性物质与空气形成的混合物被点燃后，能够保持燃烧自行传播的环境。根据爆炸性气体混合物出现的频繁程度和持续时间，对危险场所分为 0 区、1 区、2 区。

170. 爆炸性粉尘环境

在一定条件下，粉尘、纤维或飞絮的可燃性物质与空气形成的混合物被点燃后，能够保持燃烧自行传播的环境。根据粉尘、纤维或飞絮的可燃性物与空气形成的混合物出现的频率和持续时间及粉尘层厚度，将爆炸性粉尘环境分为 20 区、21 区、22 区。

171. 直击雷防护

装设接闪杆、架空接闪线或网是直击雷防护的主要措施。

172. 耐火隔热性

在标准耐火试验条件下，当建筑分隔构件一面受火时，在一定时间内防止其背火面温度超过规定值的能力。

173. 自动喷水灭火系统

由洒水喷头、报警阀组、水流报警装置（水流指示器或压力开关）等组件，以及管道、供水设施组成，并能在发生火灾时喷水的自动灭火系统。

174. 火灾

在时间和空间上失去控制的燃烧所造成的伤害。按物质的燃烧特性将火灾分为 6 类，即：①A 类火灾为固体物质火灾；②B 类火灾为液体火灾和可熔化的固体物质火灾；③C 类火灾为气体火灾；④D 类火灾为金属火灾；⑤E 类火灾为带电火灾；⑥F 类火灾为烹饪器具内烹饪物火灾。

175. 闪点

在规定条件下，材料或制品加热到释放出的气体瞬间着火并出现火焰的最低温度。

176. 高处作业

在坠落高度基准面 2m 以上（含 2m）有可能坠落的高处进行的作业。

177. 动火作业

能直接或间接产生明火的作业，包括熔化焊接、压力焊、钎焊、切割、喷枪、喷灯、钻孔、打磨、锤击、破碎和切削等作业。

178. 危险化学品

具有毒害、腐蚀、爆炸、燃烧、助燃等性质，对人体、设施、环境具有危害的剧毒化学品和其他化学品。

179. 剧毒化学品

具有剧烈急性毒性危害的化学品，包括人工合成的化学品及其混合物和天然毒素，还包括具有急性毒性易造成公共安全危害的化学品。

180. CSDS（MSDS）

化学品安全技术说明书，国际上称为化学品安全信息卡，是一份关于化学品燃爆、毒性和环境危害以及安全使用、泄漏应急处置、主要理化参数、法律法规等方面信息的综合性文件。

181. 可燃气环境危险度

可燃气在空气中的含量与其爆炸下限的百分比。

182. 事故责任主体

发生生产安全事故负有责任的单位或者人员。

183. 责任事故

在生产、作业中违反有关安全管理的规定，因而发生伤亡事故或者造成其他严重后果的事故。

184. 非责任事故

由于自然灾害等不可抗力因素造成的事故，或由于当前科学技术条件限制而发生的难以预料的事故。

185. 突发事件

按照事件的性质、过程和机理的不同，突发事件分为四类，即自然灾害、事故灾难、公共卫生事件、社会安全事件。

186. 突发事件预警

国家将自然灾害、事故灾难和公共卫生事件预警分为一级、二级、三级和四级，分别用红色、橙色、黄色和蓝色标示，一级为最高级别。

187. 事故调查报告

事故调查报告是事故调查组经过调查后形成的向事故处理批复主体汇报的报告，主要包括事故发生单位概况、事故发生经过和事故救援情况、事故造成的人员伤亡和直接经济损失、事故发生的原因和事故性质、事故责任的认定以及对事故责任者的处理建议、事故防范和整改措施等，并附具有关证明材料。

188. 安全标准

在生产工作场所或者领域，为改善劳动条件和设施，规范生产作业行为，保护劳动者免受各种伤害，保障劳动者人身安全健康，实现安全生产的准则和依据。

189. 安全生产标准体系

为维持生产经营活动，保障安全生产而制定颁布的一切有关安全生产方面的技术、管理、方法、产品等标准的有机组合，既包括现行的安全生产标准，也包括正在制定、修订和计划制定、修订的安全生产标准。

190. 劳动防护用品

又称个体防护装备，从业人员为防御物理、化学、生物等外界因素伤害所穿戴、配备和使用的护品的总称，如安全帽、耳塞、自吸过滤式防毒面具、防静电服、安全带等。劳动防护用品按照防护部位可分为九类：①头部护具类；②呼吸护具类；③眼防护具；④听力护具；⑤防护鞋；⑥防护手套；⑦防护服；⑧防坠落护具；⑨护肤用品。

191. 消防设施

火灾自动报警系统、自动灭火系统、消火栓系统、防烟排烟系统以及应急广播和应急照明、安全疏散设施等设备设施、系统的总称。

192. 火灾自动报警系统

能实现火灾早期探测、发出火灾报警信号，并向各类消防设备发出控制信号完成各项消防功能的系统，一般由火灾触发器件、火灾警报装置、火灾报警控制器、消防联动控制系统等组成。

193. 电气火灾监控系统

由电气火灾监控设备、电气火灾监控探测器组成，当被保护电气线路中的被探测参数超过报警设定值时，能发出报警信号、控制信号并能指示报警部位的系统。

194. 惰化系统

引入适当浓度的惰性气体防止可燃的气体、蒸气、粉尘燃烧或爆炸的系统。

195. 防火堤

为容纳泄漏或溢出的可燃烧的液体，在液体储罐周围地面上设置的实体堤坝。

196. 防火间距

防止着火建筑的辐射热在一定时间内引燃相邻建筑，且便于消防扑救的间隔距离。

197. 消防联动控制系统

通常由消防联动控制器、模块、气体灭火控制器、消防电气控制装置、消防设备应急电源、消防应急广播设备、消防电话、传输设备、消防控制中心图形显示装置、消防电动装置、消火栓按钮等设备组成，在火灾自动报警系统中，接收火灾报警控制器发出的火灾报警信号，完成各项消防功能的控制系统。

198. 安全设施

为防止生产活动中可能发生的人员误操作、人身伤害或外因引发的设备设施损坏，而设置的安全标志、设备标志、安全警示线和安全防护设备、系统等的总称。

199. 工伤保险

又称职业伤害保险。通过社会统筹的办法，集中用人单位缴纳的工伤保险费，建立工伤保险基金，对劳动者在生产经营活动中遭受意外伤害或职业病，并由此造成死亡、暂时或永久丧失劳动能力时，劳动者或其遗属从国家和社会获得物质帮助的一种社会保险制度。

200. 工伤

职工有下列情形之一的，应当认定为工伤：①在工作时间和工作场所内，因工作原因受到事故伤害的；②工作时间前后在工作场所内，从事与工作有关的预备性或者收尾性工作受到事故伤害的；③在工作时间和工作场所内，因履行工作职责受到暴力等意外伤害的；④患职业病的；⑤因工外出期间，由于工作原因受到伤害或者发生事故下落不明的；⑥在上下班途中，受到非本人主要责任的交通事故或者城市轨道交通、客运轮渡、火车事故伤害的；⑦法律、行政法规规定应当认定为工伤的其他情形。

201. 视同工伤

职工有下列情形之一的，视同工伤：①在工作时间和工作岗位，突发疾病死亡或者在 48 小时之内经抢救无效死亡的；②在抢险救灾等维护国家利益、公共利益活动中受到伤害的；③职工原在军队服役，因战、因公负伤致残，已取得革命伤残军人证，到用人单位后旧伤复发的。

202. 安全性能

设施、设备、材料或作业场所等应具备的保证从业人员安全和健康的性能或状态。

203. 安全生产检测检验

依据有关法律法规、标准规范等进行安全性能检测检验，为安全监管监察部门、安全评价机构、认证机构和生产经营单位等客户出具具有证明作用的数据和结果的活动。

204. 事故统计指标体系

安全生产领域事故统计指标体系分为绝对指标和相对指标两类，其中绝对指标包括事故起数、死亡人数、重伤人数、轻伤人数、直接经济损失、损失工作日等；相对指标包括：①相对人员，如千人死亡率、万人死亡率、十万人死亡率、百万人死亡率等；②相对劳动量，如百万工时死亡率、百万工时伤害率等；③相对产值，如亿元 GDP 死亡率；④相对产量，如百万吨死亡率、万立方米死亡率、百万平方米死亡率等；⑤相对其他，如万车死亡率、亿客公里死亡率、重大事故万时率、百万机车总走行公里死亡率等。

205. 消防四个能力

消防“四个能力”是公安部构筑社会消防安全“防火墙”工程提出的，即：①检查消除火灾隐患能力；②扑救初起火灾能力；③组织人员疏散逃生能力；④消防宣传教育培训能力。

206. 噪声作业

存在有损听力、有害健康或有其他危害的声音，且 8h 每天或 40h 每周噪声暴露等效声级大于或等于 80dB（A）的作业。

207. 等效声级

在规定的时间内，某一连续稳态噪声的 A 计权声压，具有与时变的噪声相同的均方 A 计权声压，则这一连续稳态声的声级就是此时变噪声的等效声级，单位用 dB（A）表示，包括 8h 等效声级和每周 40h 等效声级。

208. 听力保护计划

针对噪声作业场所制订的一系列保护劳动者免受噪声危害的风险管理方案。

209. 职业病危害因素检测

对工作场所劳动者接触的职业病危害因素进行采样、测定、测量和分析计算。

210. 职业病防护设施

为了消除或降低工作场所的职业病危害因素的浓度或强度，预防和减少职业病危害因素对劳动者健康的损害或影响，从而保护劳动者健康的设备、设施、装置、建（构）筑物等的总称。

附录 主要引用的法律法规、标准规范

[1]《中华人民共和国安全生产法》（中华人民共和国主席令 第十三号）
[2]《生产过程危险和有害因素分类与代码》（GB/T 13861—2009）
[3]《企业职工伤亡事故分类》（GB 6441—1986）
[4]《电力设备典型消防规程》（DL 5027—2015）
[5]《企业安全生产标准化基本规范》（GB/T 33000—2016）
[6]《中华人民共和国职业病防治法》（中华人民共和国主席令 第二十四号）
[7]《防止电力生产事故的二十五项重点要求》（国能安全〔2014〕161号）
[8]《中华人民共和国消防法》（中华人民共和国主席令 第二十九号）
[9]《建筑灭火器配置验收及检查规范》（GB 50444—2008）
[10]《电业安全工作规程 第1部分：热力和机械》（GB 26164.1—2010）
[11]《剩余电流动作保护装置安装和运行》（GB/T 13955—2017）
[12]《起重机械安全技术监察规程—桥式起重机》（TSG Q0002—2008）
[13]《起重机械定期检验规则》（TSG Q7015—2016）
[14]《工贸企业有限空间作业安全管理与监督暂行规定》（国家安全生产监督管理总局令 第80号）
[15]《固定式压力容器安全技术监察规程》（TSG 21—2016）
[16]《砝码检定规程》（JJG 99—2006）
[17]《固定式钢梯及平台安全要求 第1部分：钢直梯》（GB 4053.1—2009）
[18]《固定式钢梯及平台安全要求 第3部分：工业防护栏杆及钢平台》（GB 4053.3—2009）
[19]《火力发电厂汽水管道与支吊架维修调整导则》（DL/T 616—2006）
[20]《火力发电厂与变电站设计防火标准》（GB 50229—2019）
[21]《电力建设施工技术规范 第3部分：汽轮发电机组》（DL 5190.3—2019）
[22]《电力行业锅炉压力容器安全监督规程》（DL/T 612—2017）
[23]《火力发电厂分散控制系统故障应急处理导则》（DL/T 1340—2014）
[24]《火力发电厂辅助系统（车间）热工自动化设计技术规定》（DL/T 5227—2005）
[25]《氢气使用安全技术规程》（GB 4962—2008）
[26]《起重机械安全规程 第1部分：总则》（GB 6067.1—2010）
[27]《继电保护和安全自动装置运行管理规程》（DL/T 587—2016）
[28]《放射性同位素与射线装置安全和防护管理办法》（中华人民共和国环境保护部令 第18号）
[29]《用人单位职业病危害因素定期检测管理规范》（安监总厅安健〔2015〕16号）
[30]《电站锅炉压力容器检验规程》（DL 647—2004）

[31]《锅炉安全技术监察规程》（TSG G0001—2012）
[32]《火力发电厂金属技术监督规程》（DL/T 438—2016）
[33]《电力工程电缆设计标准》（GB 50217—2018）
[34]《危险化学品安全管理条例》（中华人民共和国国务院令　第 645 号）
[35]《危险化学品重大危险源辨识》（GB 18218—2018）
[36]《发电厂热工仪表及控制系统技术监督导则》（DL/T 1056—2019）
[37]《火力发电厂锅炉化学清洗导则》（DL/T 794—2012）
[38]《工作场所职业卫生监督管理规定》（国家安全生产监督管理总局令　第 47 号）
[39]《工业企业设计卫生标准》（GBZ 1—2010）
[40]《火力发电厂热工自动化系统检修运行维护规程》（DL/T 774—2015）
[41]《化学监督导则》（DL/T 246—2015）
[42]《火力发电厂烟气脱硝设计技术规程》（DL/T 5480—2013）
[43]《企业安全文化建设导则》（AQ/T 9004—2008）
[44]《企业安全文化建设评价准则》（AQ/T 9005—2008）
[45]《防止火电厂锅炉四管爆漏技术导则》（能源电〔1992〕1069 号）
[46]《火力发电厂热工自动化系统可靠性评估技术导则》（DL/T 261—2012）
[47]《发电厂保温油漆设计规程》（DL/T 5072—2019）
[48]《特种作业人员安全技术培训考核管理规定》（国家安全生产监督管理总局令　第 80 号）
[49]《中华人民共和国特种设备安全法》（中华人民共和国主席令　第四号）
[50]《生产经营单位生产安全事故应急预案编制导则》（GB/T 29639—2013）
[51]《用人单位劳动防护用品管理规范》（安监总厅安健〔2015〕124 号）
[52]《交流电气装置的接地设计规范》（GB/T 50065—2011）
[53]《危险化学品重大危险源　罐区现场安全监控装备设置规范》（AQ 3036—2010）
[54]《火力发电厂职业安全设计规程》（DL 5053—2012）
[55]《建筑物防雷设计规范》（GB 50057—2010）
[56]《交流电气装置的过电压保护和绝缘配合设计规范》（GB/T 50064—2014）
[57]《石油化工可燃气体和有毒气体检测报警设计标准》（GB/T 50493—2019）
[58]《天然气凝液回收设计规范》（SY/T 0077—2019）
[59]《火力发电厂热工电源及气源系统设计技术规程》（DL/T 5455—2012）
[60]《建筑施工扣件式钢管脚手架安全技术规范》（JGJ 130—2011）
[61]《固定式钢梯及平台安全要求　第 2 部分：钢斜梯》（GB 4053.2—2009）
[62]《凝汽器与真空系统运行维护导则》（DL/T 932—2019）
[63]《继电保护和安全自动装置技术规程》（GB/T 14285—2006）
[64]《生产经营单位安全培训规定》（国家安全生产监督管理总局令　第 80 号）
[65]《发电企业安全生产标准化规范及达标评级标准》（电监安全〔2011〕23 号）
[66]《建筑施工安全检查标准》（JGJ 59—2011）

[67]《电气装置安装工程　接地装置施工及验收规范》（GB 50169—2016）
[68]《发电厂油气管道设计规程》（DL/T 5204—2016）
[69]《城镇供热管网设计规范》（CJJ 34—2010）
[70]《城镇供热管网工程施工及验收规范》（CJJ 28—2014）
[71]《用人单位职业健康监护监督管理办法》（国家安全生产监督管理总局令　第 49 号）
[72]《起重机械安全监察规定》（国家质量监督检验检疫总局令　第 92 号）
[73]《安全阀安全技术监察规程》（TSG ZF001—2006）
[74]《发电厂在线化学仪表检验规程》（DL/T 677—2018）
[75]《国务院安全生产委员会关于加强企业安全生产诚信体系建设的指导意见》（安委〔2014〕8 号）
[76]《火灾自动报警系统设计规范》（GB 50116—2013）
[77]《火力发电厂停（备）用热力设备防锈蚀导则》（DL/T 956—2017）
[78]《同步电机励磁系统大、中型同步发电机励磁系统技术要求》（GB/T 7409.3—2007）
[79]《中华人民共和国计量法实施细则》（中华人民共和国国务院令　第 698 号）
[80]《火力发电厂试验、修配设备及建筑面积配置导则》（DL/T 5004—2010）
[81]《职业健康监护技术规范》（GBZ 188—2014）
[82]《发电厂供暖通风与空气调节设计规范》（DL/T 5035—2016）
[83]《电力系统用蓄电池直流电源装置运行与维护技术规程》（DL/T 724—2000）
[84]《水力发电厂自动化设计技术规范》（NB/T 35004—2013）
[85]《立式水轮发电机检修技术规程》（DL/T 817—2014）
[86]《电力安全隐患监督管理暂行规定》（电监安全〔2013〕5 号）
[87]《水轮发电机组安装技术规范》（GB/T 8564—2003）
[88]《水力发电厂水力机械辅助设备系统设计技术规定》（NB/T 35035—2014）
[89]《水利工程水利计算规范》（SL 104—2015）
[90]《水电站大坝安全现场检查基本要求》（坝监安监〔2015〕54 号）
[91]《水轮机、蓄能泵和水泵水轮机空蚀评定　第 1 部分：反击式水轮机的空蚀评定》（GB/T 15469.1—2008）
[92]《企业安全生产责任体系五落实五到位规定》（安监总办〔2015〕27 号）
[93]《手持式电动工具的管理、使用、检查和维修安全技术规程》（GB/T 3787—2017）
[94]《六氟化硫电气设备运行、试验及检修人员安全防护导则》（DL/T 639—2016）
[95]《起重机　司机室和控制站　第 1 部分：总则》（GB/T 20303.1—2016）
[96]《火力发电企业生产安全设施配置》（DL/T 1123—2009）
[97]《大中型水轮发电机静止整流励磁系统技术条件》（DL/T 583—2018）
[98]《水库水文泥沙观测规范》（SL 339—2006）
[99]《大中型水电站水库调度规范》（GB 17621—1998）
[100]《风力发电场安全规程》（DL/T 796—2012）
[101]《厂矿道路设计规范》（GBJ 22—1987）

[102]《火力发电厂、变电站二次接线设计技术规程》（DL/T 5136—2012）
[103]《电力系统通信站过电压防护规程》（DL/T 548—2012）
[104]《电力通信运行管理规程》（DL/T 544—2012）
[105]《建筑变形测量规范》（JGJ 8—2016）
[106]《风力发电场设计规范》（GB 51096—2015）
[107]《220～500kV 变电所计算机监控系统设计技术规程》（DL/T 5149—2001）
[108]《电力调度自动化系统运行管理规程》（DL/T 516—2017）
[109]《安全标志及其使用导则》（GB 2894—2008）
[110]《建筑地基基础工程施工质量验收标准》（GB 50202—2018）
[111]《工作场所职业病危害警示标识》（GBZ 158—2003）
[112]《爆炸危险环境电力装置设计规范》（GB 50058—2014）
[113]《弹性元件式一般压力表、压力真空表和真空表检定规程》（JJG 52—2013）
[114]《设备及管道绝热设计导则》（GB/T 8175—2008）
[115]《城镇供热系统运行维护技术规程》（CJJ 88—2014）
[116]《水轮发电机励磁变压器技术条件》（DL/T 1628—2016）
[117]《安全评价通则》（AQ 8001—2007）
[118]《安全预评价导则》（AQ 8002—2007）
[119]《安全验收评价导则》（AQ 8003—2007）
[120]《安全评价检测检验机构管理办法》（中华人民共和国应急管理部令　第 1 号）
[121]《火力发电厂石灰石—石膏湿法烟气脱硫系统设计规程》（DL/T 5196—2016）
[122]《石灰石/石灰—石膏湿法烟气脱硫工程通用技术规范》（HJ 179—2018）
[123]《自动喷水灭火系统设计规范》（GB 50084—2017）
[124]《建筑设计防火规范》（GB 50016—2014）
[125]《建筑内部装修设计防火规范》（GB 50222—2017）
[126]《关于深入开展电力企业应急能力建设评估工作的通知》（国能综安全〔2016〕542 号）
[127]《关于印发〈电力企业应急预案评审与备案细则〉的通知》（国能综安全〔2014〕953 号）
[128]《关于印发电力监控系统安全防护总体方案等安全防护方案和评估规范的通知》（国能安全〔2015〕36 号）
[129]《电厂动力管道设计规范》（GB 50764—2012）
[130]《供热系统节能改造技术规范》（GB/T 50893—2013）
[131]《噪声职业病危害风险管理指南》（WS/T 754—2016）
[132]《工作场所职业病危害因素检测工作规范》（WS/T 771—2015）
[133]《用人单位职业病危害现状评价技术导则》（WS/T 751—2015）